# 이산 수학

## Discrete Mathematics

김상목

# 머리말

이산수학(discrete mathematics)은 '이산'이라는 낱말의 뜻대로 불연속적이고 낱개로 흩어져 있는 대상을 탐구하는 수학분야다. 일반적으로 사회에서 연상하는 수학이라는 분야는 미적분학을 떠올리게 된다. 이는 초등 수학교육과정이 미적분을 교육목표로 하고 있기도 하거니와 20세기까지는 타 분야에 응용을 위해 미적분이 기초 수학으로 자리 잡고 있었기 때문이다. 미분 가능한 대상이란, 연속의 개념 위에서 성립하며 이는 예측이 가능한 대상을 의미한다. 이러한 대상들이 모여 이루어진 세상을 종종 아날로그적 세상이라 약칭되곤 한다. 하지만 세상만사 모두가 이러한 예측 가능한 모델만으로 설명 될 수 없다는 점은 누구나 다 실감하며 살아가고 있다. 극단적인 예로 주식시장에서 이전 몇 십 년 치의 특정 주에 대한 동향 데이터를 가지고 있다고 해서 바로 내일의 주가를 정확히 예측할 수는 없고, 10년 동안의 로또 당첨번호를 안다고 해서 내일의 로또 번호를 정확히 예측할 수는 없다. 이러한 세상이 바로 디지털이라는 개념으로 대변되는 이산적 세상이며 이러한 이산적 대상을 이산수학은 다루고 있다.

물론 많은 이산적 대상에 대한 문제가 연속적 방법론에 의해서 해결되고 있지만 이는 전체적으로 보아 일부에 불과하다. 여기서 우리는 연속적 세계와 이산적 세계 사이에 뚜렷이 존재하는 상반되는 관점의 차이를 말 할 수 있다. 연속적 세계관은 이산적 대상을 연속적 해석의 일부로 바라보고 있는 반면 이산적 세계관은 미적분학을 이산적 문제의 해결의 일부 방법론으로 생각하고 있다. 하지만 앞서 언급한 바와 같이 이산적 문제를 미적분학으로 다루기에는 그 해결 범위가 매우 제한적인 것이 사실이다. 이러한 관점에서 이산수학은 연속적 방법론과 더불어 이것의 해결범위 밖에 있는 대다수의 문제 해결에 대한 방법론에 대한 개념과 연구를 추구한다. 특히 디지털적 세계의 근간이 되는 컴퓨터 계산 알고리즘을 중요한 방법론으로 채택함으로서, 연역적 방법론뿐만 아니라 수학적 귀납법과 통계를 근간으로 하는 귀납적(실험적) 방법론이 이산수학을 풍성하게 하는 동인이 되고 있다.

구체적으로 이산수학은 주로 유한한 대상을 다루는 수학으로서 다음과 같이 크게 세 분야를 다루고 있다.

첫째, 개수 세기를 의미하는 카운팅 기법,
둘째, 유한 기하학, 그래프 이론, 디자인 이론, 포셋 이론, 수열과 배열, 부호론 등의 이산 구조(discrete structures),
셋째, 효율적인 알고리즘, 계산 복잡도, 암호 알고리즘, 네트워킹, 스케줄링, 생물정보론(Bio-informatics) 등을 다루는 타 분야로의 응용

역사적 관점에서 보면, 이산수학은 인간의 유구한 역사 속에서 수많은 이산적 수학문제를 수수께끼로 지니고 살아왔다는 점에서 달리 그 기원을 말하기는 쉽지 않다. 굳이 그 기원을 말하자면 이산적 수체계를 다루는 정수론과 그 기원을 같이 할 것이다. 이산수학이란 명칭은 이산(유한)집합인 대상을 상용화되기 시작한 컴퓨터 알고리즘으로 다루고 있다는 점이 강조되어 현대에 와서야 타 수학과 구분되어 불리게 되었던 것이다. 실제로 수학 분야 속에서 판단하면, 이산수학은 조합수학(Combinatorics)과 대동소이하며, 이는 보다 기초적인 조합수학의 의미로 통용된다. 수학과의 커리큘럼에서 보면 이산수학은 조합수학의 선수과목으로 생각해도 무방하다. 마치, 수학과에서 미적분학이 해석학(analysis)의 선수과목인 것과 같은 맥락이다. 여기서 조합수학이란, 이산적 대상에 대한 셈법(Counting)과 이산구조(그래프, 디자인(Design), 반순서집합(Poset), 유한기하)의 구현, 주어진 변수와 조건에 대한 위의 특정 이산구조의 존재성 등을 다루는 수학의 분야를 뜻한다. 이산수학과 비교하면 조합수학은 이산수학보다는 좀 더 연역적이고 대수적인 엄밀성 등을 갖춘 순수 수학적 가치에 무게를 두고 있다. 다시 말해서, 조합수학은 이산수학의 각 주제들에 대한 수학적 엄밀성을 부여하고 이를 기

반으로 일반화와 개념의 확장을 통하여 얻을 수 있는 이론적 완비성에 가치를 두는 반면, 이산수학은 이산 구조의 효과적 구현 알고리즘 개발이나 타 수학 분야로의 가시적 응용성에 그 가치를 둔다 하겠다.

이러한 수학 분야 속에서의 이산수학에 대한 관점과는 달리, 과학과 공학 분야 등 수학계 외부의 관점에서 보면, 이산수학은 조합수학에서 중요하게 다루고 있는 엄밀성이나 존재성 같은 수학적 가치보다는, 컴퓨터 알고리즘에 의한 이산구조의 효율적 구현 문제와 타 분야에 실제로 모델링을 통해 응용될 수 있다는 점에 그 가치를 부여하고 있다. 실제로 이산 수학은 타 수학 분야와 달리 이산 구조를 실제로 구현하거나 컴퓨터 등의 기계를 빌어 귀납적 구현 방법(algorithm)을 알아내는 것을 하나의 목적으로 하기 때문에 타 분야로의 직접적이고도 풍부한 응용성을 가진다고 할 수 있다. 현대에 이르러 컴퓨터를 기반으로 한 전자상거래와 정보보호가 생활화되었고 특히 21세기에 급격하게 대두된 빅데이터 처리, 인공지능 등의 분야에 있어서 이산수학은 핵심 역할을 하고 있다. 이렇듯 이산수학이 정보과학의 필수언어로 자리매김한 최근의 시대적 변화를 고려할 때, 이산수학적 사고력은 타 전공자들도 갖추어야하는 필수적 역량이 되었다고 할 수 있다.

이 책은 미적분학 정도의 선행지식을 전제로 하여 개념의 이해에 목적을 두고 집필되었다. 수학전공자에게 이 책은 조합수학의 입문서로 역할을 하는 한편 효과적인 컴퓨터 알고리즘과 계산에 대한 개념을 갖고 타 분야의 주제를 모델링할 수 있는 이산수학의 응용성을 체감할 수 있기 바란다. 한편, 비 수학전공자에게 이 책이 알고리즘 교과목을 위한 기본 수학책으로 활용되기를 바라며, 자신의 전공에 있어서 이산수학적으로 모델링할 수 있는 역량이 배양될 수 있기를 기대한다. 이산수학지식과 논리적 사고역량이 향상되어 알고리즘과 모델링의 근본 원리를 이해함으로서, 자신의 전공에서 보다 창의적이고 개선된 결과를 낼 수 있기를 바란다.

이 책은 5개의 장으로 나뉘어 집필되었으며, 구체적인 장 별 내용과 저자의 의도는 다음과 같다.

1. 이산수학적 추론과 증명의 기본이 되는 논리에 대해 요약하고, 셈법(counting)의 주요 소

재와 방법론을 제공하는 집합론을 개관한다. 이는 포함배제의 원리, 함수의 개수, 수학적 귀납법, 수열의 점화식. 비둘기집의 원리, 그래프 이론의 논리적 기반이 된다.

2. 정보 이론의 근간이 되는 정수의 기본성질과 잉여류 계산법, 오일러 정리에 대하여 다루고, 이를 바탕으로 대표적 공개키 암호 체계인 RSA의 이론적 배경과 원리를 제시하며 이산수학적 원리, 구체적 알고리즘에 대하여 다룬다.

3. 이산함수인 수열에 대한 표현법과 잘 알려진 해법들을 소개한다. 다음으로, 수열의 생성함수에 대한 대수적 의미와 계산법을 다루며 이를 이용한 선형동차수열의 해법을 다룬다. 비선형 수열의 예로 카탈란수열의 점화식을 소개하고 생성함수를 이용하여 이 수열의 일반항을 유도한다.

4. 이산수학과 조합수학의 주요 주제인 셈법(Counting)을 다룬다. 셈의 기본 법칙이 되는 덧셈법칙과 곱셈법칙 위에서 순열, 조합, 중복순열, 중복조합 등의 기초 방법론을 소개한다. 이들로부터 특수한 집합의 셈법과 여러 종류의 함수의 개수의 셈 및 스털링수(Stirling number), 정수의 분할수, 카탈란수의 동치수 등을 정의하고 각각의 주요 법칙을 다룬다. 특히 각각의 삼각형법칙(세 항 간의 점화식)을 비교 검토한다. 이들에 관한 이론적 전개는 풍부한 예시를 통하여 이해가 쉽도록 유도하였고, 반면 자세한 증명은 몇 몇 정리로 국한해 제시하고, 나머지는 조합수학으로 미루기로 한다.

5. 대표적인 이산구조인 그래프(Graph)에 관해 기본적인 용어설명으로부터 이론 전반에 걸친 주요 주제를 다룬다. 타 분야 독자의 이해도를 고려하여 증명보다는 다종의 다이어그램과 표를 동반한 예제들을 다양하게 제공하였고, 전공자를 위하여 제시한 주요 정리에는 엄밀한 집합론에 입각하여 엄밀하게 기술하였다. 최소거리수형도(Kruskal Algorithm), 드브르인 그래프(de Bruijn graph) 등의 응용적 주제에 대하여 실생활의 수요를 모델링하여 지도 위에서 계산하는 과정을 알고리즘에 따라 제시하였다. 앞 장의 셈법을 그래프 이론에 적용하여 주어진 위수에 대한 해당 그래프(번호있는 그래프, 번호없는 그래프, 트리그래프, 드브르인그래프)의 개수에 대해 집중적으로 다룬다. 낮은 위수

의 각종 그래프의 개수는 실제로 그래프의 다이어그램을 구현하여 제시하여 이해도를 높였다. 또한 그래프이론의 각 종 난제에 관해서 예시하여 연구의 방향과 기초 방법론을 제시하였다.

원고가 완성되기까지 수개월 동안 바쁜 와중에도 시간을 내어 많은 조언을 주신 항공대학교의 정민석 교수와, 완성도 높은 그래프를 만들기 위해 많은 도움을 준 대학원생 이원홍군에게 감사하고, 마지막으로 원고를 책으로 아름답게 편집하여 출판하여 주신 드림미디어 안기열 사장님께 감사드립니다.

2020년 1월 저자

김상목

# 차 례

## 1 수리논리와 집합론의 기초

# 2

# 정수와 알고리즘

# 3

# 수열의 해법

# 4

# 셈 법

# 5

# 그래프 이론

# 1

# 수리논리와 집합론의 기초

| | |
|---|---|
| Wir müssen wissen, | (우리는 반드시 알아야 한다.) |
| Wir werden wissen, | (우리는 알게 될 것이다.) |

David Hilbert(1862~1943) 묘비 문

이 장에서는 수학의 기초가 되는 수리논리와 집합을 다룬다. 이산수학의 주요 주제 중 하나로서 셈(Counting)의 문제를 들 수 있다. 여기서 셈이란 더하기 빼기와 같은 연산의 문제가 아닌 '헤아리는 것' 즉 몇 개인지 개수를 세는 것을 의미한다. 이러한 셈에 문제가 그 의미를 갖기 위해서 우리는 다음 두 가지 사항을 명확히 하여야 할 것이다.

What to count (무엇을 세는가?)
How to count (어떻게 세는가?)

우리가 세고자 하는 모든 대상은 모두 집합으로 나타낼 수 있고 이 세고자 하는 집합의 원소의 개수 즉, 집합의 농도(cardinality)가 셈의 답이 될 것이다. 예를 들어 올해 이산수학 수강생 중 집합론을 수강하지 않은 학생의 수는 올해 이산수학 수강생의 집합에서 집합론 수강생 집합을 뺀 집합의 원소의 개수가 될 것이다. 다른 예로는 세 개의 원소를 가진 집합을 정의역으로 하고 네 개의 원소로 된 집합을 공역으로 하는 1-1 함수 모두를 빠짐없이 원소로 가지는 집합을 정하고 이 집합의 원소의 개수를 세면 24개 임을 알 수 있다. 이 때, 이 집합의 원소는 함수로 주어진다. 위의 예와 마찬가지로 센다는 것은 세고자 하는 대상을 원소로 하는 집합을 특정해야 의미를 갖는 것이다.
두 번째로, 우리가 세고자 하는 대상을 원소로 하는 집합을 특정하였다고 해서 그 집합의 크기는 항상 측정되는 것은 아니다. 일반적으로 셈의 답을 얻기 위해서는 이것을 셀 수 있는 방법이 있어야 한다. 가장 기초적인 셈의 방법으로 합의 법칙과 곱의 법칙을 들 수 있다. 이러한 법칙들은 우리가 이 장을 통해서 살펴 볼 집합의 연산 법칙에 의해 유도된다.
마지막으로 세고자하는 집합을 특정하고 세는 방법을 고안해 해답을 얻었다고 가정하자. 하지만 구한 해답이 정답이라고 확신할 수 있겠는가? 정답임을 확인하기 위해서는 일련의 추론의 과정을 거쳐 정답임을 증명해야 할 것이다. 이러한 추론의 과정은 우리가 이 장에서 살펴볼 합성 명제의 진리값에 의해 진행된다.
결과적으로, 셈(Counting)에 대한 대상설정, 방법론으로 해답도출과 해답이 정답임을 증명하는 전 과정, 즉 셈 그 자체가 바로 논리로 전개된 잘 정의된 집합들의 연산의 결과로 확정된다는 점을 엿볼 수 있었다. 이러한 점에서 논리와 집합론은 이산수학의 직접적인 기초가 된다는 점을 명심하고 1장에서 다루고 있는 논리와 집합에 대한 기본성질을 고찰해 보도록 하자.

# 1.1 논리의 기초

## ◆ 명제란 무엇인가?

잘 알려진 바와 같이 **"명제"**(proposition)란, 참과 거짓이 분명한 **문장**(sentence)을 의미한다. 이때 명제 $p$의 진위인 참(truth)과 거짓(false) 둘 중의 한 값을 명제 $p$의 **'진리값'**이라 부른다. 일반적으로 문장이란 주어 동사 목적어 등 문법적으로 완전한 구성을 가져야 한다. 예를 들어, "박 교수님은 이산수학을 나에게 가르치신다."라는 글귀는 문장이다. 하지만 "박 교수님은 나에게 가르치신다."와 같이 목적어가 빠진 글귀는 속칭 "비문"이라고 한다. 명제란, 이러한 비문이 아닌 문장 중에서 참과 거짓이 명확한 문장인 것이다. 하지만 사회에서 일반적으로 쓰는 문장 중에 참과 거짓이 명확하게 판단할 수 있는 문장은 많지 않다. 또한 참인 명제가 참임을 증명하는 과정은 결코 쉬운 일이 아니다.

하지만 수학은 19세기 말부터 발전한 수리논리의 엄밀성 위에서 **공리**(Axiom)이라 불리는 명제와 이들의 합성으로 서술되기 때문에 수학에서의 모든 문장은 명제로 간주될 수 있다. 이러한 까닭에, 수학은 일반적으로 사용되는 사회 언어로 만들어지는 문장과는 구별되는 명제로만 이루진 이상적인 세계를 기술한다. 특히, 현대에 이르러, 0과 1만으로 기술되는 컴퓨터의 세계는 $T$와 $F$의 진리값을 갖는 명제만을 다루고 있는 수학의 범주에서 전개되고 발전되어 왔다.(컴퓨터 분야에 특성화되어 이산적 대상을 다루는 수학분야를 **'이산수학'**이라고 구분하기도 한다.)

**예 제 1.1.1**

1. 다음은 초등수학에서 자주 볼 수 있는 명제의 예이다.
   - 실수 $a$, $b$에 대하여 $ab = 0$이면 $a = 0$ 또는 $b = 0$이다.(참)
   - $x^2 = 1$이면 $x = 1$이다.(거짓)
   - 삼각형의 세변의 길이 $a, b, c$는 항상 $a + b > c$을 만족한다.(참)
   - 진리값이 거짓인 명제 $p$와 진리값이 참인 명제 $q$에 대하여 "$p$이면 $q$"라는 합성명제의 진리값은 참이다.(정의이므로 참)
   - 0 이 아닌 정수 $n$은 $n > 0$이거나 $n < 0$ 둘 중 한 경우에 해당된다

2. 페르마가 추측하고 앤드류 와일즈가 증명한 '페르마의 정리'는 다음과 같다.
   - $k \geq 3$인 모든 정수 $k$에 관하여 $a^k + b^k = c^k$을 간족하는 자연수 상 $(a,b,c)$는 존재하지 않는다.(참)

3. $R(3,3) = 6$으로 기술되는 램지수(Ramsey number)에 대한 명제를 풀어 쓰면 다음과 같다.

- 6명 이상의 손님을 무작위로 초청하는 모든 파티에는, 손님 중 서로 서로 안면이 있는 3명의 그룹이 있거나 서로 일면식도 없는 3명의 그룹이 항상 존재한다.(그래프이론의 기호로 간단히 기술하면, $R(3,3)=6$) (참)

4. 스터링(Stering)의 $n!$에 대한 상계 정리는 다음과 같다.

- $\sqrt{2\pi n}\left(\frac{n}{e}\right)^n < n! < \sqrt{2\pi n}\left(\frac{n}{e}\right)^n\sqrt{1+\frac{1}{2n}}$ (참)

## ◆ 진리표에 의한 명제의 기본연산의 정의와 이해

문장 $p$에 속해 있는 변수 $x$의 값에 의존하여 문장의 진리값이 결정되는 문장을 '조건명제' $p(x)$라고 표현하며 조건명제 $p(x)$를 참으로 만드는 $x$의 집합을 $p(x)$의 진리집합이라고 한다. 예를 들면 조건명제 $p(x)$ : $[x^2=1,\quad x$는 실수]의 진리집합은 $\{-1,1\}$이 된다. 조건명제를 포함하여 명제는 일정한 논리적 규칙(공리, 또는 논리연산)에 의해 합성명제 만들 수 있다. 공리에 해당하는 명제 사이의 기본적인 이항연산 혹은 일항연산은 다음 네 가지를 들 수 있다.

| | | | | |
|---|---|---|---|---|
| ① | $\neg p$ | $p$가 아니다. | (not $p$) | $p$의 부정(negation) |
| ② | $p\wedge q$ | $p$이고 $q$ | ($p$ and $q$) | $p$와 $q$의 논리곱(conjuction) |
| ③ | $p\vee q$ | $p$ 이거나 $q$ | ($p$ or $q$) | $p$와 $q$의 논리합(disjunction) |
| ④ | $p\rightarrow q$ | $p$ 이면 $q$ | (if $p$, then $q$) | 가정 $p$와 결론 $q$를 가진 조건문(conditional statement) |

각각의 연산을 통한 합성명제는 다음과 같은 진리값의 표에 의해서 정의된다.

| $p$ | $q$ | $\neg p$ | $p\wedge q$ | $p\vee q$ | $p\rightarrow q$ |
|---|---|---|---|---|---|
| T | T | F | T | T | T |
| T | F | | F | T | F |
| F | T | T | F | T | T |
| F | F | | F | F | T |

(참조: 이 책에서 소개하는 논리나 집합론은 조합수학 분야의 효과적인 적용을 위해 엄밀성보다는 직관성에 중점을 두어 초등수리논리(naive mathematical logic)에 기초하여 기술하도록 한다. 예를 들어 아래 진리표에 의한 명제연산자의 정의는 현대수리논리학에 의하면 $\vee$와 $\neg$ 두 경우만을 공리로 정하

고 있다. 하지만 여기서는 네 연산자 모두를 정의로 받아드리기로 한다.)

위의 각 연산의 정의는 not, and, or, if~then~ 로 이루어진 일반적인 언어에서의 논리적 통념을 그대로 반영하고 있다. 위의 연산의 정의에 대한 이해를 돕기 위하여 평문을 이용하여 다음과 같은 설명을 덧붙인다.

(1) 주어진 $p$에 관하여 $\neg p$은 $p$의 부정문을 뜻한다. 그러므로 $p$의 진리값이 T이면 $\neg p$의 진리값은 F 로, $p$의 진리값이 F이면 $\neg p$의 진리값을 T로 정의한다.

예 $\neg$($p$ : **나는 죽었다.**)

이 명제는 "나는 죽지 않았다."이다. 이 경우, $p$의 진리값은 거짓(F)이므로 위의 표에 의하여 $\neg p$는 참(T)인 명제 이다.

(2) $p$와 $q$의 논리곱(conjuction) $p \wedge q$의 진리값은, $p, q$ 두 명제의 진리값이 모두 T일 경우에는 T이고, 나머지 세 경우는 F로 정의된다.

예 ($p$ : **소금은 달다.**) $\wedge$ ($q$ : **나는 나이다.** )

이 합성명제를 잘 다듬어서 다시 쓰면 " 소금은 달고 나는 나이다."이다. $p, q$의 진리값은 각각 F와 T이므로 위의 표에 의하여 $p \wedge q$의 진리값은 거짓(F)이 된다.

(3) $p$와 $q$의 논리합(disjunction) $p \vee q$의 진리값은 $p, q$ 둘 중 하나 이상의 진리값이 T일 경우에는 T로 정의되고, 둘 다 F일 경우에만 F로 정의된다.

예 ($p$ : **지구는 둥글다.**) $\vee$ ($q$ : **총알은 빛보다 빠르다.**)

위의 합성명제는 "지구는 둥글거나 총알은 빛보다 빠르다"라는 평문으로 고쳐 쓸 수 있고 $p$, $q$의 진리값은 각각 T와 F이므로 이 경우 $p \vee q$의 진리값은 T이 된다.

(4) 가정 $p$와 결론 $q$를 가진 **조건문**(conditional statement) $p \rightarrow q$는, $p$의 진리값이 T일 때, $q$

의 진리값이 T이면 조건문 전체의 진리값이 T으로 정의되고 $q$의 진리값이 T일 경우에는 조건문 전체가 거짓(F)으로 정의된다. 한편 $p$가 거짓(F)일 때는 $q$의 참, 거짓 여부에 관계없이 전체는 참(T)으로 정의된다. (**합성명제** $p \rightarrow q$는 조건문이라 부르며 이때, $p$를 **가정**(hypothesis), $q$를 결론(conclusion)이라 한다.) 즉, $p \rightarrow q$는, 가정이 거짓인 문장은 결론의 참, 거짓에 관계없이 항상 참이라고 정의된다.

**예** ($p$ : **모차르트는 물고기다.**) → ($q$ : **베토벤은 공룡이다.** )

이 합성명제를 다시 정리하면 "모차르트가 물고기라면 베토벤은 공룡이다."가 된다. 이 경우, $p$, $q$의 가정인 $p$의 진리값이 F이므로 $q$에 관계없이 $p \rightarrow q$의 진리값은 참(T)이 된다.

## ◆ 조건문의 정의에 대한 일상생활에서의 이해

위의 표로 정의된 논리연산자들은 위의 예시에서 보다시피 일반적인 언어 상식과 거의 일치한다. 하지만 $p \rightarrow q$의 경우, 가정이 거짓이면 결론의 진위에 관계없이 $p \rightarrow q$은 참으로 정의되는 점에 대하여 부자연스럽게 여기는 독자가 있을 수 있다. 일상생활의 예를 들어 $p \rightarrow q$의 진리표 또한 자연스럽게 정의 되었다는 점을 이해해보도록 하자.[1)]

**예 제 1.1.2**

어제 토요일 추첨한 로또에서 형륜이가 산 티켓은 당첨되지 못했다. 하지만 형륜이는 그저께인 금요일에 만난 친구 성주에게 다음과 같이 약속했다. "내일 추첨하는 로또에 당첨되면 너에게 일요일 아침에 100만원을 준다." 현재 일요일 점심 때 까지도 형륜이는 성주에게 한 푼도 주지 않고 있다. 과연 형륜이는 성주에게 한 약속을 어긴 걸까?

조건문의 정의에 따르면, 가정인 "토요일 추첨에서 형륜이의 로또가 당첨된다"가 성립하지 않았으므로 "일요일 아침 성주가 100만원을 받았건 말았건 상관없이 위의 문장은 참이 된다. 과연 이 같은 정의는 자연스러운가? 극단적으로 성주가 형륜이의 약속을 녹음하여 형륜이의 약속에 대한 책임을 물

1) 정의는 정의 자체의 문장이나 기존정의들 사이에서 논리적 충돌이 일어나지 않는 한(이를 '잘 정의된-Well Defined)'라 부른다) 받아드려야 한다. 그러므로 조건문의 가정이 거짓인 경우 독자의 마음에 와 닿지 않더라도 받아드려야 한다. 하지만 수학을 비롯한 각종 정의는 일반 상식을 잘 반영하도록 '잘 정의되어'있으므로 왜 이렇게 정의 할 수밖에 없었는지 숙고해 보는 것은 무조건 받아들이기 전에 반드시 거쳐야 되는 과정인 것이다.

어 형륜이를 법원에 고소한다고 하자. 법원은 당연히 형륜이에게 무죄를 선고 할 것이다. 왜냐하면 가정이 성립하지 않기 때문이다.

가정의 사실이 거짓이면 결론의 사실의 진위에 관계없이 조건문의 진리값이 참이 된다는 수리논리적 정의가 결국 세상과 동떨어지지 않았음을 쉽게 발견하게 될 것이다.

## ◆ 연산 ⊕의 정의와 이해

위의 네 가지 기본연산 이외에도, exclusive $p$ or $q$로 불리는 $p \oplus q$는 $p, q$ 둘 중 하나만이 참(T) 일 때만 T 를 진리값으로 갖도록 정의된다.

**예 (p : 모차르트는 음악가다.) ⊕ (q : 베토벤은 공룡이다. )**

여기서 모차르트는 음악가이고 베토벤은 공룡이 아니므로 $p \oplus q$는 참인 명제다. 수학적으로 보면 T 를 $-1$, F 를 1 이라 두고 ⊕를 $p, q$ 각각의 진리값의 곱셈, 다시 말해서 $-1$ 혹은 1의 곱셈으로 생각하면 다음 곱셈표를 만들고 이는 $p \oplus q$의 진리표와 일치함을 알 수 있다.

| × | -1 | 1 |
|---|---|---|
| -1 | 1 | -1 |
| 1 | -1 | -1 |

$\Leftrightarrow$

| ⊕ | T | F |
|---|---|---|
| T | F | T |
| F | T | F |

$\Leftrightarrow$

| $p$ | ⊕ | $q$ |
|---|---|---|
| T | F | T |
| T | T | F |
| F | T | T |
| F | F | F |

위의 표로 정의된 논리연산자들은 위의 예시에서 보다시피 일반적인 언어 상식과 거의 일치한다. 하지만 $p \to q$의 경우, 가정이 거짓이면 결론의 진위에 관계없이 $p \to q$은 참으로 정의되는 점에 대하여 부자연스럽게 여기는 독자가 있을 수 있다. 일상생활의 예를 들어 $p \to q$의 진리표 또한 자연스럽게 정의 되었다는 점을 이해해보도록 하자.

## ◆ 명제의 동치와 항진명제

정의 1.1 두 명제 $p$와 $q$의 합성명제 $s$와 $t$가 주어졌을 때, $s$와 $t$의 진리값이 $p$와 $q$의 진리값의 순서쌍 각 경우에 대하여 같은 값을 가질 때, 두 명제 $s$와 $t$는 **논리적 동치(logical equivalence)**라고 하고, $s \equiv t$라고 나타낸다.

예제 1.1.3

두 명제 $p$와 $q$의 가능한 진리값 순서쌍의 각 경우에 대해 $p \vee q$와 $\neg[(\neg p) \wedge (\neg q)]$의 진리값은 모두 같다. 따라서 두 합성명제는 논리적 동치이고 $p \vee q \equiv \neg[(\neg p) \wedge (\neg q)]$로 쓸 수 있다.

표 1.1. $p \vee q$와 $\neg[(\neg p) \wedge (\neg q)]$의 진리표

| $p$ | $q$ | $p \vee q$ | $\neg p$ | $\neg q$ | $[(\neg p) \wedge (\neg q)]$ | $\neg[(\neg p) \wedge (\neg q)]$ |
|---|---|---|---|---|---|---|
| T | T | T | F | F | F | T |
| T | F | T | F | T | F | T |
| F | T | T | T | F | F | T |
| F | F | F | T | T | T | F |

정의 1.2 두 명제 $p$와 $q$의 조건문 $p \rightarrow q$가 참일 때, $p$를 $q$이기 위한 충분조건(sufficient condition)이라 하고, $q$를 $p$가 되기 위한 필요조건(necessary condition)이라고 한다.

조건명제 $p \rightarrow q$가 참이라고 가정하자. 이 때, $p$가 참이라면 주어진 조건명제가 참이므로 $q$는 반드시 참이어야 한다. 따라서 $p$는 $q$가 참이 되기 위해 참이기만 하면 충분하므로 충분조건이라고 한다. 반대로 $q$가 참이라는 조건은 $p$에 상관없이 주어진 조건명제가 참이 되기 위해 반드시 필요한 조건이다. 그런 의미에서 $q$는 $p$가 참이 되기 위한 필요조건이라고 한다.

예제 1.1.4

[$x = 1$이면 $x^2 = 1$이다.]
이 명제는 다음과 같이 두 개의 명제로 나눌 수 있다.
[$p$: $x = 1$], [$q$: $x^2 = 1$]

따라서 주어진 명제를 기호로 나타내면 $p \to q$이다 이 명제가 참이라면, $x=1$이 참이 되는 것은 $x^2=1$가 참이 되기 위한 충분조건이다. 실제로 $x=1$이면 조건문이 참이므로 $x^2=1$은 참이다. 그리고 명제 $q$가 참이 되는 것은 명제 $p$가 참이 되기 위한 필요조건인데, 실제 $x^2=1$가 참이라고 해서 $x=1$이라고 할 수는 없다. 1일수도 있고 $-1$ 일수도 있기 때문이다. $x=1$이 되기 위해서는 다른 부수적인 조건들이 필요한 셈이다. 그런 의미에서 $q$는 $p$가 참이 되기 위한 필요조건이 된다.

정의 1.3 두 명제 $p$와 $q$에 대하여, 명제 $p \leftrightarrow q$를 $p$와 $q$의 쌍조건문(biconditional statement)라고 하고, '$p$이면 $q$이고, 동시에 $q$이면 $p$이다'라고 읽는다. 영어로는 "$p$ if and only if $q$"라고 표현하고 있으며 축약하여 "$p$ iff $q$"라고 쓰기도 한다.

표 1.2 $p \leftrightarrow q$의 진리표

| $p$ | $q$ | $p \leftrightarrow q$ |
|---|---|---|
| T | T | T |
| T | F | F |
| F | T | F |
| F | F | T |

정의 1.4 두 명제 $p$와 $q$의 쌍조건문 $p \leftrightarrow q$가 참일 때, 명제 $p$와 $q$를 **필요충분조건(necessary-sufficient condition)**이라고 한다.

정의 1.5 명제 $t$에 대하여, 가능한 모든 논리적 경우에 대하여 명제 $t$가 모두 참이면 그 명제를 항진명제(tautology)라고 한다.

예제 1.1.5

다음 명제들은 항진명제이고 이는 다음과 같이 진리표를 통해 확인할 수 있다.

(1) $p \vee \neg p$ (2) $p \to p$ (3) $(p \wedge q) \to (q \wedge p)$

(4) $(p \wedge q) \to q$ (5) $p \to (p \vee q)$

| $p$ | $q$ | $\neg p$ | $p\vee\neg p$ | $p\rightarrow p$ | $p\wedge q$ | $q\wedge p$ | $(p\wedge q)\rightarrow(q\wedge p)$ | $(p\wedge q)\rightarrow q$ | $p\vee q$ | $p\rightarrow(p\vee q)$ |
|---|---|---|---|---|---|---|---|---|---|---|
| T | T | F | T | T | T | T | T | T | T | T |
| T | F | F | T | T | F | F | T | T | T | T |
| F | T | T | T | T | F | F | T | T | T | T |
| F | F | T | T | T | F | F | T | T | F | T |

정리 1.6 (대우법칙) 두 명제 $p$와 $q$에 대하여 다음 두 합성명제는 동치이다.

$$(p\rightarrow q)\equiv(\neg q\rightarrow\neg p)$$

| 증명 |

| $p$ | $q$ | $\neg p$ | $\neg q$ | $p\rightarrow q$ | $\neg q\rightarrow\neg p$ | $(p\rightarrow q)\Leftrightarrow(\neg q\rightarrow\neg p)$ |
|---|---|---|---|---|---|---|
| T | T | F | F | T | T | T |
| T | F | F | T | F | F | T |
| F | T | T | F | T | T | T |
| F | F | T | T | T | T | T |

정의 1.7 (1) 두 명제 $p$와 $q$에 대하여, 조건명제 $p\rightarrow q$가 항진명제일 때, 이 조건문을 함의(implication)라고 하고, $p\Rightarrow q$로 나타낸다.

(2) 두 명제 $p$와 $q$에 대한 쌍조건문 $p\leftrightarrow q$가 항진명제일 때, 이 쌍조건문을 동치(equivalence)라고 하고, $p\Leftrightarrow q$로 나타낸다.

위의 정의에 따라 예제 1.1.5에 제시된 조건문의 항진명제는 다음과 같이 두 줄 화살표로 나타낼 수 있다.

$$p\Rightarrow p \qquad (p\wedge q)\Leftrightarrow(q\wedge p) \qquad (p\wedge q)\Rightarrow q \qquad p\Leftrightarrow(p\vee q)$$

조건문 $p\rightarrow q$에 대하여, $q\rightarrow p$를 역(converse), $\neg p\rightarrow\neg q$를 이(inversion), $\neg q\rightarrow\neg p$를 대우(contraposition)라 한다. 이 때, $q\rightarrow p$와 $\neg p\rightarrow\neg q$는 서로 대우 관계이므로 정리 1.6의 대우의 법칙에 의해 서로 동치이다.

## ◆ 논리연산의 기초정리들

'정리(theorem)'라 함은 주어진 정의로부터 참이라고 증명이 될 수 있는 명제를 의미한다.[2] 지금부터 다루는 기본정리들은 기본연산의 정의로부터 유도되는 항진명제(혹은 좌우동치명제)들이다. 이들은 이미 정의된 진리값 산출방식에 의하여 진리표로 증명할 수 있다.[3]

증명으로 제시된 아래 진리표는, ⇔의 좌변의 번호와 으변의 번호*의 순서에 따라 각각 진리값을 구하고, 마지막으로 좌변의 최종번호의 진리값과 우변의 최종번호*의 진리값이 행의 순서대로 정확히 일치함을 보이고 있다. ⇔은 → ∧ ← 을 한꺼번에 나타낸 것이므로 ⇔의 진리값이 모두 T로 표시된 것은 전체명제가 항진명제임을 뜻하는 것이며 이는 좌우변의 명제들이 동치임을 의미하기도 한다. 진리표 증명법에 관한 위의 순서를 유념하여 다음 기본 정리들의 증명을 살펴보기로 하자.

정리 1.8 (1) $p \Leftrightarrow \neg(\neg p)$

(2) $(p \rightarrow q) \Leftrightarrow (\neg q \rightarrow \neg p)$ 대우관계

(3) $(p \rightarrow q) \Leftrightarrow (\neg p \vee q)$

(4) $\neg(p \vee q) \Leftrightarrow (\neg p \wedge \neg q)$, 논리의 드모르간(de Morgan)의 정리

$\neg(p \wedge q) \Leftrightarrow (\neg p \vee \neg q)$

(5) $(p \vee q) \vee r \Leftrightarrow p \vee (q \wedge r)$, $(p \wedge q) \wedge r \Leftrightarrow p \wedge (q \wedge r)$ 결합법칙

(6) $p \vee (q \wedge r) \Leftrightarrow (p \vee q) \wedge (p \vee r)$, 배분법칙

$p \wedge (q \vee r) \Leftrightarrow (p \wedge q) \vee (p \wedge r)$

| 증명 | ① 아래 진리표에서 (1)과 (2)*는 각 경우 모두 같은 진리값을 가지므로 두 명제는 동치이다.

2) 참인 명제는, 증명 없이 받아드리는 **'정의(Definition)'**와 이미 주어진 정의로부터 유도되어 증명되는 **'정리(Theorem)'**로 나누어 분류된다. 세부적으로 보면, 정의는 '정의의 선조'격인 **'공리(Axiom)'**와 일반정으로 구별하며, 정리는 **'일반정리(Theorem)'**, **'보조정리(Lemma)'**, **'따름정리(Corollary)'** 등으로 구별해서 부르기도 한다.

3) 증명으로 제시된 진리표는 ⇔ 의 좌변의 번호와 우변의 번호*의 순서에 따라 각각 진리값을 구하게 되며, 마지막으로 좌변의 최종번호의 진리값과 우변의 최종번호*의 진리값이 행의 순서대로 정확히 일치하게 되면 증명을 마치게 되는 것이다. ⇔ 은 → ∧ ← 을 한꺼번에 나타낸 것이므로 ⇔ 의 진리값이 모두 T로 표시된 것은 전체명제가 항진명제임을 뜻하는 것이며 이는 좌우변의 명제들이 동치임을 말해줄 것이다. 진리표 증명법에 관한 위의 순서를 유념하고 다음 동치명제들의 증명을 음미해 보도록 하자.

| $p$ | $\Leftrightarrow$ | $\neg$ | $(\neg p)$ |
|---|---|---|---|
| T | T | T | F |
| F | T | F | T |
| (1) | ∴항진명제 | (2)* | (1)* |

② 정리 1.8의 증명에 따른다.

③ 아래 진리표에서 (1)과 (2)*는 각 경우 모두 같은 진리값을 가지므로 두 명제는 동치이다.

| $p$ | $q$ | $(p \rightarrow q)$ | $\Leftrightarrow$ | $(\neg p$ | $\vee$ | $q)$ |
|---|---|---|---|---|---|---|
| T | T | T | T | F | T | T |
| T | F | F | T | F | F | F |
| F | T | T | T | T | T | T |
| F | F | T | T | T | T | F |
| | | (1) | ∴항진명제 | (1)* | (2)* | |

④ 아래 진리표에서 (2)과 (3)*는 $p, q$ 각 경우 별로 같은 진리값을 가지므로 두 명제는 동치이다.

| $p$ | $q$ | $\neg$ | $(p \vee q)$ | $\Leftrightarrow$ | $\neg p$ | $\wedge$ | $\neg q$ |
|---|---|---|---|---|---|---|---|
| T | T | **F** | T | T | F | **F** | F |
| T | F | **F** | T | T | F | **F** | T |
| F | T | **F** | T | T | T | **F** | F |
| F | F | **T** | F | T | T | **T** | T |
| | | **(2)** | (1) | ∴항진명제 | (1)* | **(3)*** | (2)* |

⑤ 아래 과 같은 방법으로 $p, q, r$의 가능한 진리값의 순서쌍 모든 경우에 따라 정의를 적용하면 쉽게 보일 수 있으므로 생략하기로 한다.[4)]

⑥ $p, q, r$의 가능한 진리값의 순서쌍 모든 경우에 대한 좌우변의 최종 진리값 열 (2)와 (3)*가 정확히 일치하므로 명제는 항진명제이다.

| $p$ | $q$ | $r$ | $p$ | $\vee$ | $(q \wedge r)$ | $\Leftrightarrow$ | $(p \vee q)$ | $\wedge$ | $(p \wedge r)$ |
|---|---|---|---|---|---|---|---|---|---|
| T | T | T | | T | T | T | T | T | T |
| T | T | F | | T | F | T | T | T | T |
| T | F | T | | T | F | T | T | T | T |
| T | F | F | | T | F | T | T | T | T |
| F | T | T | | T | T | T | T | T | T |
| F | T | F | | F | F | T | T | F | F |
| F | F | T | | F | F | T | F | F | T |
| F | F | F | | F | F | T | F | F | F |
| | | | | (2) | (1) | ∴항진명제 | (1)* | (3)* | (2)* |

4) 명제 세 개가 합성된 명제의 동치관계를 증명하는 경우, 이들 각각에 대하여 참과 거짓 두 가지 경우가 나올 수 있으므로 결국 총 8가지 경우에 대하여 진리값을 구해야 한다. 마치 서로 다른 동전 세 개를 던질 때 나오는 경우를 모두 구하는 것과 같다. 이때, 10원짜리 100원짜리 500원짜리 동전은 각각 명제 p, q, r에 비유되고, 각 동전의 앞면을 T, 동전의 뒷면을 F로 생각할 수 있을 것이다.

예 제 1.1.6

위의 정리 1.8의 이해를 위해 그 내용을 항목별로 평둔으로 된 예시를 들어 설명하면 다음과 같다.

(1) $p \Leftrightarrow \neg(\neg p)$

이 정리를 의역하면, "어떤 명제의 부정의 부정은 그 명제 자체와 동치이다."가 된다. 이는, 어떤 명제를 짝수 번 부정하면 긍정이 되고 홀수 번 부정하면 원 문장의 부정명제가 된다는 일반적 상식적 논리로 일반화될 수 있다.

(2) $(p \rightarrow q) \Leftrightarrow (\neg q \rightarrow \neg p)$

대우 명제에 대한 직관적 이해를 위해 다음과 같은 소설 제목의 예를 들어보자.

현대작가 이문열의 연애소설 중에 **'추락하는 것에 날개가 있다'**라는 소설이 있다. '추락'은 '절망'으로 '날개'는 '희망'을 상징한다고 여기고, 위의 제목만으로 소설의 내용을 약간의 문학적 상상력을 동원하면 다음 두 가지의 상반된 두 방향으로의 추측이 가능하다.

"절망이 있는 곳엔 희망이 있다."

다시 말해서, "하늘이 무너져도 솟아날 구멍이 있으니 희망을 가져라."와 같이 희망적 교훈을 내포하는 듯한 추측이 가능하다. 반면에,

"헛된 야망을 가지지 않았다면, 절망하지도 않았을 텐데."

즉, "헛된 꿈을 쫓아가며 결국에는 절망의 구렁텅이로 떨어지는 것이 바로 인생이다."라는 비관적인 메시지를 담고 있다고 추측할 수 있을 것이다. 논리적 견지에서 이 문장은 어떻게 추측하는 것이 타당할까? 제목만으로 그 내용을 추측한다면 답은 후자에 있다고 할 것이다. 그 이유는 다음과 같다.

**'추락하는 것에 날개가 있다'**라는 소설제목을 논리적으로 재구성하면, "추락하는 것이 있으면 그것에는 날개가 있다."라 할 수 있다. 즉

추락한다. → 날개가 있다.

이와 동치인 대우명제를 살펴보면 "날개가 없다면 추락하지도 않는다."라 할 수 있다. 즉

날개가 없다. → 추락하지 않는다.

다시 한 번 의역하면, "헛된 꿈을 가지지 않았다면 이렇듯 절망하지도 않았을 것이다."이 되므로 결국 후자가 답이 될 것이다.[5)]

(3) $(p \rightarrow q) \Leftrightarrow (\neg p \vee q)$

"일하지 않는 자는 먹지도 않는다."라는 문장은 위의 정리에 따라 "일을 하거나 먹지 않는다."와 동치이다. 후자의 문장은 마치 어법에 어긋나는 비문처럼 보이며 논리적으로도 하자가 있어 보이지만, 실은 "굶지 않으려면 일하라"(동치인 대우명제)라는 살벌한 이야기를 다른 방식

으로 하고 있는 것이다. 자신의 논의에 자신이 없거나 너무 직설적이거나 적당히 진의를 가리기 위해서 이러한 어법은 종종 사용되고 있다.

(4) $\neg(p \vee q) \Leftrightarrow (\neg p \wedge \neg q)$, $\neg(p \wedge q) \Leftrightarrow (\neg p \vee \neg q)$ (논리의 드모르간(de Morgan)의 정리)

드모르간의 정리는 OR(∨)나 AND(∧)로 합성된 명제의 역(¬)에 대하여 다루고 있다. 일반적인 문장에도 적용하여 예를 들면, "인생은 짧고 예술은 길다는 점을 부정 한다"라는 문장은 ("인생은 짧다"이고 "예술은 길다")의 전체 부정이다. 그러므로 드모르간의 정리에 의하여, "인생은 짧지 않거나 예술은 길지 않다"와 동치가 된다. 한 번 더 해석하면, "인생은 길거나 예술은 짧다."가 되며, 이는 위의 원문과 동치명제가 된다.

## ◆ 한정서술을 동반한 조건명제와 그 부정

앞서 설명한 바와 같이, 변수가 정해지기 전에는 문장의 참과 거짓을 판정할 수 없는 문장을 조건명제라 한다. $p(x)$로 표현된 조건명제에서 $x$는 변수를, $p$는 술어(predicate)를 의미한다.

**예제 1.1.7**

조건명제 $p(x)\ :\ x^2 > 0$에서 변수는 실수 $x$이며 술어는 $x^2 > 0$이다. 여기서, 만약 $x = 0$이면 $p(x)$의 진리값은 F이며 $x \neq 0$이면 $p(x)$의 진리값은 T가 된다.

이러한 조건명제 $p(x)$는 **한정수사**(quantifier)라고 불리는 '모든 $x$'(for all $x$) 또는 '어떤 $x$'(for some $x$)와 같은 변수 $x$조건을 동반한다. 이러한 한정수사는 '모든'은 영어 'For All'의 'A'를 뒤

5) 실제로, 소설의 내용 또한, 신기루를 찾아 교사라는 안정된 직업도 버리고 사랑도 배신한 서윤주라는 여인이 결국 오스트리아의 작은 마을의 한 호숫가에서 그녀를 추적해 온 애인이 쏜 총탄을 맞고 살해된다는 비극적 이야기를 담고 있다. 이는 제목만으로 논리적인 추론을 한 우리의 결과와 큰 차이를 보이지 않고 있다. 이 소설의 제목인 **'추락하는 것에 날개가 있다'**는 권총 자살로 일생을 마무리한 독일의 여류시인 잉에보르크 바흐만의 비극적 한 시구가 인용되었다고 한다. 소설가의 문학적 언어선택의 감각이 논리학적 견지에서의 대우명제를 통한 언어의 기호적 해석과 일치하고 있다는 점에 우리는 주목해야 할 것이다. 다시 말해, 과학과는 괴리가 있어 보이는 문학적 시구(詩句)조차도 논리적 정합성의 틀 속에서 이루어지고 있다는 것이다. 많은 이들이 수리논리를 기계들이나 기계 같은 사람들 사이에서 통용되는 딴 세상의 언어로 착각하는 경우를 종종 볼 수 있는데, 이는 오해이며 실제로 세상에서 쓰이는 일반적인 논리의 최소 표현법이라는 사실을 잊어서는 안 될 것이다.

집어서 '$\forall$'로 나타내며, '어떤'은 영어 'Exist'의 'E'를 뒤집어서 '$\exists$'로 기호화 하여 쓰기도 한다. 이때, $\exists$은 실제로 'For some'과 같게 쓰인다.

정의 1.9 한정수사를 동반한 조건명제를 다음과 같이 정의한다.

$\forall x \;\; p(x)$ $\Leftrightarrow$ 모든 $x$에 관하여 $p(x)$이다. $\Leftrightarrow$ *For all* $x$, $p(x)$ *holds*.

$\exists x \;\; p(x)$ $\Leftrightarrow$ 어떤 $x$에 관하여 $p(x)$이다.

$\Leftrightarrow$ *For some* $x$, $p(x)$ *holds*

$\Leftrightarrow$ *There is an* $x$ *such that* $p(x)$ *holds*.

**예 제 1.1.8**

(1) 일상에서 한정수사를 포함한 문장의 예

a. 모든 인간은 죽는다.

$\Leftrightarrow$ $\forall$ 인간 (인간은 죽는다)

b. 어떤 의사는 양심이 있다. (혹은, 의사 중에는 양심 있는 의사도 있다.)

$\Leftrightarrow$ $\exists$의사 (그 의사는 양심이 있다.)

(2) 수학에서의 예 :

a. 모든 실수 $x$에 대하여 $p(x) : x^2 \geq 0$

$\Leftrightarrow$ $\forall x \in R \; (x^2 \geq 0)$

b. 어떤 실수 $x$에 대하여 $q(x) : x^2 - 2x + 1 = 0$

$\Leftrightarrow$ $\exists x \in R \; (x^2 - 2x + 1 = 0)$

c. **$f(x)$는 $x = a$에서 $L$값으로 수렴한다.**

$\Leftrightarrow$ $\forall \epsilon > 0 \; \exists \; \delta > 0 \;\; (0 < |x - a| < \delta \rightarrow |f(x) - L| < \epsilon)$

$\Leftrightarrow$ $\lim_{x \to a} f(x) = L$

여기서, a, b 항은 참인 명제이다. $x \in R$이면 $x$는 양수이거나, 0이거나 음수다. 양수거나 음수인 경우는 제곱하면 양수가 되고 0 인 경우는 제곱하면 0 이 되므로 모든 실수 $x$는 $p(x) : x^2 \geq 0$을 만족한다. b. 항의 경우 $x = 1$인 실수 $x$가 존재하여 $x = 1$에 대하여 $q(x) : x^2 - 2x + 1 = 0$이므로 참이다. c. 항은 $x = a$에서 $f(x)$가 $L$로 수렴한다는 것을 정의한 것이다.

'모든'과 '어떤' 사이에는 일종의 반의어의 관계가 있다. 예를 들어 위의 "모든 인간은 죽는다."라는 명제가 거짓임을 밝히기 위해서는, 다시 말해서 ¬(모든 인간은 죽는다)가 참임을 밝히기 위해서는, 적어도 하나의 인간이 존재하여 영생한다는 사실을 밝히면 된다. 이러한 한 개의 부정의 예를 반례(counterexample)라 부르며, '모든'을 동반한 부정문을 증명하는 것은 단 하나의 반례를 밝히는 것으로 충분하다. 이해를 돕기 위하여 기독교 교리를 빌어 예수는 인간이기도 하며 부활했으므로 죽지 않은 인간으로 인정한다면 "모든 인간은 죽는다"는 명제에 대한 반례가 되며 이는 ¬(모든 인간은 죽는다)가 참임을 증명한 것이 된다.

정의 1.10 한정수사를 동반한 조건명제의 부정은 다음과 같이 정의한다.

$\neg(\forall\ x\ p(x)) \Leftrightarrow \exists\ x\ \neg p(x) \Leftrightarrow$ 어떤 $x$에 관하여 $p(x)$는 아니다.

$\neg(\exists\ x\ p(x)) \Leftrightarrow \forall\ x\ \neg p(x) \Leftrightarrow$ 모든 $x$에 관하여 $p(x)$는 아니다.

**예제 1.1.9**

(1) $\forall\ x \in R\ (x^2 > 0)$는 거짓임을 증명하라.

(2) $\lim_{x \to a} f(x) \neq L$임을 정의하라.(귀뜸: 수렴에 대한 $\epsilon - \delta$ 정의를 부정하라)

## ◆ 추론과 증명

'이상한 나라의 엘리스'의 저자로 잘 알려진 덕슨[6]이 그의 저서 기호논리학(Symbolic Logic)에서 제시한 추론의 예를 소개하기로 한다.

다음과 같이 가정에 해당하는 세 명제가 주어졌다고 하자.

*All hummingbirds are richly colored.*

*No large birds live on honey.*

6) C. L. Dodgson (1832-1898): 영국의 수학자이자 논리학자인 동시에 문학가와 성직자다. 유명한 이상한 나라의 엘리스의 저자로서 Lewis Carroll이라는 필명을 사용하였다.

*Birds that do not live on honey are dull in color.*

이러한 세 가지 가정으로부터 간단한 논증을 거친 후에 다음과 같은 추론, 즉 결론을 얻을 수 있다.

*Hummingbirds are small.*

엄밀한 논증을 위해 아래와 같이 조건명제들을 정의하기로 하자. 여기서 변수 $x$는 조류(새)로 정의한다.

*p(x) : 'x' is a hummingbird.*　　*q(x) : 'x' is large.*

*r(x) : 'x' lives on honey.*　　*s(x) : 'x' is richly colored.*

여기서, ¬q(x) : 'x' is small. 이고 ¬s(x) : 'x' is dull in color. 로 자연스럽게 정의된다. 위의 조건명제를 이용하여 주어진 원문을 기호화 하면 다음 표의 우변으로 나타내진다. 이제 가정에 해당하는 주어진 세 명제를 위의 조건명제를 이용하여 한정수사를 포함한 기호로 정리하면 다음 표의 우변과 같이 나타낼 수 있다.

| | |
|---|---|
| *All hummingbirds are richly colored.* | $\forall x(p(x) \to s(x))$ |
| *No large birds live on honey.* | $\neg\exists x(q(x) \wedge r(x))$ |
| *Birds that do not live on honey are dull in color.* | $\forall x(\neg r(x) \to \neg s(x))$ |
| *Hummingbirds are small.* | $\forall x(p(x) \to \neg q(x))$ |

이제 두 번째 명제에서 출발하여 정리 1.8의 기본법칙과 정의 1.10의 한정수사의 부정을 적용하면 다음과 같은 증명과정을 거친 추론을 얻게 된다.

$$\begin{aligned}\neg\exists x(q(x) \wedge r(x)) &\iff \forall x \neg(q(x) \wedge r(x)) \\ &\iff \forall x(\neg q(x) \vee \neg r(x))\end{aligned}$$

$$\Longleftrightarrow \ \forall x\,(q(x) \to \neg r(x))$$
$$\Longleftrightarrow \ \forall x\,(r(x) \to \neg q(x)),$$

한편,

$$\forall x(\neg r(x) \to \neg s(x)) \iff \forall x(s(x) \to r(x))$$

따라서

$$\forall x(p(x) \to s(x) \to r(x) \to \neg q(x))$$

이고, 이것은 삼단논법에 의해 $\forall x(p(x) \to \neg q(x))$을 얻는다. 이 기호를 문장으로 치환하면 "Hummingbirds are not large.", 즉 "Hummingbirds are small."이라는 결론을 얻게 된다.

위의 루이스 캐롤이 제시한 추론에서 보면, 기호화된 명제의 논증을 거치지 않고 직관에 의존하여 위의 세 문장으로부터 해밍버드가 작은 새라는 사실을 알아내기란 극히 어렵다는 사실을 알 수 있다. 이와 같이 추상화된 문자와 수리논리를 이용하여 직관으로 도달할 수 없는 추론을 얻어낼 수 있다는 점에서 수리논리는 그 적용가치의 정도를 가늠할 수 있을 것이다.

# 연 습 문 제 1.1

**1** 다음과 같이 주어진 문장들에 대하여, 명제 여부를 결정하라.

(1) 모든 사람은 죽는다.

(2) 아리스토텔레스는 평발이다.

(3) 교실 앞의 전자칠판은 가격이 얼마나 하니?

(4) 잔디밭에 들어가지 마시오.

(5) 정수 $2^{987654321}+37$은 소수이다.

**2** 다음 명제의 진리표를 작성하라.

(1) $p \vee \neg p$

(2) $\neg(\neg p \vee \neg q)$

(3) $(\neg q) \rightarrow (\neg p)$

(4) $p \wedge (q \vee r)$

(5) $(p \wedge q) \vee (p \wedge r)$

(6) $(p \vee q) \vee r$

(7) $p \vee (q \vee r)$

**3** 다음 좌, 우의 명제가 서로 동치임 보여라.

(1) $\neg p \vee q \ \equiv \ p \rightarrow q$

(2) $p \rightarrow (q \vee r) \ \equiv \ p \wedge (\neg r) \rightarrow q$

**4** 주어진 복합명제를 보기와 같이 주어진 기호를 이용하여 기호화하라. (주어진 기호는 접속사로 연결된 문장 하나씩을 의미하며 그 진리값은 참이라고 가정한다.)

| 보 기 |

이것은 진실이 아니라고 하지 않을 수 없다. $(F)$ : $\neg(\neg F)$

(1) 만일 당신이 천사라면, 당신은 날개를 갖고 있다. $(A, W)$

(2) 육류의 소비에 공급이 맞지 않으면 육류의 가격은 상승할 것이고 육류의 가격이 상승하면 육류의 소비는 공급을 따르지 않을 것이다. $(P, S)$

(3) 농부들은 가격을 내리거나 정부는 개입할 것이다. $(F, G)$

(4) 육류 수출이 증가하거나 가축사육이 늘지 않는다면 가격은 상승할 것이다. $(E, R, P)$

**5** 명제 $p$, $q$, $r$, $s$에 대하여, 다음이 성립함을 증명하라.

(1) $(p \to q) \wedge (r \to s) \Rightarrow (p \vee r \to q \vee s)$.

(2) $(p \to q) \wedge (r \to s) \Rightarrow (p \wedge r \to q \wedge s)$.

(3) $(p \to q) \wedge p \Rightarrow q$.

(4) $(p \to q) \wedge \neg q \Rightarrow \neg p$.

(5) $(p \to q) \Leftrightarrow (p \wedge \neg q \to q \wedge \neg q)$. (이 성질을 귀류법이라 한다.)

**6** 드모르간 법칙을 이용하여 다음 문장의 부정문을 작성하라.

이 함수는 최댓값을 갖거나 수학은 어렵다.

**7** 명제 $p,\ q$에 대하여, 다음은 임의의 명제 $r$에 대해서도 항상 성립함을 증명하라.

$$(p \to q) \Rightarrow (p \vee r \to q \vee r).$$

**8** 다음 물음에 답하라.

(1) $\forall\, x \in R\ (x^2 > 0)$는 거짓임을 증명하라.

(2) $\lim_{x \to a} f(x) \neq L$임을 정의하라.

귀띔 수렴에 대한 $\epsilon - \delta$ 정의를 부정하라

(3) $\epsilon - \delta$의 연속에 관한 정의를 고려하여 다음 명제를 부정하여 불연속성을 정의하라.

함수 $f(x)$는 $x = a$에서 연속이다.

# 1.2 집합과 기본정리

집합(set)이란 서로 구별되는 대상들(mutually distinct objects)의 순서 없는 모임(unordered collection)으로 정의된다. 집합에 대한 직관적 정의는 칸토어(Georg Cantor)가 1895년 제시하였다. 하지만 이러한 직관적 정의와 기호는 러셀(Bertrant Russell)의 역설(paradox)[7]에 직면하게 되어 칸토어의 집합론에 논리적 결함이 있음을 보여주었다. 이후 이러한 역설을 피하기 위해 소위 '공리적 집합론'(axiomatic set theory)이 제안되었고 현대 수학의 토대인 집합론은 공리체계에 의해 재구성되어 왔다. 하지만 분야의 특성상 이러한 논리적 역설은 우려할 만 한 문제가 되지 않기 때문에, 이 책에서는 칸토어의 집합론, 즉 직관적 집합론(naive set theory)를 다루기로 한다. 따라서 기호와 정의는 이제까지 학습하여 온 집합에 관한 일반 내용과 동일하게 유지할 것이며 몇 가지 기본적인 내용을 정리하면 다음과 같다.

자세한 내용은 통상 개설되어 있는 집합론의 적당한 교재를 참고하기로 하자.

집합은 일반적으로 대문자 알파벳으로 표현되고 중괄호 속에 **'원소를 나열'**하거나 원소가 될 **'조건을 명시'**하는 방법으로 표현한다. 예를 들어, $A=\{-1,1\}=\{x\in R : x^2=1\}$와 같이 두 가지 방법으로 표현될 수 있다. 집합 $A$의 **원소의 개수** 혹은 $A$의 크기는 $|A|$로 표현한다. 위의 예에서 $|A|=|\{1,\ -1\}|=2$가 된다. 원소를 하나도 가지지 않은 집합을 **'공집합'**이라 하고 $\varnothing$ 또는 $\{\ \ \}$로 표시한다. 집합의 기본적인 연산에 대한 정의는 논리연산자를 사용하여 다음 표와 같이 요약될 수 있다.

**표 1.2 집합의 연산과 상등에 관한 정의**

| | | | | | |
|---|---|---|---|---|---|
| ① | A의 여집합 | ; | $A^C = A'$ | $=$ | $\{x : \neg(x\in A)\}$ |
| ② | B의 부분집합 A | ; | $A \subseteq B$ | $\Leftrightarrow$ | $\forall x\,(x\in A \rightarrow x\in B)$ |
| ③ | A와 B의 교집합 | ; | $A \cap B$ | $=$ | $\{x : (x\in A) \wedge (x\in B)\}$ |
| ④ | A와 B의 합집합 | ; | $A \cup B$ | $=$ | $\{x : (x\in A) \vee (x\in B)\}$ |
| ⑤ | A에서 B의 차집합 | ; | $A - B$ | $=$ | $\{x : (x\in A) \wedge \neg(x\in B)\}$ |
| | | | | $=$ | $\{x : (x\in A) \wedge (x\in B')\}$ |
| | | | | $=$ | $\{x : (x\in A) \wedge (x\in B')\}$ |

7) 러셀의 역설(1902) : 세빌리아의 이발사 역설과 동일하다. 이는 다음과 같다. "세빌리아에 이발사가 한 분 있었다. 그는 자신이 스스로 이발을 하지 못하는 모든 마을 사람들을 이발해 준다고 한다. 그렇다면 이발사 자신의 머리는 스스로 이발하는가?" 스스로 이발을 해도 모순이고 스스로 이발을 하지 않는다고 해도 모순이 됨을 쉽게 알 수 있다. 실제로 집합 $R$을 $R=\{X : R\not\in X\}$이라 정의하면, $R\in R$라는 명제의 진리값이 참이어도 모순이고 거짓이어도 모순이 되어 역설이 된다. 이것이 러셀의 패러독스이다.

| ⑥ | 집합의 상등 ; $A = B \Leftrightarrow \forall x\,(x \in A \leftrightarrow x \in B)$ |
|---|---|
| | $\Leftrightarrow (A \subseteq B) \wedge (B \subseteq A)$ |

주어진 집합과 공집합이나 자기 자신과의 관계는 다음과 같이 정리된다.

정리 1.11 임의의 집합 $A$에 대하여 다음은 항상 성립한다.

(1) $\varnothing \subseteq A$ (2) $A \subseteq A$

| 증명 | 모든 $x$에 대하여 명제 $x \in \varnothing$의 진리값은 거짓(F)이다. 그러므로 $x \in A$의 진리값이 T 와 F 인지에 관계없이 명제 $\forall x\,(x \in \varnothing \rightarrow x \in B)$는 참(T)인 명제이다. 따라서 임의의 집합 $A$에 대하여 $\varnothing \subseteq A$가 성립한다. 비슷하게 $\forall x\,(x \in A \rightarrow x \in A)$은 항진명제이므로 참인 명제이다. 따라서 임의의 집합 $A$에 대하여 $A \subseteq A$가 성립한다.

집합에 관한 정의(표 1.2)로부터 쉽게 구할 수 있는 집합의 연산에 관한 기본정리들을 요약하면 다음 정리와 같다. 각 증명은 연습문제로 남기기로 한다.(여기서 $U$는 전체집합을 나타낸다)

정리 1.12 (집합의 연산에 관한 기본 항등식)

| 항등식 | 명칭 | 항등식 | 명칭 |
|---|---|---|---|
| $A \cup \varnothing = A$<br>$A \cap U = A$ | 항등법칙<br>(identity law) | $A \cup (B \cup C) = (A \cup B) \cup C$<br>$A \cap (B \cap C) = (A \cap B) \cap C$ | 결합법칙<br>(associative law) |
| $A \cup U = U$<br>$A \cap \varnothing = \varnothing$ | 지배법칙<br>(domination law) | $A \cup (B \cap C) = (A \cup B) \cap (A \cup C)$<br>$A \cap (B \cup C) = (A \cap B) \cup (A \cap C)$ | 배분법칙<br>(distributive law) |
| $A \cup A = A$<br>$A \cap A = A$ | 멱등원법칙<br>(idempotent law) | $(A \cup B)^c = A^c \cap B^c$<br>$(A \cap B)^c = A^c \cup B^c$ | 드모르간 법칙<br>(de Morgan's law) |
| $(A^C)^C = A$ | 보완법칙<br>(complementation law) | $A \cup (A \cap B) = A$<br>$A \cap (A \cup B) = A$ | 흡수법칙<br>(absorption law) |
| $A \cup B = B \cup A$<br>$A \cap B = B \cap A$ | 교환법칙<br>(commutative law) | $A \cup A^c = U$<br>$A \cap A^c = \varnothing$ | 보충법칙<br>(complement law) |

위의 항등식 중 드모르간의 법칙 만을 증명하기로 하고 나머지는 연습문제로 남긴다.

| 증명 |

$$x \in (A \cup B)^c \Leftrightarrow \neg(x \in A \cup B) \Leftrightarrow \neg(x \in A \vee x \in B)$$
$$\Leftrightarrow \neg(x \in A) \wedge \neg(x \in B) \Leftrightarrow (x \in A^c) \wedge (x \in B^c)$$
$$\Leftrightarrow x \in A^c \cap B^c$$

위에서 보는 바와 같이 $x \in (A \cup B)^c \Rightarrow x \in A^c \cap B^c$이므로 $(A \cup B)^c \subseteq A^c \cap B^c$이다. 역으로 $x \in A^c \cap B^c \Rightarrow x \in (A \cup B)^c$이므로 $(A \cup B)^c \supseteq A^c \cap B^c$이다. 따라서 두 집합의 상등의 정의에 따라 $(A \cup B)^c = A^c \cap B^c$가 된다.

위와 비슷한 방법으로 $(A \cap B)^c = A^c \cup B^c$가 성립함 또한 쉽게 보일 수 있다.

## ◆ 주어진 집합으로부터 생성된 집합

정의 1.13 **멱집합(power set)**

주어진 집합 $A$에 대하여 $A$의 모든 부분집합을 원소로 가지는 집합을 $A$의 멱집합(the power set of $A$)라고 부르고 이것을 $P(A)$ 혹은 $2^A$로 표시한다.

예 제 1.2.1

집합 $A = \{1, 2, 3\}$이라고 할 때, 이에 대한 멱집합은 다음과 같다.

$$2^A = \{\varnothing \{1\}, \{2\}, \{3\}, \{1,2\}, \{1,3\}, \{2,3\}, \{1,2,3\}\}$$

멱집합의 원소 상호간의 포함관계는 다음과 같이 나타낼 수 있다. 여기서 실선으로 연결된 아래 원소는 위의 원소에 포함되어 있음을 뜻하며 아래 원소를 포함하면서 위의 원소에 포함되는 진부분집합이 존재하지 않음을 뜻한다. 이러한 그래프를 헤세다이어그램[8])이라고 한다.

8) 이와 같이 집합 원소들 간의 반순서관계(partial order)를 나타낸 그림을 헤세다이어그램(Hesse diagram)이라고 한다. 예를 들어 여기에서와 같이 특정 원소에 대한 포함관계는 실선으로 표시되며 위의 위로 연결된 원소에 아래의 원소가 포함됨을 순서관계로 보여 줄 수 있다.

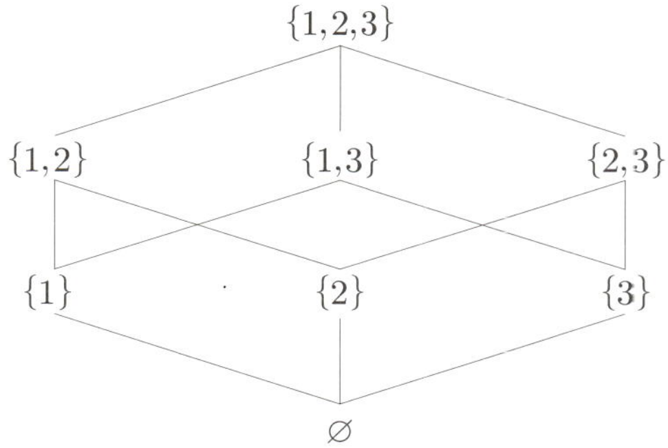

정리 1.14 $A$가 유한집합이면 $|2^A| = 2^{|A|}$이다.

| 증명 | $X \in 2^A$에 대하여 각각의 $x \in A$는 $x \in X$이거나 $x \not\in X$인 두 가지 경우의 수를 갖게 된다. 따라서 이러한 $x$는 $|A|$개가 존재하므로 $|2^A| = 2^{|A|}$이 된다.

정의 1.15 **데카르트 곱집합(Cartesian product)**

주어진 집합 $A$와 $B$에 대한 데카르트 곱집합은 $A \times B$로 표시되며 다음과 같이 정의된다.

$$A \times B = \{(x, y) : x \in A,\ y \in B\}$$

여기서 $(x, y)$는 순서쌍(ordered pair) 혹은 2조 순서쌍(2-tuple)이라고 한다. $A$와 $B$가 유한집합이면 자연스럽게 그 크기는 $|A \times B| = |A|\,|B|$이 된다.

두 집합 $A$와 $B$에 대한 데카르트 곱집합 $A \times B$는 $n$개의 집합 $A_1, A_2, \cdots, A_n$에 대한 데카르트 곱집합으로 다음과 같이 귀납적으로 일반화된다.

$$A_1 \times A_2 \times \cdots \times A_n = \{(a_1, a_2, \dots, a_n) : a_i \in A_i,\ i = 1, 2, \dots, n\}$$

여기서, $(a_1, a_2, \dots, a_n)$를 $n$조 순서쌍(n-tuple)라 한다. $n$개의 유한집합 $A_1, A_2, \cdots, A_n$의 데카르트 곱집합의 원소의 개수 또한 위의 두 집합에 대한 데카르트 곱집합의 크기를 일반화하여 다음과 같이 각 $A_i$의 크기의 곱으로 일반화된다.

$$|A_1 \times A_2 \times \cdots \times A_n| = |A_1| \times |A_2| \times \cdots \times |A_n| = \prod_{k=1}^{n} |A_k|$$

곱집합 $A_1 \times \cdots \times A_n$의 두 원소 $(a_1, a_2, ..., a_n)$과 $(b_1, b_2, ..., b_n)$이 같다는 것은 $i = 1, 2, ..., n$인 모든 $i$에 대하여 $a_i = b_i$임을 의미한다. 특히 $i = 1, 2, \cdots, n$인 모든 $i$에 대하여 $A_i = A$인 경우 $A \times \cdots \times A$을 $A^n$으로 나타내기도 한다.

**예 제 1.2.2**

$A = \{a, b, c, d\}$와 $B = \{1, 2, 3\}$에 대한 데카르트곱 $A \times B$는 다음과 같다.

$A \times B = \{(a,1), (b,1), (c,1), (d,1), (a,2), (b,2), (c,2), (d,2), (a,3), (b,3), (c,3), (d,3)\}$

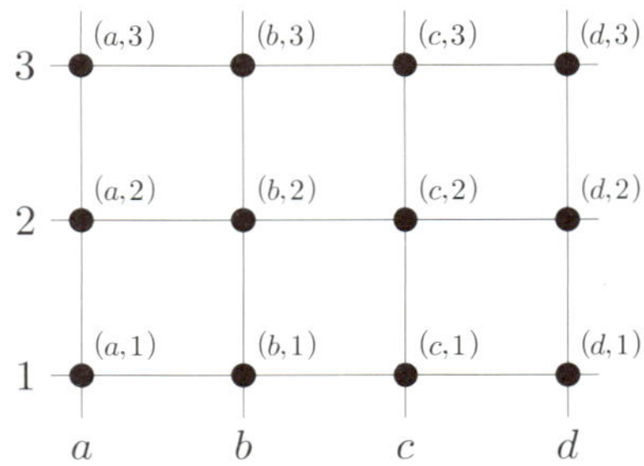


**예 제 1.2.3**

두 집합 $A = \{a, b, c\}$와 $B = \{0, 1\}$에 대해서 $A \times B$와 $B^3$은 다음과 같은 집합이다.

(1) $A \times B = \{(a,0), (a,1), (b,0), (b,1), (c,0), (c,1)\}$

(2) $B^3 = \{(0,0,0), (0,0,1), (0,1,0), (0,1,1), (1,0,0), (1,0,1), (1,1,0), (1,1,1)\}$

이를 통해 $|A \times B| = |A| \cdot |B|$임을 쉽게 알 수 있다.

## ◆ 드모르간 정리

명제의 합과 곱의 부정에 관한 드모르간의 법칙은 집합의 교집합과 합집합에 대해서도 다음과 같이 설명될 수 있다.

정리 1.16 (드 모르간 법칙, De Morgan's law) 두 집합 $A$와 $B$에 대하여, 다음이 성립한다.

(1) $(A \cup B)^c = A^c \cap B^c$

(2) $(A \cap B)^c = A^c \cup B^c$

| 증명 | (1) $x \in (A \cup B)^c \Leftrightarrow \neg(x \in A \cup B) \Leftrightarrow \neg(x \in A \vee x \in B)$

$\Leftrightarrow \neg(x \in A) \wedge \neg(x \in B) \Leftrightarrow (x \in A^c) \wedge (x \in B^c)$

$\Leftrightarrow x \in A^c \cap B^c$

위에서 보는 바와 같이 $x \in (A \cup B)^c \Rightarrow x \in A^c \cap B^c$이므로 $(A \cup B)^c \subseteq A^c \cap B^c$이다.

역으로, $x \in A^c \cap B^c \Rightarrow x \in (A \cup B)^c$이므로 $(A \cup B)^c \supseteq A^c \cap B^c$이다. 따라서 두 집합의 상등의 정의에 따라 $(A \cup B)^c = A^c \cap B^c$가 된다.

(2) (1)과 비슷한 방법으로 성립함을 쉽게 보일 수 있다.

위의 정리 1.16에 수학적 귀납법(이후 소개함)을 적용하면 아래와 같은 일반화된 드모르간 법칙을 얻을 수 있다.

따름정리 1.17 **(드 모르간 법칙, De Morgan's law)** 두 집합족 $\{A_i\}_{i \in [n]}$에 관하여 다음이 성립한다.

(1) $(\cup_{i=1}^{n} A_i)^c = \cap_{i=1}^{n} A_i^c$

(2) $(\cap_{i=1}^{n} A_i)^c = \cup_{i=1}^{n} A_i^c$

# 연습문제 1.2

1 다음을 증명하라.

(1) $A \subseteq B$이면 $A \cap B = A$이고, 또한 $A \cap B = A$이면 $A \subseteq B$이다.

(2) $A \subseteq B$이면 $A - B = \varnothing$이고, 또한 $A - B = \varnothing$이면 $A \subseteq B$이다.

(3) $A \subseteq B \cap C$이면 $A \subseteq B$이고 $A \subseteq C$이다.

(4) $B \cup C \subseteq A$이면 $B \subseteq A$이고 $C \subseteq A$이다.

(5) $A - B = (A \cup B) - B = A - (A \cap B)$.

(6) $A \cap B = A - (A - B)$.

(7) $A - (B - C) = (A - B) \cup (A \cap C)$.

(8) $A = B$이면 $A \Delta B = \varnothing$이고, 또한 $A \Delta B = \varnothing$이면 $A = B$이다.
여기서 $A \Delta B = (A - B) \cup (B - A)$이다.

2 다음 문장이 참인지 거짓인지 확인하고, 참이면 증명하고 거짓이면 반례를 제시하라.

(1) $A - B = B - A$.

(2) $A \cap B \subsetneqq A$.

(3) $A \subseteq B \cup C$이면 $A \subseteq B$이거나 $A \subseteq C$이다.

(4) $B \cap C \subseteq A$이면 $B \subseteq A$이거나 $C \subseteq A$이다.

(5) $A \subseteq C$이고 $B \subseteq C$이면 $(A \cup B) \subseteq C$이다.

3 집합 $A$의 부분집합들의 집합을 $\wp(A)$라고 하자.[9] $A \subseteq B$이면 $\wp(A) \subseteq \wp(B)$가 성립함을 증명하라.

9) 집합 $A$의 모든 부분집합들의 집합을 $A$의 멱집합(power set)이라고 한다.

4 집합 $A$와 $B$에 대하여, $(A-B)\cup B=A$이면 $B\subseteq A$이고, 또한 $B\subseteq A$이면 $(A-B)\cup B=A$임을 증명하라.

5 집합의 연산법칙을 이용하여 다음의 등식이 성립함을 보여라.

(1) $(A-C)\cup(B-C)=(A\cup B)-C$.

(2) $(A-C)\cap(B-C)=(A\cap B)-C$.

6 집합 $A$의 부분집합들의 집합을 $\wp(A)$라고 할 때, 다음 등식의 참, 거짓을 구별하고 참이면 증명을, 거짓이면 반례를 제시하라.

(1) $\wp(A)\cup\wp(B)=\wp(A\cup B)$.

(2) $\wp(A)\cap\wp(B)=\wp(A\cap B)$.

7 집합 $A$와 $B$에 대하여, $(A-B)\cup(B-A)=(A\cup B)-(A\cap B)$임을 보여라.

8 러셀은 "모든 집합을 원소로 하는 집합은 없다"고 함으로써 20세기 초 수학계에 충격을 안겨주었다. 다음 두 문장이 참임을 밝힘으로써 러셀의 주장이 옳음을 증명하라.

(1) 모든 집합을 원소로 하는 집합 $U$가 존재한다고 가정하자. 집합 $R$을 $R=\{S\in U\mid S\notin S\}$라고 하면 $R\notin R$이다.

(2) 모든 집합을 원소로 하는 집합 $U$가 존재한다고 가정하자. 집합 $R$을 $R=\{S\in U\mid S\notin S\}$라고 하면 $R\in R$이다.

(3) 모든 집합을 원소로 하는 집합은 없다.

# 1.3 관계와 함수(Relation and Function)

집합 $A$와 $B$에 대한 데카르트 곱집합 $A \times B$의 한 부분집합 $R$을 집합 $A$에서 $B$ 위로의 관계(relation from $A$ onto $B$)라고 한다. 이와 같이 정의된 두 집합 위의 관계는 일반적으로 사용하고 있는 사회의 두 집단 상호간에 규정될 수 있는 모든 관계를 포괄하고 있음을 알 수 있다. 다시 말해서, 주어진 두 집단 $A$와 $B$ 사이의 어떤 이름 붙여진 관계도 $A \times B$의 한 부분집합으로 정의될 수 있다. 이러한 점에서 위의 '관계'의 정의는 일반적이고 포괄적이라 할 수 있다.

**예 제 1.3.1**

(두 가족 간의 관계)

김교수의 이산수학 강의를 유관순이라는 여학생이 수강한다고 하자. 이 때, $X$={교수, 아내, 큰아들, 막내딸}을 김교수 가족 구성원들의 집합이라 하고, $Y$={유관순, 아버지, 어머니, 남동생}을 유관순 가족 구성원들의 집합이라 하자. 이 때, 두 집합 사이에 성립 될 수 있는 모든 관계는 $X \times Y$의 부분집합들로 표현될 수 있다. 또한 미래의 생길 수 있는 임의의 잠재적 관계 또한 $X \times Y$의 부분집합으로 표현 될 수 있다.

예를 들어, 다음과 같은 관계를 사회적 용어를 사용하여 규정해보기로 하자. 다음 그림은 해당 관계마다 $X \times Y$의 모든 점을 좌표평면에 나타낸 후 해당 관계의 원소를 표시한 것이다.

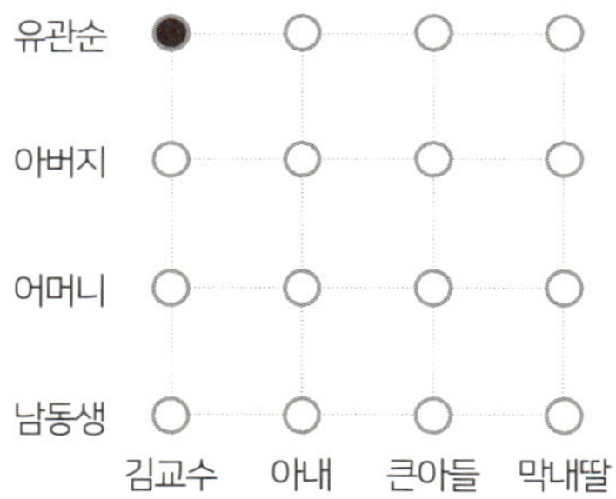


$R_1$ : 사제관계

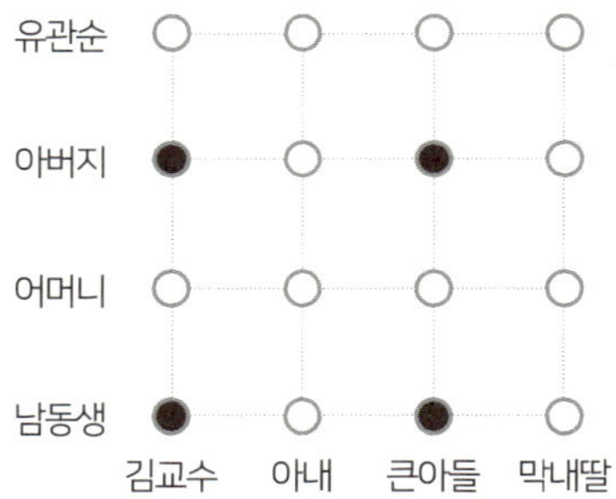


$R_2$ : 남자대남자 관계

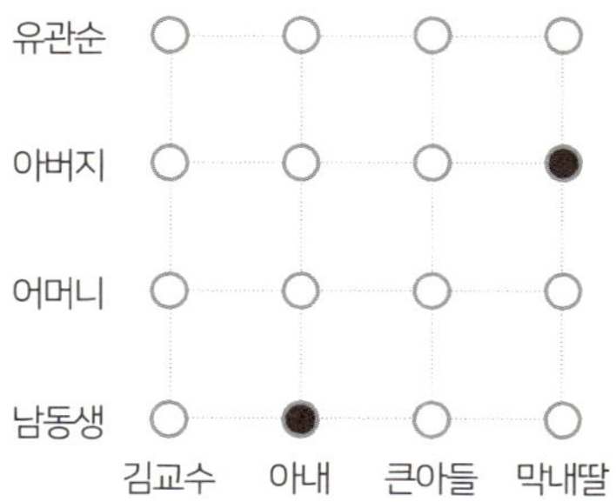


$R_3$ : 고용 관계

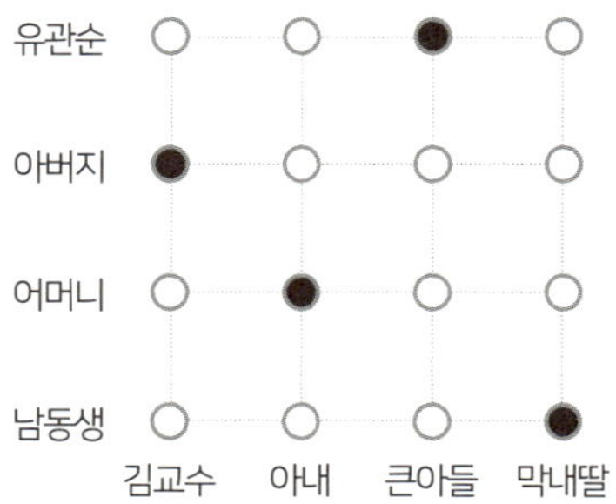


$R_4$ : 동년배 관계

(1) $R_1$ ={김교수, 유관순} : 두 집안 사이의 사제관계

(2) $R_2$ ={(김교수, 아버지), (김교수, 남동생), (큰아들, 아버지), (큰아들, 남동생)} : 두 집안 사이의 남자 대 남자의 관계

(3) 학생의 아버지가 운영하는 회사에 김교수의 딸이 일하고 있고, 김교수의 아내가 운영하는 편의점에서 유관순의 남동생이 아르바이트를 하고 있다면 두 집안사이의 고용관계 $R_3$ ={(막내딸, 아버지),(아내, 남동생)}으로 정의할 수 있다.

(4) 김교수와 아버지, 아내와 어머니, 큰아들과 유관순, 막내딸과 남동생이 각각 나이가 같다면 두 집안 사이의 동년배관계 $R_4$ ={(김교수, 아버지),(아내 어머니),(큰아들, 유관순),(막내딸, 남동생)}으로 표현할 수 있다. 이 관계는 추후 '함수 관계'임을 알 수 있다.

## 동치관계(Equivalence relation)

집합 $A$ 위로의 관계는 곱집합 $A\times A(=A^2)$의 부분집합을 말한다. 다음과 같이 정의되는 집합 $A$ 위로의 관계는 특별한 의미를 갖는다.

정의 1.18 공집합이 아닌 집합 $A$ 위에서 정의된 관계 $E$가 다음 세 조건을 만족할 때, $E$를 집합 $A$ 위의 동치관계(equivalence relation)라고 한다.
(i) 모든 원소 $a\in A$에 대하여, $(a,a)\in E$이다.
(ii) 두 원소 $a,b\in A$에 대하여, $(a,b)\in E$이면 반드시 $(b,a)\in E$이다.
(iii) 세 원소 $a,b,c\in A$에 대하여, $(a,b)\in E$이고 $(b,c)\in E$이면 반드시 $(a,c)\in E$이다.

정의 1.19 집합 $A$ 위에 정의된 동치관계 $E$에 대하여, $(a,b)\in E$인 두 원소 $a,b\in A$는 서로 동치(equivalent)인 원소라고 하고, 원소 $a\in A$와 동치인 집합 $A$의 원소들을 모두 모은 집합을 동치류(equivalent class)라고 하고 $\overline{a}$로 나타낸다. 즉, $\overline{a}=\{x\in A\mid (a,x)\in E\}$이다.

예 제
1.3.2

자연수의 집합 $\mathbb{N}$에 대하여 $\mathbb{N}\times\mathbb{N}$ 위의 관계 $Z$를

$$((a,b),(c,d))\in Z \Leftrightarrow a+d=b+c$$

로 정의하자.

(1) 자연수의 순서쌍 $(1,2)$는 자연수의 순서쌍 $(3,4)$와 $Z$-관계가 있다. 즉 $((1,2),(3,4))\in Z$이다. 이렇게 정의된 관계 $Z$는 동치관계임을 쉽게 증명할 수 있다.

(2) 그러면 이제 $(1,2)$와 동치관계에 있는 모든 원소들의 집합, 즉 $(1,2)$의 동치류는 다음과 같다.

$$\begin{aligned}\overline{(1,2)} &= \{(a,b)\in\mathbb{N}\times\mathbb{N} \mid ((1,2),(a,b))\in Z\}\\ &= \{(a,b)\in\mathbb{N}\times\mathbb{N} \mid 1+b=2+a\}\\ &= \{(a,b)\in\mathbb{N}\times\mathbb{N} \mid b=a+1\}\end{aligned}$$

예제 1.3.2에서 정의된 관계는 자연수로부터 정수를 이끌어내는 방법 중 하나이다. 덧셈만 정의되어 있고, 부족함의 표시가 없는 자연수에 '부족함'의 표수가 있는 정수를 정의하기 위해서는 '부족'을 나타낼 수 있는 방법이 필요했던 것이다. 이를 자연수 순서쌍의 관계를 이용해서 나타냈고, 이제 이 관계의 동치류들을 하나의 원소로 간주하여 $-1, -2, \cdots$ 와 같은 음의 정수를 정의할 수 있게 된다.

집합 $A$ 위에 정의된 동치관계 $E$에 대하여, 동치류들은 다음과 같은 성질을 가짐을 동치관계의 정의를 이용하여 쉽게 설명할 수 있다.(증명은 정의에 따라 매우 간단하지만 논증의 숙달을 위하여 비약없이 매우 자세한 증명을 제시한다.)

정리 1.20 집합 $A$ 위에 동치관계 $E$에 대하여, 동치류들은 다음이 성립한다.

(1) $(a,b)\in E \Leftrightarrow \overline{a}=\overline{b}$

(2) $a\in\overline{b} \Leftrightarrow \overline{a}=\overline{b} \Leftrightarrow b\in\overline{a}$

(3) 모든 $a\in A$에 대하여 $a\in\overline{a}$이고, 임의의 $a, b\in A$에 대하여 $\overline{a}\cap\overline{b}=\varnothing$과 $\overline{a}=\overline{b}$ 중 하나만 성립한다.

| 증명 | (1) $(a,b)\in E$라 가정하자.

$x \in \overline{a}$이면 $(a,x) \in E$이므로 $(x,a) \in E$이다. 더욱이 $(a,b) \in E$라고 가정했으므로, 정의 1.18 (iii)에 의해 $(x,b) \in E$가 성립하며 이는 $(b,x) \in E$와 동치다. 즉 $x \in \overline{b}$가 성립한다. 따라서 $\overline{a} \subseteq \overline{b}$가 성립한다. 같은 방법으로 $\overline{a} \supseteq \overline{b}$임을 증명할 수 있으므로, 결론적으로 $\overline{a} = \overline{b}$가 성립한다.

이제, 역방향을 증명하기 위해 $\overline{a} = \overline{b}$라 가정하면 정의 1.18의 (i)에 의해 $a \in \overline{a}$이므로 $a \in \overline{b}$이다. 그러므로 $(b,a) \in E$이 성립하고, 이것은 정의 1.18의 (ii)에 의해 $(a,b) \in E$와 동치이다. 따라서 (1)번 명제는 참이다.

(2) 정의 1.18 (ii)로부터 $a \in \overline{b} \Leftrightarrow (b,a) \in E \Leftrightarrow (a,b) \in E \Leftrightarrow b \in \overline{a}$이 성립한하고 따라서 $\overline{a} = \overline{b}$가 성립한다.

(3) 정의로부터 $a \in A \;\; \Leftrightarrow \;\; (a,a) \in E \;\; \Leftrightarrow \;\; a \in \overline{a}$이다. 한편, 후반부의 명제를 증명하기 위해, $\overline{a} \cap \overline{b} \neq \varnothing$임을 가정하면 반드시 $\overline{a} = \overline{b}$가 성립함을 보이자.

$\overline{a} \cap \overline{b} \neq \varnothing$이므로 $x \in \overline{a} \cap \overline{b}$가 존재한다. 이것은 $x \in \overline{a}$이고 $x \in \overline{b}$이므로 위에서 증명한 (2)번에 의해 $\overline{a} = \overline{x}$이고 $\overline{x} = \overline{b}$과 동치이다. 따라서 $\overline{a} = \overline{b}$가 성립한다.

집합을 분할하기 위해서는 적당한 동치관계만 정의해주면 정리 1.20의 성질 (3)을 이용하면 집합을 겹치는 부분 없이 정확하게 분할할 수 있다. 다음 예제는 법 $n$에 관한 합동식이라고 불리는 가장 대표적인 정수집합 위에서의 동치관계를 보여주고 있다. 이에 대한 자세한 내용은 2장의 내용을 참조한다.

**예 제 1.3.3**

정수집합 $\mathbb{Z}$ 위에서 $\equiv (\text{mod } 3)$로 표시되는 법 3에 대한 합동관계를 다음과 같이 정의하도록 하자.

$$(a,b) \in \; \equiv \; (\text{mod } 3) \; \Leftrightarrow \; 3 \mid (b-a)$$

(여기서, $(a,b) \in \; \equiv \; (\text{mod } 3)$은 관례에 따라 $a \equiv b \; (\text{mod } 3)$로 표시하며, 우변의 $3 \mid (b-a)$는 $b-a$가 3으로 나누어떨어짐을 의미한다.)

(1) $\equiv (\text{mod } 3)$은 동치관계다. (증명은 정리 2.27참조)

(2) 다음과 같은 세 가지 유형의 동치류를 갖는다.

$$\cdots \; = \overline{-3} = \overline{0} = \overline{3} = \overline{6} = \; \cdots \; = \{\cdots, \; -6, \; -3, \; 0, \; 3, \; 6, \; \cdots\}$$

$$\cdots = \overline{-2} = \overline{1} = \overline{4} = \overline{7} = \cdots = \{\cdots, -5, -2, 1, 4, 7, \cdots\}$$
$$\cdots = \overline{-1} = \overline{2} = \overline{5} = \overline{8} = \cdots = \{\cdots, -4, -1, 2, 5, 8, \cdots\}$$

(3) 위의 동치관계로부터 생성된 동치류를 잉여류라 하고 이러한 잉여류 전체의 집합인 동치계를 법 3에 관한 잉여계라 한다. 아래는 법 3에 관한 잉여계의 예시로 $\overline{\mathbb{Z}}_3$를 소개한다.

$$\overline{\mathbb{Z}}_3 = \{\overline{0}, \overline{1}, \overline{2}\}$$

$\overline{\mathbb{Z}}_3$은 동치관계의 성질에 따라 정수 $\mathbb{Z}$를 다음과 같이 분할함을 알 수 있다.

$$\overline{0} \cup \overline{1} \cup \overline{2} = \mathbb{Z}$$
$$\overline{i} \cap \overline{j} = \varnothing \quad (i, j = 0, 1, 2\text{이고 } i \neq j, )$$

## ◆ 함수(Functions)

집합 $A$의 성질을 파악하고자 하는데 그 성질의 파악이 어렵다면 우리가 잘 알고 있는 집합 $B$와 $A$의 적당한 관계를 만들어 $B$의 성질을 통해 $A$의 성질을 유추할 수 있다. 이 때 사용되는 관계는 다음과 같이 정의할 수 있는데, 이는 수학에서 중요한 의미를 갖는다.

정의 1.21 집합 $A$에서 $B$로의 관계 $f$에 대하여, 집합 $A$의 모든 원소 $a$마다 $(a,b) \in f$인 집합 $B$의 원소 $b$가 유일하게 존재하면 관계 $f$를 $A$에서 $B$로의 함수(function) 또는 사상(map)이라고 하고, $f$를

$$f : A \to B$$

와 같이 나타낸다. 여기서 집합 $A$를 정의역(domain), 집합 $B$를 공역(codomain)이라고 하고, 집합 $f(A) = \{b \in B \mid (a,b) \in f\}$를 함수 $f$의 치역(range)라고 한다. 이때, $(a,b) \in f$를 $b = f(a)$로 나타내고 $b$를 $a$의 함수 $f$에 대한 함수값(function value) 또는 상(image)라고 한다.

수의 덧셈, 곱셈과 같은 연산도 함수로 이해할 수 있다. 덧셈이나 곱셈은 집합의 원소들을 이용하여 또 다른 원소를 대응시키는 방법으로 이해할 수 있다는 의미이다. 다시 말해, 집합 $A$의 두 원소로 이루어진 순서쌍 $(a_1, a_2)$에 대하여 $A$의 원소 $a_3$를 유일하게 대응시키는 함수

$$f : A^2 \to A,\quad f(a_1, a_2) = a_3$$

를 $A$ 위에서 정의된 **이항 연산**(binary operation) 또는 간단히 연산(operation)이라고 한다. $f(a_1, a_2) = a_3$와 같은 상황을 연산 기호 $\circ$의 기호를 써서

$$a_1 \circ a_2 = a_3$$

와 같이 나타내기도 한다. 연산기호는 $\circ$ 외에도 $*, +, \times, \cdot$ 등의 기호를 쓰기도 한다.

정의 1.22 (1) 특별한 함수 중 집합 $A$에서 $A$로의 함수이면서 $a \in A$를 $a$ 자기 자신으로 대응시키는 함수

$$1_A : A \to A,\ 1_A(a) = a$$

을 **항등함수(identity function)** 또는 **항등사상(identity map)**이라고 한다.

(2) 두 함수 $f : A \to B$와 $g : B \to C$에 대하여, 새로운 함수 $h : A \to C$를, 모든 $a \in A$에 대하여

$$h : A \to C,\ h(a) = g(f(a))$$

와 같이 정의할 수 있는데, 이 때 함수 $h$를 $f$와 $g$의 **합성함수(composite)**라고 $h = g \circ f$로 나타낸다. 즉,

$$h(a) = (g \circ f)(a) = g(f(a))$$

함수는 정의역의 원소와 이에 대응되는 치역의 원소의 관계에 따라 다음과 같이 나눌 수 있다.

정의 1.23 집합 $A$에서 집합 $B$로의 함수 $f : A \to B$에서,

(1) 집합 $A$의 임의의 서로 다른 두 원소 $a_1, a_2$에 대하여, $f(a_1) = f(a_2)$이면 함수 $f$를 $A$에서 $B$로의 **일대일 함수(one-to-one function, injection)**이라고 한다.

(2) 집합 $B$의 임의의 원소 $b$에 대하여 $f(a)=b$가 되는 원소 $a$가 항상 집합 $A$에 존재하면 함수 $f$를 $A$에서 $B$ **위로의 함수(onto function, surjection)**이라고 한다.

(3) 함수 $f$가 $A$에서 $B$로의 일대일함수이며 위로의 함수이면 $f$를 **일대일 대응(one-to-one correspondence, bijection)**라고 한다.

정의 1.23에 의하면 항등함수 $1_A : A \rightarrow A$는 일대일 대응이며, 두 함수 $f : A \rightarrow B$와 $g : B \rightarrow A$가 $g \circ f = 1_A$이면 $f$는 일대일 함수이고, $g$는 위로의 함수임을 어렵지 않게 알 수 있다. 특히 $g \circ f = 1_A$이고 $f \circ g = 1_B$이면 $f$와 $g$는 일대일 대응이 되는 것도 쉽게 알 수 있다. 그런데 이렇게 되는 $g$는 유일하게 존재하는데 이 때 $g$를 $f$의 역함수(inverse function)라고 한다.

함수는 두 집합에 주어진 대수구조를 비교 분석할 때도 사용된다. 이때엔 특별히 연산결과까지 보존할 수 있는 함수를 사용하는데, 이러한 함수를 **준동형사상(homomorphism)**라 하고, 준동형사상이 일대일대응이 되는 경우에는 **동형사상(isomorphism)**이라고 한다. 준동형사상과 동형사상은 대수학에서 큰 역할을 하고 있으며 이들을 이용하여 복잡하고 어려운 대수구조를 우리가 알고 있거나 알기 쉬운 구조에 대응시켜 복잡한 구조를 좀 더 쉽게 접근할 수 있도록 하여 수집합의 구조 및 수들의 연산에 의한 작용에 대한 연구에 많은 도움을 준다.

# 연습문제 1.3

**1** 예제 1.3.3에서 정의된 관계가 $\mathbb{Z}$ 위에서 동치관계임을 증명하라.

**2** 정리 2.3의 (1), (2), (3) 성립함을 증명하라.

**3** 정수 집합 $\mathbb{Z}$에 대하여, $\mathbb{Z} \times \mathbb{Z}$ 위에 다음과 같은 관계 $Q$가 정의되어 있다.

$$((a,b),(c,d)) \in Q \Leftrightarrow ad = bc \ (\text{단}, b, d \neq 0)$$

(1) 관계 $Q$가 동치관계임을 보여라.

(2) 관계 $Q$에 대한 $(1,2)$의 동치류를 구하라.

**4** 다음과 같이 $\mathbb{Z} \times \mathbb{Z}$에서 정의된 관계가 동치관계임을 증명하라.

(1) $((a,b),(c,d)) \in R_1 \Leftrightarrow b = d$

(2) $((x,y),(x',y')) \in R_2 \Leftrightarrow x - x' = y - y'$

(3) $((x,y),(x',y')) \in R_3 \Leftrightarrow x^2 + y^2 = x'^2 + y'^2$

**5** 다음 물음에 대해 답하라.

(1) 친구관계는 동치관계인가?

(2) 연인관계는 동치관계인가?

(3) 혼인관계는 동치관계인가?

(4) 원한관계는 동치관계인가?

(5) 집합의 포함관계는 동치관계인가?

(6) 동문관계가 동치관계이기 위해서는 어떤 조건이 필요한가?

**6** 실수 $\mathbb{R}$ 위에서 정의된 관계 $P=\{(a,b)\in\mathbb{R}\times\mathbb{R} : a-b\in\mathbb{Z}\}$가 동치관계인지 판별하라.

**7** 정수 위에서 정의된 관계 $a|b$를 "$a$는 $b$를 나누어 떨어뜨린다."로 정의할 때, 아 관계는 동치관계인지 판별하라.

**8** 집합 $A$에 대하여 $f : A\rightarrow\mathbb{R}$을 $A$에서 실수 $\mathbb{R}$로의 함수라 할 때, $R=\{(x,y)\in A\times A : f(x)=f(y)\}$은 $A$ 위에서의 동치관계인지 판별하고, 동치관계라면 그 동치류에 관해 설명하라.

**9** $R_1$, $R_2$가 집합 $X$ 위에서 정의된 두 동치관계라 하자. 이 때,

(1) $R_1\cap R_2$는 동치관계임을 증명하라.

(2) $R_1\cup R_2$는 동치관계가 아님을 반례를 들어 증명하라.

**10** 집합 $D$를 $\mathbb{R}$에서 $\mathbb{R}$로의 미분가능한 모든 함수의 모임이라 하자. $D$위에서 정의된 관계 $R=\{(f,g)\in D\times D : f'(x)=g'(x)\ \forall X\in\mathbb{R}\}$은 동치관계임을 증명하고, $f(x)=x^2$의 동치류를 구하라.

# 1.4 자연수와 수학적 귀납법

이산수학은 컴퓨터 프로그래밍과 밀접한 관계가 있다. 알고리즘은 자연수 위에서 전개되는 명제의 답을 도출하는 점화식을 전제로 하고 있다. 한편 점화식은 수학적 귀납법의 원리로 정의되고 풀이 또한 수학적 귀납법에 의존한다. 수학적 귀납법은 페아노의 자연수 공리[10)]로부터 아래와 같이 성립하는 근거를 제공받고 있다.

정의 1.24 **(페아노의 자연수 공리(Peano's axiom))**

다음 네 조건을 만족시키는 집합 $N$을 자연수라 한다.

(i) $1 \in N$

(ii) $f(x) = x^{+}$인 일대일 함수 $f : N \rightarrow N$가 항상 존재한다.

(iii) 모든 $x \in N$에 대하여 $x^{+} \neq 1$이다.

(iv) 집합 $N$의 부분집합 $S(\neq \phi)$에 대하여 $1 \in S$이고, $x \in S$일 때 $x^{+} \in S$가 성립하면 $S = N$이다.

정의 1.25 **정렬성 공리(well-ordering property)**

자연수 $N$의 공집합이 아닌 부분집합 $S$에는 최소 원소가 항상 존재한다.

점화식의 원리인 수학적 귀납법은 적당한 정수 이상의 고든 정수 $n$에 관하여 서술된 명제 $p(n)$이 참임을 증명하는 방법이다. 이제 수학적 귀납법의 원리를 증명해 보도록 하자. 페아노의 공리 를 '귀납법의 원리'라고 부르는데, 이것을 $x^{+}$($x$의 계승자) 대신 흔히 우리가 쓰는 연산 +를 써서 쉽게 표현하면 다음과 같다.

양의 정수 전체의 집합 $N$의 부분집합 $S$에 대하여,

(i) $1 \in S$이고,

(ii) $n \in S \Rightarrow n+1 \in S$이면, $S \subset N$이다.

10) 위에서 살펴보았듯이 명제는 크게 **정의(definition)**와 **정리(theorem)**로 나눌 수 있으며, 정의는 증명없이 그 진리값을 참으로 갖는 명제를 뜻하며, 정리는 정의를 근거로 수리논리를 적용하여 참임을 증명할 수 있는 명제를 뜻한다. 정의는 단순하게 용어를 규정하는 definition과 구조나 근본적인 원리를 규정하는 **공리(axiom)**로 나누어 생각할 수 있다. 다시 말해 공리는 '정의의 조상'이라고 할 수 있다. 예를 들어 자연수란 무엇인가를 규정하는 '**페아노 공리(Peano axiom)**', 수학의 토대가 되는 '**선택 공리(Axiom of Choice)**', 실수의 '**완비성 공리(Axiom of Completeness)**'등이 있다.

이런 귀납법의 원리와 정렬성의 원리로부터 다음과 같이 수학적 귀납법(Mathematical induction)을 성립함을 증명할 수 있다.

정리 1.26 **수학적 귀납법(mathematical induction)**

자연수 $n$에 관한 명제 $p(n)$에 대하여 다음 두 조건이 성립한다면 $p(n)$은 모든 자연수에 대하여 참이다.

(i) $p(1)$은 참이다.

(ii) 임의의 자연수 $k$에 대하여 $p(k)$가 참이면 $p(k+1)$은 참이다.

| 증명 | $S$를 명제 $p(n)$을 참으로 하는 모든 $n$의 집합, 즉 다음과 같이 정의 하자.

$$S = \{n \in N \mid p(n)\text{은 참}\}$$

( i ) 에 의하여 $1 \in S$이고, (ii)에 의하여 $n \in S$이면 $n+1 \in S$이다. 이것은 수학적 귀납법의 원리의 가정을 정확히 만족시키므로 $S = N$이다.

위의 수학적 귀납법(정리 1.26)은 간단한 논증을 통하여 아래와 같은 강한 수학적 귀납법과 동치 명제임을 증명할 수 있다.

정리 1.27 **강한 수학적 귀납법(strong mathematical induction)**

자연수 $n$에 관한 명제 $p(n)$에 대하여 다음 두 조건이 성립한다면 $p(n)$은 모든 자연수에 대하여 참이다.

(i) $p(1)$은 참이다.

(ii) 임의의 자연수 $m$보다 작은 $k$에 대하여 $p(k)$가 참이라고 가정하면 $p(m)$은 참이다.

**예 제 1.4.1**

**(기본적인 수학적 귀납법의 예)**

다음 명제가 참임을 보일 때, 수학적 귀납법을 적용할 수 있다.

(1) $p(n)$ : 모든 자연수 $n$에 관하여 $\sum_{k=1}^{n} k = \frac{n(n+1)}{2}$ 이다.

(2) $p(n): n \geq 4$인 모든 자연수 $n$에 관하여 $2^n \leq n!$이다.

(3) $p(n)$: 모든 자연수 $n$에 관하여 다음이 성립한다.

$$\begin{pmatrix} 1 & 1 \\ 0 & 1 \end{pmatrix}^n = \begin{pmatrix} 1 & n \\ 0 & 1 \end{pmatrix}$$

| 증명 | (1) $n=1$일 때, $\sum_{k=1}^{1} k = 1 = \frac{1(1+1)}{2}$이므로 $p(1)$은 참이다. $n=m$일 때,

$\sum_{k=1}^{m} k = \frac{m(m+1)}{2}$이 참이라고 가정하면,

$\sum_{k=1}^{m+1} k = \sum_{k=1}^{m} k + (m+1) = \frac{m(m+1)}{2} + (m+1) = \frac{(m+1)(m+2)}{2}$이므로

모든 자연수 $n$에 관하여 $\sum_{k=1}^{n} k = \frac{n(n+1)}{2}$이다.

(2) $p(1)$은 $2^4 \leq 4!$이 되므로 참이다. $p(k)$가 참이라고 가정하면,

$2^{k+1} = 2^k \times 2 \leq k! \times 2 \leq k!(k+1) = (k+1)!$이므로 $p(k+1)$이 참이다.

그러므로 수학적 귀납법에 의하여 모든 자연수 $n$에 관하여 $p(n)$이 참이다.

(3) $p(1)$은 $\begin{pmatrix} 1 & 1 \\ 0 & 1 \end{pmatrix}^1 = \begin{pmatrix} 1 & 1 \\ 0 & 1 \end{pmatrix}$이 되므로 참이다. $p(k)$가 참이라고 가정하면,

$$\begin{pmatrix} 1 & 1 \\ 0 & 1 \end{pmatrix}^{k+1} = \begin{pmatrix} 1 & 1 \\ 0 & 1 \end{pmatrix}^k \begin{pmatrix} 1 & 1 \\ 0 & 1 \end{pmatrix} = \begin{pmatrix} 1 & k \\ 0 & 1 \end{pmatrix}\begin{pmatrix} 1 & 1 \\ 0 & 1 \end{pmatrix} = \begin{pmatrix} 1 & k+1 \\ 0 & 1 \end{pmatrix}$$

이므로 $p(k+1)$이 참이다. 그러므로 수학적 귀납법에 의하여 모든 자연수 $n$에 관하여 $p(n)$이 참이다.

**예 제 1.4.2**

**(베르누이의 부등식, Bernoulli's inequality)**

모든 실수 $x > -1$와 모든 자연수 $n$에 대하여 $(1+x)^n \geq 1+nx$이 성립한다.

| 증명 | 자연수 $n$에 대한 주어진 명제를 $p(n)$이라 하자.

먼저 $n=1$일 때, [좌변] $= (1+x)^1 \geq 1 + 1 \times x =$ [우변]이므로 $p(1)$은 참이다.

$n=k$일 때, $p(k)$가 참이라고 가정하면

$$\begin{aligned}(1+x)^{k+1} &= (1+x)^k(1+x)\\ &\geq (1+kx)(1+x)\\ &= 1+x+kx+kx^2\\ &\geq 1+(k+1)x\end{aligned}$$

이므로 수학적 귀납법에 의하여 모든 $n$에 대하여 $p(n)$은 참이다.

**예제 1.4.3** $H_n=1+\frac{1}{2}+\cdots+\frac{1}{n}$이라고 할 때, 모든 자연수 $n$에 대하여 $H_{2^n}\geq 1+\frac{n}{2}$이 성립한다.

| 증명 | 자연수 $n$에 대한 주어진 명제를 $p(n)$이라 하자.

먼저 $n=1$일 때, [좌변] $=H_{2^1}=H_2=1+\frac{1}{2}=\frac{3}{2}\geq 1+\frac{1}{2}=$ [우변]이므로 $p(1)$은 참이다.

$n=k$일 때, $p(k)$가 참이라고 가정하면

$$\begin{aligned}H_{2^{k+1}} &= 1+\cdots+\frac{1}{2^k}+\frac{1}{2^k+1}+\cdots+\frac{1}{2^{k+1}}\\ &\geq H_{2^k}+\frac{1}{2^k+1}+\cdots+\frac{1}{2^{k+1}}\\ &\geq H_{2^k}+\frac{1}{2^{k+1}}\times(2^{k+1}-(2^k+1)+1)\\ &\geq 1+\frac{k}{2}+\frac{1}{2^{k+1}}\times(2^{k+1}-2^k)\\ &\geq 1+\frac{k}{2}+1-\frac{1}{2}\\ &\geq 1+\frac{k+1}{2}\end{aligned}$$

이므로 수학적 귀납법에 의하여 모든 자연수 $n$에 대하여 $n$은 참이다.

**예 제 1.4.4**

$n$개의 흰공과 검정공이 각각 채워져 있는 두 개의 바구니가 있다고 하자. 다음과 같은 규칙에 의하여 승자를 결정하는 게임을 상정한다.

> **규칙1** : 두 명의 참여자가 게임을 하며, 두 참여자는 한 번씩 번갈아가며 차례로 바구니에서 공을 꺼낸다.
>
> **규칙2** : 두 참여자는 각기 자신의 차례가 올 때 마다 두 바구니 중 한 바구니에서 한 개 이상의 공을 반드시 꺼내야 한다.
>
> **규칙3** : 자신의 차례에 두 바구니를 모두 비우는 참여자가 우승을 한다.

이 게임에서 '모든 자연수 $n$에 대하여 두 번째로 공을 꺼낸 참여자가 승리한다.'는 명제 $p(n)$이 참임을 증명하라.

| 증명 | 각 바구니의 공이 한 개씩만 있는 경우, 첫 번째 참여자는 두 바구니 중 하나에서 한 개의 공을 꺼냄으로서 그 바구니를 비우게 되므로, 두 번째 참여자는 나머지 바구니에서 한 개 뿐인 공을 꺼내버리면 두 바구니는 모두가 비워지게 된다. 즉 두 번째 참여자가 승리하게 되므로 $p(1)$은 참이다.

이제 $k < m$인 모든 $k$에 대하여 $p(k)$가 참이라고 가정하고 이를 이용하여 이제 $p(m)$이 참임을 증명하자.

첫 번째 참여자가 한 바구니에서 $1 \le j \le m$인 $j$개의 공을 꺼냈다고 하자. 이때 두 번째 참여자는 다른 바구니에서 똑같이 $j$개의 공을 꺼내도록 한다. 그러면 두 바구니 모두 $m-j$개의 공이 남아 있는 상태가 되고 다시 첫 번째 참여자의 차례가 되므로 각 바구니에 공이 $m-j$개씩 주어진 게임에서 첫 번째 참여자가 다시 첫 번째로 공꺼내기를 시작하게 된다. 즉, $p(m)$의 진리값은 $p(m-j)$의 진리값과 같다. 그런데 $m-j < m$이므로 강한 수학적 귀납법의 가정에 따라 $p(m-j)$는 참이고, 따라서 $p(m)$은 참이 된다. 즉, 두 번째 참여자가 승리하게 된다. 따라서 수학적귀납법에 의해 모든 자연수 $n$에 대하여 $p(n)$은 참이다.

위와 같은 수학적 귀납법은 두 자연수 $m$과 $n$에 대하여 명제 $p(m,n)$의 증명으로 일반화할 수 있다. 증명은 생략하기로 한다.

정리 1.28 **이중 수학적 귀납법(double mathematical induction)**

자연수 $m$과 $n$에 대한 명제 $p(m,n)$은 다음 두 조건이 성립한다면 모든 자연수 $m$과 $n$에 대하여 참이다.

(i) 임의의 자연수 $m, n$에 대하여 $p(m,1)$과 $p(1,n)$은 참이다.

(ii) $p(m+1,n)$과 $p(m,n+1)$이 참이면 $p(m+1,n+1)$은 참이다.

**예 제 1.4.5**

두 자연수 $m$, $n$에 대하여 $f(m,n)$을 $x_1 + \cdots + x_m = n$을 만족하는 음이 아닌 정수해의 개수라고 정의하자. 그러면 모든 자연수 $m$, $n$에 대하여 다음 식이 성립함을 보이자.

$$f(m,n) = \frac{(m+n-1)!}{n!(m-1)!}$$

| 증명 | 자연수 $m$, $n$에 대한 위의 명제를 $p(m,n)$이라 하자. $m=1$이면 $x_m = n$을 만족하는 $x_m$은 $n$으로 유일하므로 이를 만족하는 정수해의 개수는 1이다. 한편 $f(1,n) = \frac{(1+n-1)!}{n!(1-1)!} = 1$이므로 명제 $p(1,n)$은 참이다.

$n=1$이면 $x_1 + \cdots + x_m = n = 1$을 만족하는 정수해의 집합은 $\{(1,0,\cdots,0), (0,1,0,\cdots,0), \cdots, (0,\cdots,0,1)\}$이므로 근의 개수는 $m$이다.

한편 $f(m,1) = \frac{(m+1-1)}{1!(m-1)!} = m$이므로 $p(m,1)$은 참이다.

이제 임의의 자연수 $m$, $n$에 대하여 $p(m+1,n)$과 $p(m,n+1)$가 참이라고 가정하자. 수학적 귀납법의 가정에 의하여 다음과 같이 $p(m+1,n+1)$에 대하여 살펴보도록 하자.

$f(m+1,n+1)$은 정의에 의하여 $x_1 + \cdots + x_{m+1} = n+1$을 만족하는 음이 아닌 정수해의 개수이다. 위의 방정식은 $x_{m+1} = 0$이거나 $x_{m+1} > 0$인 두 가지 경우로 나누어 생각할 수 있다.

(1) $x_{m+1} = 0$인 경우 : $f(m+1, n+1) = f(m, n+1)$이 되고, 이는 $m$에 관한 수학적 귀납법의 가정에 의하여 다음이 성립한다.

$$f(m+1, n+1) = f(m, n+1) = \frac{(m+n)!}{(n+1)!\,(m-1)!}$$

(2) $x_{m+1} > 0$인 경우

$f(m+1,\ n+1)$

$=$방정식$[x_1 + \ \cdots\ + x_{m+1} = n+1]$을 만족하는 근의 개수

$=$방정식$[x_1 + \ \cdots\ + x'_{m+1} + 1 = n+1]$을 만족하는 근의 개수

($\because x_{m+1} \geq 1$이므로)

$=$방정식$[x_1 + \ \cdots\ + x'_{m+1} = n]$을 만족하는 근의 개수

$= f(m+1,\ n)$.

이는 $n$에 관한 수학적 귀납법의 가정에 의하여

$$f(m+1,\ n+1) = f(m+1,\ n) = \frac{(m+n)!}{n!\ m!}.$$

$f(m+1,\ n+1)$은 두 경우의 합으로 계산될 수 있으며, (1)과 (2)에 의하여 다음이 성립한다.

$$f(m+1,\ n+1) = \frac{(m+n)!}{(n+1)!(m-1)!} + \frac{(m+n)!}{n!\ m!} = \frac{(m+n+1)!}{(n+1)!\ m!}.$$

그러므로 수학적 귀납법에 의하여 모든 자연수 $m$, $n$에 대하여 명제 $p(m,n)$은 참이다.

수학적 귀납법은 어떤 명제가 모든 자연수 $n$에 관하여 성립한다는 것을 증명하는 가장 일반적인 방법이다. 하지만, 수학적 귀납법 자체가 문제에 관한 답을 주지는 못한다. 위의 예에서 $\sum_{k=1}^{n} k$의 우변에 있는 답을 귀납법에 의하여 유도할 수는 없다. 다시 말하면, (좌변)=(우변)으로 주어지는 식의 등식이 성립하는지는 증명할 수 있지만, 좌변으로부터 풀어나가서 우변의 답을 유도하지는 못한다. 따라서 수학적 귀납법을 적용하여 증명하기 위해서는 먼저 주어진 질문에 관한 답을 $n = 1,\ 2,\ 3,\ \cdots$ 에 따라 나열하여 일반적인 $n$에 관한 답을 추정해야만 한다는 점에 유의하자.

# 연 습 문 제 1.4

**1** 수학적 귀납법을 이용하여 다음을 증명하라.

(1) $2^n < n!\ (n \geq 4)$

(2) $\sum_{k=1}^{n} k^2 = \frac{1}{6}n(n+1)(2n+1)$

(3) $\begin{bmatrix} 1 & a \\ 0 & 1 \end{bmatrix}^n = \begin{bmatrix} 1 & na \\ 0 & 1 \end{bmatrix}$

(4) $\sum_{k=1}^{n} k(k!) = (n+1)! - 1$

**2** 다음 명제가 참임을 수학적 귀납법으로 밝혀라.

여기서 $\binom{n}{k}$란 $n$개 중에서 $k$개를 순서 없이 뽑는 경우의 수를 뜻한다.

(1) $2^n = \sum_{k=1}^{n} \binom{n}{k}$

(2) $x(y_1 + y_2 + \cdots + y_n) = xy_1 + xy_2 + \cdots + xy_n$

(3) $\binom{n+1}{k} = \binom{n}{k} + \binom{n}{k-1}$

(4) $\overline{\left(\bigcap_{k=1}^{n} A_k\right)} = \bigcup_{k=1}^{n} \overline{A_k}$, 여기서 $\overline{A}$란 집합 $A$의 여집합을 뜻한다.

(5) $\sum_{k=1}^{n} \frac{1}{\sqrt{k}} > 2(\sqrt{n+1} - 1)$

(6) $\sum_{k=1}^{n} k^4 = \frac{n(n+1)(2n+1)(3n^2+3n-1)}{30}$

(7) $\bigcap_{k=1}^{n} (X_k - Y) = \bigcap_{k=1}^{n} X_k - Y$

(8) 임의의 양의 실수 $x_k$에 관하여 $\frac{1}{n}\sum_{k=1}^{n} x_k \geq \sqrt[n]{\prod_{k=1}^{n} x_k}$ 이다.

(9) $n \geq 6$인 모든 자연수 $n$에 관하여, $3^n \geq n!$이다.

(10) $n \geq 2$인 모든 자연수 $n$에 관하여, $n! < n^n$이다.

**3** 임의의 $a_1, a_2, a_3, \cdots, a_n \in \mathbb{R}$에 대하여

$$|a_1 a_2 \cdots a_n| = |a_1||a_2| \cdots |a_n|$$

이 성립함을 증명하라. 여기서 $\mathbb{R}$은 실수의 전체집합이다.

**4** (산술-기하평균 부등식) 임의의 양의 실수 $a_1, a_2, a_3, \cdots, a_n$에 대하여

$$\frac{a_1 + a_2 + \cdots + a_n}{n} \geq \sqrt[n]{a_1 a_2 \cdots a_n}$$

이 성립함을 증명하라.

**5** 모든 자연수 $i$에 대하여 $x_i \geq 0$인 실수 $x_i$에 대하여, 다음 부등식을 증명하라.

(1) $x_{n+1}\left(\frac{1}{x_1} + \frac{1}{x_2} + \cdots + \frac{1}{x_n}\right) + \left(\frac{1}{x_{n+1}}\right)(x_1 + x_2 + \cdots + x_n) \geq 2n$

(2) $(x_1 + x_2 + \cdots + x_n)\left(\frac{1}{x_1} + \frac{1}{x_2} + \cdots + \frac{1}{x_n}\right) \geq n^2$

**6** 수학적 귀납법을 이용하여 $n$개의 원소를 갖는 집합 $S$의 부분집합의 개수가 $2^n$임을 증명하라.

귀띔 (1)번을 이용 할 것. 공집합도 생각할 것

**7** 임의의 홀수 $n$에 대하여, $n^4 + 4n^2 + 11$은 16의 배수임을 보여라.

**8** 자연수 $n$에 대한 다음 명제를 증명하라.

(1) $(3n)!$은 $(3!)^n$의 배수이다.

(2) $n$개의 연이은 합성수가 존재한다.

(3) $n(n+1)(n+2)$는 6의 배수이다.

(4) $n$이 홀수이면, $n^2+(n+2)^2+(n+4)^2+1$은 12의 배수이다.

**9** 홀수의 제곱은 모두 $8k+1$의 꼴로 나타낼 수 있음을 보여라.

**10** 베르누이 부등식을 이용하여 다음 부등식을 증명하라.

$$\left(1+\frac{1}{n}\right)^n > \left(1+\frac{1}{n-1}\right)^{n-1}$$

# 1.5 비둘기집의 원리

사상 $f: A \rightarrow B$에서 집합 $A$의 임의의 서로 다른 두 원소 $x_1$과 $x_2$에 대하여 $x_1 \neq x_2$일 때 $f(x_1) \neq f(x_2)$가 성립하면, $f$를 일대일 사상이라고 한다. 또, 집합 $B$의 임의의 원소 $y$에 대하여, $f(x) = y$인 집합 $A$의 원소 $x$가 존재하면, 즉 다음이 성립하면 $f$는 위로의 사상이라고 한다.

$$\mathrm{im}f = \{f(x) \mid x \in A\} = B$$

그리고 $f$가 일대일 사상이면서 위로의 사상이면 $f$는 일대일 대응이라고 한다. 이때, 두 집합 $A$와 $B$의 원소의 개수를 비교해 보면, $f: A \rightarrow B$가 일대일 사상이면 $imf \subseteq B$이므로 $|A| \leq |B|$이고, $f$가 위로의 사상이면 $\mathrm{im}f = B$이고 $f$는 일대일 사상이 아닐 수도 있기 때문에 $|A| \geq |B|$이다. 그리고 $f$가 일대일 대응이면 $|A| = |B|$이다.

비둘기 집 원리는 두 집합의 원소를 대응시키는 사상을 이용하여 다음과 같이 설명할 수 있다.

정리 1.29 **(비둘기집의 원리, pigeonhole principle)**
원소가 유한개인 두 집합 $A$와 $B$에 대하여 $|A| > |B|$이면 모든 사상 $f: A \rightarrow B$는 일대일 사상이 아니다. 즉, $x \neq x'$이지만, $f(x) = f(x')$인 원소 $x$와 $x'$이 집합 $A$에 적어도 한 쌍 존재한다.

비둘기 집 원리는 $n$마리의 비둘기가 $m$개의 비둘기 집에 들어가 있고 $n > m$이면, 두 마리 이상의 비둘기가 들어가는 비둘기 집이 적어도 하나는 존재한다고 말한다. 다시 말하면, $m$개의 비둘기 집에 하나에 한 마리씩 비둘기를 넣으면, 최대 $m$마리가 들어갈 수 있으므로 거기에 한 마리를 더 넣으려면 이미 넣은 곳에 하나 더 넣어야 함을 의미한다. 비둘기집 원리는 디리클레의 상자 원리라고도 알려져 있다.

비둘기 집 원리는 개수 세기에 있어서 가장 기본이 되는 방법으로서 여러 가지 문제에 적용할 수 있다. 예를 들어, 디오판토스 근사에서 연립 일차방정식이 정수해를 가지는 것을 보이는 증명에서 지겔의 보조 정리라는 이름으로도 사용됨을 볼 수 있다.

**예 제 1.5.1**

자명해 보이는 비둘기 집 원리는 때로 놀라운 결과를 보여주기도 한다. 예를 들면, 서울에는 머리카락의 수가 같은 사람이 최소한 두 명 존재한다. 왜냐 하면 일반적인 사람의 머리카락은 15만개이다. 그리고 아무리 머리카락이 많다고 해도 100만 개 이상을 가진 사람은 없을 것이다. 100만 개라면 보통 사람의 10배정도 되는 수이므로 굉장한 털복숭이가 아닐 수 없다. 서울에는 1000만 명가량의 사람이 있다고 가정하면, 머리숱이 없는 사람부터 서로 다른 머리카락의 개수를 서로 다른 비둘기 집으로 생각하자. 그러면 서울 인구 만큼의 비둘기가 있게 되어 모두 1000만 마리의 비둘기가 있다고 생각할 수 있다. 하지만 머리카락 수가 100만개가 넘는 사람이 있을 가능성은 없기 때문에, 서울에 사는 사람 각각을 머리카락의 개수에 따라 서로 다른 비둘기 집에 할당하면, 같은 머리카락 개수를 가진 사람이 반드시 존재한다는 것을 알 수 있다.

**예 제 1.5.2**

소프트볼을 하고 싶어 하는 5명의 사람이 있다고 할 때, 서로 같은 팀에서 경기를 하고 싶어 하지 않지만 팀은 4개뿐인 경우를 생각해볼 수 있다. 만약 이 사람들이 서로 다른 팀에 들어가고 싶어 할 경우, 비둘기 집 원리에 의해 5명의 사람을 한 팀에 한명씩 4개의 팀으로 나누는 것은 불가능하다는 것을 알 수 있다.

**예 제 1.5.3**

컴퓨터 공학에서도 비둘기 집 원리의 예를 종종 찾아볼 수 있다. 예를 들어, 해쉬 테이블에서 가능한 모든 키의 숫자는 테이블 인덱스의 개수보다 많으므로 충돌은 불가피하다. 따라서 어떤 해쉬 알고리즘도 충돌을 피할 수는 없다. 또, 모든 파일을 임의의 크기 $s$ 이하로 압축하는 비손실 압축 알고리즘은 존재하지 않는다. 크기가 $s$ 이하인 파일의 개수는 정해져 있으므로, 그런 알고리즘이 존재한다면 동일한 파일로 압축되는 두 개의 서로 다른 파일이 반드시 존재할 것이므로 두 파일을 다시 원래대로 복원하는 것이 불가능할 것이다.

비둘기 집 원리를 좀 더 일반화시키면 다음과 같이 설명할 수 있다.

정리 1.30　서로 다른 $n$개의 물건을 $m$개의 용기에 나누어 담으면 적어도 한 개의 용기에는 $\left\lceil \frac{n}{m} \right\rceil$ 이상의 사물이 담겨 있어야 한다.(여기서, $\lceil \cdot \rceil$는 올림 함수를 의미 한다.)

| 증명 | 모든 용기에 $\left\lceil \frac{n}{m} \right\rceil - 1$개씩의 물건이 담겨 있다고 가정하자. 그런데, $n$이 $m$으로 나누어 떨어지면, $\left\lceil \frac{n}{m} \right\rceil = \frac{n}{m}$이고, $n$이 $m$으로 나누어떨어지지 않으면, $\left\lceil \frac{n}{m} \right\rceil - 1 < \frac{n}{m}$이므로 다음이 성립한다.

$$\left(\left\lceil \frac{n}{m} \right\rceil - 1\right)m < \frac{n}{m}m = n$$

이것은 물건의 개수가 $n$라는 가정에 모순이다. 따라서 $m$개의 용기 중 적어도 한 개의 용기에는 $\left\lceil \frac{n}{m} \right\rceil$이상의 물건이 담겨 있어야 한다.

비둘기 집 원리는 다음과 같이 확률론적으로도 설명할 수도 있다.

정리 1.31 $\frac{1}{m}$의 균일한 확률로 $n$개의 물건을 $m$개의 용기에 나누어 담을 때, 적어도 한 개의 용기에 두 개 이상의 물건이 담길 확률은 다음과 같다.

$$1 - \frac{m!}{(m-n)!m^n} = 1 - \frac{m(m-1)\cdots(m-n+1)}{m^n}$$

| 증명 | 중복을 허락하여 $n$개의 물건을 $m$개의 용기에 나누어 담는 방법은 각 물건에 담길 용기의 번호를 붙인다고 생각하면 모두 $m^n$가지의 경우가 있다. 이때, 한 용기에 하나씩의 물건을 담는 경우는 모두 $P(m,\ n) = \frac{m!}{(m-n)!}$가지의 경우가 있다. 그러므로 $n$가의 물건을 $m$개의 용기에 서로 중복되지 않고 담길 확률은 이다. 따라서 개의 물건을 개의 용기에 나누어 담을 때, 적어도 한 개의 용기에 두 개 이상의 물건이 담길 확률은 다음과 같다.

$$1 - \frac{m!}{(m-n)!m^n}$$

정리 1.31에서 $n=0$인 경우와 $n=1$인 경우(단, $m>0$)의 확률은 0이다. 이것은 물건이 한 개밖에 없다고 하면, 용기 하나에 두 개의 물건이 담길 수는 없다는 것이다. 물건의 수가 용기의 수보다 많다면, 즉 $n > m$이라면 확률은 1이고 이런 경우에는 보통의 비둘기 집 원리와 같은 일이 일어난다. 그러나 물건의 수가 용기의 수 이하라고 하더라도, 즉 $n \leq m$라고 해도 물건을 용기에 무작위로 담는다고 하면, 하나의 용기에 두 개의 물건이 담기는 경우가 상당한 확률로 종종 일어난다. 예를 들어, 2개의 물건을 무작위로 4개의 용기에 분배된다면, 25%의 확률로 적어도 하나의 용기에 두 개 이상의 물건이 담기게 될 것이며, 5개의 물건을 10개의 용기에 담는다면 확률은 69.76%이고, 10개의 물건을 20개의 용기에 담는다면 그 확률은 약 93.45%가 되어 물건의 수와 용기의 수가 많아질수록 하나의 용기에 두 개 이상의 물건이 담겨질 확률은 점점 높아진다.

# 연습문제 1.5

1 양의 정수 $a_1$, $a_2$, $\cdots$, $a_{10}$ 중에서 한 개 이상의 연이은 정수를 택하여 만든 다음과 같은 합중에는 10의 배수인 것이 존재함을 보여라.

$$a_j + a_{j+1} + \cdots + a_k (1 \le j \le k \le 10)$$

2 한 변의 길이가 3인 정사각형 안에 10개의 점이 들어 있을 때, 이들 점 중에서 적어도 두 개의 점은 이들 사이의 거리가 $\sqrt{2}$ 이하임을 보여라.

3 서로 다른 150개의 양의 정수로 이루어진 집합 $U = \{1, 2, \cdots, 150\}$에서 76개의 정수를 택할 때, 한 정수는 다른 정수의 배수임을 보여라.

4 영국의 천재 수학자 램지는 자신의 20회 생일 파티를 열려고 한다. 무작위로 손님을 초청한다고 할 때, 그 중 서로 서로 모두 아는 3명의 손님들이 있거나, 혹은 그 중 서로 서로 모두 모르는 3명의 손님이 반드시 존재하기 위해서는 최소 몇 명의 손님을 초대해야 하는지를 구하라.

5 45명의 사람의 태어난 날을 조사하여 월요일부터 일요일까지 같은 요일에 태어난 사람들로 분류하였다. 그러면 태어난 요일이 같은 사람은 적어도 몇 명 이상인지 구하라.

6 강원도 평창군에는 95개의 펜션이 있고, 총 객실의 수는 465실이라고 한다. 이때, 객실의 수가 5실 이상인 펜션이 한 군데는 반드시 있음을 보여라.

**7** 문제 4번의 결과를 이용하여, 어느 곳에서나 9명 이상의 사람들이 모이면 이들 중 적어도 3명은 친구이거나 또는 4명은 서로 모르는 사이임을 보여라.

**귀뜸** 정리 5.51에 상세한 증명이 있으나 우선 스스로 충분히 생각해 볼 것.

**8** 문제 5번의 결과를 이용하여, 어느 곳에서나 18명 이상의 사람들이 모이면 이들 중 적어도 4명은 친구이거나 또는 서로 모르는 사이임을 보여라.

**귀뜸** 정리 5.52에 상세한 증명이 있으나 $R=(3\cdot 3)\leq 6$ 의 경우와 같은 방법으로 비둘기집의 정리를 바로 적용하면 쉽게 증명됨

**9** 다음 항목 중 적어도 두 가지 이상을 만족시키려면 몇 명의 사람들을 모아야 하는지를 구하라.

(1) 성의 초성이 같은 사람 (예: 김씨의 초성은 'ㄱ'이다)

(2) 출생연도에 상관없이 생일이 같은 사람

(3) 주민번호 끝의 네 자리가 같은 사람

(4) 전화번호의 끝 번호 세 자리가 같은 사람

**10** $\alpha$가 무리수일 때, $\left|\alpha - \dfrac{p}{q}\right| < \dfrac{1}{q^2+q}$를 만족하는 유리수 $\dfrac{p}{q}$가 무수히 많음을 보여라.

**11** $A=\{a_1,\ a_2,\ \cdots\ ,\ a_n\}$의 원소가 양의 실수이고 $H(A)=n(\sum_{i=1}^{n}\dfrac{1}{a_i})^{-1}$로 정의될 때, $a_i \leq H(A) \leq a_j, 1 \leq i,\ j \leq n$를 만족하는 자연수 $i$와 $j$가 반드시 존재함을 증명하라.

**12** 다음 조건을 만족하는 $a < b < c < d$ 인 양의 정수의 모든 네겹쌍 $(a, b, c, d)$를 구하라.

$$\frac{1}{a}+\frac{1}{b}+\frac{1}{c}+\frac{1}{d}=1$$

**13** $m$개의 자연수를 원소로 하는 임의의 집합이 합이나 차가 10의 배수가 되는 두 원소를 반드시 가지고 있도록 하는 자연수 $m$의 최솟값을 구하라.

**14** 서로 다른 10개의 100이하의 양의 정수로 이루어진 집합 $U$에 대하여 $U$의 공집합이 아닌 부분집합에 속하는 정수의 합을 생각하는 경우에, $U$의 부분집합 중에 그 합이 동일한 두 부분집합 $A$, $B$가 존재함을 밝혀라.

# 2

# 정수와 알고리즘

수학의 아버지로 알려진 힐베르트가 '수학의 여왕'이라 부를 만큼, 정수론은 수학의 꽃인 동시에 인류 역사와 함께 생활 깊숙이 적용되어온 과학의 중심 분야다. 이러한 유구한 연구의 역사에도 불구하고 정수론만큼 오랜 미해결 문제가 넘쳐나는 분야도 드물다. 특히 소수 문제는 힐베르트가 말한 바와 같이 '소수 앞에 서면 전문 수학자도 유치원생과 다를 바 없다'라고 말할 만큼 수 천 년 동안 그 비밀을 간직해 왔다.

컴퓨터 계산을 기반으로 한 현대사회는 정보의 홍수를 어떻게 처리하고 다루는가에 따라 개인으로부터 국가에 이르기까지 그 경쟁력이 결정되고 부의 축척의 근간이 되고 있다. 디지털 곧 불연속적인 이산구조를 기저로 한 컴퓨터 계산은 실수 $\mathbb{R}$이 아닌 정수 $\mathbb{Z}$와 함께 정수의 잉여류 $\mathbb{Z}_n$ 위에서 이루어지고 있기 때문에 이들 위에서의 연산의 기본 법칙과 정수방정식의 풀이, 재귀(recursive)와 반복(iterative)으로 정의된 점화식의 풀이 등의 배경지식을 필수로 하고 있다.

## 비밀의 안전한 공유 디피-헬만 프로토콜

디피-헬만(Diffie-Hellman) 프로토콜은 1976년에 디피(Whitefield Diffie)와 헬만(Martin Hellman), 두 사람에 의해 처음으로 소개되었다. 이 프로토콜은 보호되지 않은 통신 채널 상에서의 안전한 비밀 공유를 위해 제안된 현실적인 최초의 방법이었다. 이 프로토콜은 유한체에서의 이산로그 문제가 어렵다는 것을 기반으로 하고 있으며, 당시 머클(Ralph Merkle)이 연구하던 공개키 분배에 대한 연구가 디피-헬만 프로토콜을 개발하는 데 상당한 영향을 끼쳤다. 디피-헬만 프로토콜이 제안되고 사용되기 이전의 대부분의 통신은 보안통신을 위해 사전에 암호키와 복호키를 물리적으로 직접 전달해야 했으므로 통신시간의 지연과 고 비용 문제, 키의 분실/훼손과 같은 보안 문제 등 여러 가지 문제에 노출되어 있어 왔다. 디피-헬만 프로토콜은 안전한 키의 교환, 안전한 비밀의 공유처럼 시대가 요구하는 보안성을 제공하게 되었다. 이러한 디피-헬만의 프로토콜의 원리는 다음과 같은 내용(메시-오무라 알고리즘)으로 쉽게 요약할 수 있다.

$A$가 튼튼한 박스 속에 보안이 요구되는 편지 $X$를 넣어 $B$에게 전달하려고 한다. 먼저 $A$는 박스에 자물쇠 $a$를 달고 열쇠 $\alpha$로 잠근 후 $B$에게 우편으로 보낸다.(물론 열쇠 $\alpha$는 $A$가 보관한다) $B$는 배달 받은 박스 위에 또 하나의 자물쇠 $b$를 달고 열쇠 $\beta$로 잠근 후에 $A$에게 되돌려 준다.(이때도, 열쇠 $\beta$는 $B$ 자신이 보관한다) $A$는 $B$가 되돌려 준 박스의 자물쇠 $a$를 보관하고 있던 열쇠 $\alpha$로 푼 후 다시 $B$에게 되돌려 준다. 이제 $B$는 $A$로부터 돌려받은 박스 위에 여전히 채워져 있는 자물쇠 $b$를 보관하고 있던 열쇠 $\beta$로 풀어서 편지 $X$를 꺼낸다. (P109, 그림2.1 참조).

디피-헬만 프로토콜은 통신 선상의 도청에 대해 강한 보안성을 제공한다. 도청자가 통신 내용을 도청하기 위해서는 배달 중에 있는 박스의 열쇠를 찾아야 하는데 실제로 통신상에서의 열쇠는 난제로 유명한 이산로그 문제로 만들어져 있으므로 열쇠를 찾아내기는 불가능하다. 이렇듯, 디피-헬만 프로토콜의 열쇠는 수학적 문제의 어려움에 기반을 두고 있어서 통신 중간에 암호문이 유출되더라도 도청자가 송신자와 수신자의 키를 알아낼 수 없기 때문에 암호문을 해독할 수 없다. 동시에, 디피-헬만 프로토콜에서는 사전에 양측이 프로토콜 운영을 위한 암호키를 직접 전달해야 하는 절차가 없기 때문에 암호키를 분실할 위험이 없다. 이러한 두 가지 점에서 디피-헬만 프로토콜은 그 보안성이 뛰어나다. 현재까지도 디피-헬만 프로토콜에 기반을 둔 다양한 공개키 알고리즘과 비대면 인증 알고리즘 등이 개발 활용됨으로써 디피-헬만 프로토콜은 현대의 안전한 통신환경에 그 기초를 제공하고 있다.

# 2.1 정수와 인수분해

불연속적인 대상인 이산구조는 그 표현과 연산을 실수가 아닌 정수집합 위에서 하고 있다. 이 절에서는 정수의 정의로부터 유도되는 기본성질과 그 연산의 기본법칙에 대하여 요약하여 정리한다.

## ◆ 정수의 정의와 연산

정수의 집합이란, 자연수 $\mathbb{N}$과 0 및 음의 자연수 $-\mathbb{N}=\{-1, \ -2, \ \cdots\}$의 합집합으로 정의된다. 즉, $\mathbb{Z} = \mathbb{N} \bigcup \{0\} \bigcup (-\mathbb{N})$이다. 여기서 자연수 $\mathbb{N}$은 앞 절에서 페아노 공리(정의 1.24)로 정의되었다. 정수에는 덧셈과 곱셈이 정의되어 있고, 덧셈과 곱셈에 관하여 다음과 같은 성질이 성립한다.

정리 2.1 임의의 세 정수 $a, b, c$에 대하여 다음이 성립한다.

$$a, \ b \in \mathbb{Z} \Rightarrow a+b \in \mathbb{Z}, \ a \cdot b \in \mathbb{Z}$$

또 다음 성질들이 성립한다.

(1) $(a+b)+c=a+(b+c)$ (덧셈에 대한 결합법칙)

(2) $a+b=b+a$ (덧셈에 대한 교환법칙)

(3) 모든 정수 $a$에 대하여, $a+0=0+a=a$인 정수 0이 유일하게 존재한다.

(4) 모든 정수 $a$에 대하여, $a+(-a)=(-a)+a=0$인 정수 $-a$가 유일하게 존재한다.

(5) $(a \cdot b) \cdot c=a \cdot (b \cdot c)$ (곱셈에 대한 결합법칙/associative law)

(6) $a \cdot b=b \cdot a$ (곱셈에 대한 교환법칙/commutative law)

(7) 모든 정수 $a$에 대하여, $a \cdot 1=1 \cdot a=a$인 정수 1이 유일하게 존재한다.
(곱셈에 대한 항등원/identity 존재)

(8) $a \cdot b=a \cdot c, \ a \neq 0 \Rightarrow b=c$ (곱셈에 대한 소약법칙/cancelation law)

(9) $a \cdot (b+c)=a \cdot b+a \cdot c$
$(a+b) \cdot c=a \cdot c+b \cdot c$ (배분법칙/distributive law)

여기서 주목할 점은 정수는 나눗셈에 관해 닫혀있지 않다는 것이다. 따라서 정수에 있어서 나눗셈은 몫과 나머지의 관계로 나타낼 수 있다. 즉, 정수의 나눗셈은 임의의 정수 $a$를 0이 아닌 정수 $b$로 나누었을 때 생기는 몫 $q$와 나머지 $r$의 관계로 설명할 수 있으며 이를 정수의 **나눗셈 정리**(division algorithm)라고 한다. 단, 증명은 일반적으로 쓰이는 정수론(number theory) 책을 참고하기로 하고 생략한다.

정리 2.2 (나눗셈 정리)
두 정수 $a, b(\neq 0)$에 대하여 다음을 만족하는 두 정수 $q, r$가 유일하게 존재한다.

$$a = bq + r, \quad 0 \leq r \leq |b|$$

이 때, $q$와 $r$을 각각 $a$를 $b$로 나누었을 때의 몫(quotient)과 나머지(reminder)라고 부른다. 나머지가 0, 즉 $r = 0$일 때, '$a$는 $b$로 나누어 떨어진다'또는 '$b$는 $a$를 나눈다'라고 하고 기호로는 '$b|a$'로 나타낸다. 이 때, $a$를 $b$의 **배수**(multiple)라 하고 $b$를 $a$의 **약수**(divisor 혹은 factor)라 한다. 자연수 1과 자기 자신만을 약수로 갖는 2이상인 정수 $p$를 **소수**(prime)라고 한다. $n > 1$이며 소수가 아닌 정수 $n$을 **합성수**(composite)라고 한다. 위의 정의에 의하여 자연수 1은 소수도 아니고 합성수도 아님을 알 수 있다.

**예 제 2.1.1**

위의 나눗셈 정리에서 $a$를 $b$로 나누었을 때의 나머지 $r$은 항상 0보다 크거나 같아야 한다는 점에 유의하자. 예를 들어 -12=(-2)×5-2이지만 -2는 음수 이므로 -12를 5로 나누었을 때 나머지가 될 수 없다. -12=(-3)×5+3이므로 몫은 -3이고 나머지는 3이다.

각 정수 $a$에 대하여 $a$의 배수들의 집합을

$$a\mathbb{Z} = \{ax \mid x \in \mathbb{Z}\}$$

로 나타낸다. 두 정수 $a, b$에 대하여 $a$가 $b$의 배수이면, $a$의 배수는 모두 $b$의 배수가 되므로 $a\mathbb{Z} \subseteq b\mathbb{Z}$ 성립한다. 역으로 $a\mathbb{Z} \subseteq b\mathbb{Z}$이면 정의에 의해 $b|a$이 되므로 다음이 성립한다.

$$a | b \iff a\mathbb{Z} \subseteq b\mathbb{Z}$$

만일 $a\mathbb{Z} = b\mathbb{Z}$이면 $a|b$이고 $b|a$가 되어 $a$와 $b$는 서로가 서로의 배수가 되므로 $a = \pm b$가

된다. 이와 같이 정수의 약수와 배수는 다음과 같은 기본성질을 만족한다.

정리 2.3 임의의 정수 $a,\ b,\ c \in \mathbb{Z}$에 대하여, 다음이 성립한다. (0으로 나누는 것은 제외한다.)

(1) $a|a,\ 1|a,\ a|0$

(2) $a|b$이고 $b|c$이면, $a|c$이다.

(3) $a|b$이고 $a|c$이면, 임의의 정수 $x, y$에 대하여, $a|(bx+cz)$이다.

(4) $a|b$이고 $b|a$이면, $a= \pm b$이다.

| 증명 | (2) $a|b$이고 $b|c$이므로, 적당한 두 정 수 $k_0$와 $k_1$에 대하여 $b=ak_0,\ c=bk_1$이다. 즉, $c=bk_1=(ak_0)k_1=a(k_0k_1)$이므로 $a|c$이다.

(3) $a|b$이고 $a|c$이므로 적당한 두 정수 $k_0$와 $k_1$가 존재하여 $b=ak_0$와 $c=ak_1$가 성립한다. 따라서 $bx+cy=ak_0x+ak_1y=a(k_0x+k_1y)$를 만족한다. 따라서 $b+c$는 $a$로 나누어떨어진다.

(4) $a|b$이고 $b|a$이므로 $b=ak_0$와 $a=bk_1$을 만족하는 두 정수 $k_0$와 $k_1$가 존재한다. 그런데 $b=ak_0$이고 $a=bk_1$이므로 $a=ak_0k_1$이다. $k_0$와 $k_1$는 정수이므로 $k_0k_1=1$이다. 따라서 $k_0=k_1=1$이거나 $k_0=k_1=-1$이다. 결국 $a=\pm b$이다.

## ◆ 공약수와 공배수

두 정수 $a$와 $b$에 대하여 $c|a$이고 $c|b$를 만족시키는 정수 $c$를 $a$와 $b$의 **공약수**(common divisor)라고 한다. 그리고 공약수 중 가장 큰 양의 공약수를 **최대공약수**(the greatest common divisor)라 하고, 기호 '$(a,\ b)$'또는 '$\gcd(a,\ b)$'로 나타낸다. 모든 정수는 1을 약수로 가지므로 두 정수의 공약수집합은 공집합은 아니다. 특히 두 정수의 공약수가 1 뿐일 경우, 즉 $(a,\ b)=1$인 정수 $a$와 $b$를 **서로소**(coprime 또는 relatively prime)라고 특별히 정의한다.

정의로부터 최대공약수 $d=(a,\ b)$는 다음 두 조건을 만족시킨다는 것을 알 수 있다.

(i) $d|a$이고 $d|b$이다.

(ii) $g|a$이고 $g|b$인 모든 정수 $g$에 대하여, $d|g$이다.

두 정수 $a$와 $b$의 양의 약수들의 집합을 각각 $A$, $B$라고 할 때, $a$와 $b$의 공약수들의 집합은 $A \cap B$이고, $a$와 $b$의 최대공약수는 $A \cap B$의 원소 중 가장 큰 원소라고 설명될 수 있다.

**예 제 2.1.2**

12의 양의 약수의 집합은 {1, 2, 3, 4, 6, 12}이고, 18의 양의 약수의 집합은 {1, 2, 3, 6, 9, 18}이다. 따라서 두 수의 공약수들의 집합은 {1, 2, 3, 6}이며 최대공약수는 6이다.

이제 공배수에 관해서 정의하자. 두 정수 $a$와 $b$에 대하여 $a|m$이고 $b|m$을 만족시키는 정수 $m$을 $a$와 $b$의 **공배수**(common multiple)라고 한다. 그리고 공배수 중 가장 작은 양의 공배수를 **최소공배수**(the least common multiple)라 하고, 기호 '$[a, b]$'또는 $l\text{cm}(a,\ b)$로 나타낸다. 정의로부터 $l=[a,\ b]$가 최소공배수이면 다음 두 조건을 만족시킨다는 사실을 쉽게 알 수 있다.

(i) $a|l$이고 $b|l$이다.

(ii) $a|m$이고 $b|m$인 모든 정수 $m$에 대하여, $l|m$이다.

**예 제 2.1.3**

주어진 두 정수 33과 121에 대하여 33의 약수는 ±1, ±3, ±11, ±33이고, 121의 약수는 ±1, ±11, ±121이다. 33과 121의 공약수는 ±1, ±11이고, $\gcd(a,\ b)=11$이다. 그리고 33과 121의 공배수는 0, ±3$n$×11$^2$ $(n \in \mathbb{N})$이므로 이들 공배수 중 $n=1$일 때 최소 양의 공배수가 363이므로 $\text{lcm}(a,\ b)=363$이다.

정리 2.4　두 정수 $a$와 $b$의 최소공배수를 $l$이라 하면 $a\mathbb{Z} \cap b\mathbb{Z} = l\mathbb{Z}$이다.

| 증명 |　정수 $c$가 $a\mathbb{Z} \cap b\mathbb{Z}$의 원소라고 하면 $a|c$이고 $b|c$이다. 따라서 $c$는 $a$와 $b$의 공배수이므로 정리 3.19에 의해 $l|c$가 성립하여 $c \in l\mathbb{Z}$이다. 역으로 $c \in l\mathbb{Z}$라 하면 $l|c$이다. 그런데 $a|l$, $b|l$이고 $l|c$이므로 $a|c$이고 $b|c$이다. 즉, $c \in a\mathbb{Z} \cap b\mathbb{Z}$이다. 따라서 $a\mathbb{Z} \cap b\mathbb{Z} = l\mathbb{Z}$이다.

다음 정리는 정리 2.3 (3)에 의해 당연히 성립한다.

정리 2.5 $c|a$이고 $c|b$을 만족하는 세 정수 $a, b, c$에 대하여, 다음이 성립한다.

(1) $c\,|\,(a+b)$

(2) $c\,|\,(a-b)$

두 정수 $a$와 $b$의 공약수는 $a$와 $b$에 적당한 배수들의 합으로 나타내어진다. 특히 최대공약수는 두 정수의 적당한 배수들의 양의 합들 중에서 가장 작은 합의 값을 의미한다. 이는 아래의 정리 2.6으로 설명될 수 있다. 이 정리는 정수의 기본 원리에 대해 다루고 있는 중요한 정리로서 다음과 같이 증명될 수 있다.

정리 2.6 임의의 정수 $a, b$에 대해서 $d = \gcd(a, b)$이면 $d = ax + by$를 만족하는 적당한 두 정수 $x, y$가 존재한다.
특히, $a$와 $b$가 서로소이면 $1 = ax + by$를 만족하는 적당한 두 정수 $x, y$가 항상 존재한다.

| 증명 | 집합 $A = \{ax + by \mid x, y \in \mathbb{Z}\}$으로 정의하고 $A$에서 가장 작은 양의 정수를 $d$라고 하자. 그러면 $A$의 정의에 의하여 $d = ax_0 + by_0$인 $x_0$, $y_0 \in \mathbb{Z}$가 존재한다. 이제 $a = dq + r$, $0 \le r < d$라 하면

$$r = a - dq = a - (ax_0 + by_0)q = a(1 - x_0 q) + b(-y_0 q)$$

가 되어 $r = aX + bY$꼴의 음이 아닌 정수임을 알 수 있다. 즉 $r \in A$이다. 그런데 $r$은 $0 \le r < d$를 만족하고 $d$는 $A$의 원소 중 가장 작은 양의 정수라고 가정하였으므로 $r = 0$이다. 즉, $d|a$이다. 같은 논리를 $a$대신 $b$에 적용하면 $d|b$임을 얻을 수 있다. 따라서 $d$는 $a$와 $b$의 공약수다.
정수 $a$, $b$의 임의의 공약수 $c$에 대하여 $c|ax$이고 $c|by$이 성립한다. 그러므로 정리 2.3 (3)에 의해서 집합 $A$의 모든 원소는 $c$에 의해 나누어떨어진다. 이 때, $d = ax_0 + by_0$이므로 $c|d$임을 알 수 있다. 그러므로 $d$는 $a$와 $b$의 최대공약수이다.

## ◆ 유클리드 알고리즘(Euclidean Algorithm)

정리 2.6에 의해 두 정수의 최대공약수는 이들 정수들의 각각의 적당한 배수의 합으로 만들 수 있음을 알 수 있다. 이러한 원리를 이용하여 실제로 최대공약수를 구할 수 있는 유클리드 알고리즘에 대해서 알아보도록 하자. 먼저, 두 정수 $a$, $b$에 대하여 $b$를 $a$로 나눈 나머지와 $\gcd(a,b)$사이의 관계를 보여주는 정리 2.9을 제시하고, 이를 이용하여 두 정수의 최대공약수를 구하는 유클리드 알고리즘을 유도하고 이를 일반적인 경우로 확장하기로 한다.

정리 2.7 정수 $a, b, c$에 대하여, $\gcd(a,b)=1$이고 $a|bc$이면, $a|c$이다.

| 증명 | 정리 2.6에 의해, $ax+by=1$가 성립하는 적당한 정수 $x$, $y$가 존재한다. 양변에 $c$를 곱하면 $acx+bcy=c$를 얻을 수 있다. 여기서 $a|bc$이고 $a|bcy$이므로 $a|(acx+bcy)$이다. 따라서 $a|c$이다.

정리 2.8 두 정수 $a, b$와 소수 $p$에 대하여, $p|ab$이면 $p|a$ 또는 $p|b$이다.

| 증명 | $p|ab$이고 $p \nmid a$라 가정하자. 이 때, $p$의 약수는 1과 $p$ 뿐이므로 $\gcd(p, a)=1$이다. 따라서 정리 2.7에 의해 $p|b$이다.

정리 2.9 두 정수 $a$와 $b$에 대하여 $a=bq+r$인 두 정수 $q$와 $r$이 존재한다고 하자. 그러면 $\gcd(a,b)=\gcd(b,r)$이다.

| 증명 | 주어진 가정에 의해 $r=a-bq$이다. $\gcd(a,b)=d$라고 하면 $d|a$이고 $d|b$이므로 $d|r$이다. 따라서 $d|\gcd(b,r)$이 성립한다. 그러면 적당한 정수 $k$에 대하여, $\gcd(b,r)=kd$로 나타낼 수 있다. 이제 $k \neq 1$라고 가정하자. 그런데 $\gcd(b,r)=kd$이므로 $kd|(bq+r)$이고 $a=bq+r$이므로 $kd|a$이다. 즉, $kd$는 $a$와 $b$의 공약수이고, $k \neq 1$이므로 $d<kd$가 되어 $d$가 $a$와 $b$의 최대공약수라는 가정에 모순이다. 이는 결국 $k \neq 1$이라는 가정이 틀렸음을 의미한다. 따라서 $k=1$이고 $\gcd(a,b)=\gcd(b,r)$가 성립한다.

위의 정리를 기반으로 두 정수의 최대공약수를 찾는 다음의 유클리드 알고리즘을 유도하도록 하자.

정리 2.10 **(유클리드 알고리즘, Euclidean algorithm)**

$a \geq b$인 두 양의 정수 $a$와 $b$에 대하여, $r_0 = a$과 $r_1 = b$라 하자.
이제 나눗셈 $r_i = r_{i+1}q_{i+1} + r_{i+2}, 0 \leq r_{i+2} < r_{i+1}$을 $i = 0$부터 적용하여 $r_{n+1} = 0$이 될 때까지 반복적으로 적용하면 $r_n = \gcd(a,b)$이다.

| 증명 | 유클리드 알고리즘은 정리 2.9에 의해 성립한다. 실제로 $r_{n+1}$이 처음으로 0이 된다고 가정하면 나눗셈 $r_i = r_{i+1}q_{i+1} + r_{i+2}$을 $i = 0$ 부터 $i = n-1$까지 반복하여 수행함으로써 다음의 결과를 얻을 수 있다.

$$\begin{aligned} a &= r_0 \\ b &= r_1 \\ r_0 &= r_1q_1 + r_2 \\ r_1 &= r_2q_2 + r_3 \\ &\vdots \\ r_{n-1} &= r_nq_n + r_{n+1} \end{aligned}$$

$$\begin{array}{c|ll|c} a & r_0 & r_1 & b \\ & r_1q_1 & r_2q_2 & \\ \hline & r_2 & r_3 & \\ & \vdots & \vdots & \\ & r_{n-2} & r_{n-1} & \\ & r_{n-1}q_{n-1} & r_nq_n & \\ \hline & r_n & 0 & \end{array}$$

이와 같이 전개된 식과 정리 2.9에서 다음의 관계식을 얻을 수 있다.

$$\gcd(r_0,r_1) = \gcd(r_1,r_2) = \cdots = \gcd(r_n,r_{n+1}) = \gcd(r_n,0) = r_n.$$

따라서 유클리드 알고리즘을 이용하면 주어진 두정수의 최대공약수를 찾을 수 있다.

**예 제 2.1.4**

(373398,7386)을 구하여보자. 먼저 위에서 소개한 유클리드 알고리즘에 의하여 최대공약수를 구하여본다.

$$\begin{aligned} 373398 &= 7386 \times 50 + 4098, \\ 7386 &= 4098 \times 1 + 3288, \\ 4098 &= 3288 \times 1 - 810, \\ 3288 &= 810 \times 4 + 48, \\ 810 &= 48 \times 16 + 42, \\ 48 &= 42 \times 1 + 6, \end{aligned}$$

$$42 = 6 \times 7 + 0.$$

위의 식에 정리 2.9를 적용하면

$$6 = (6, 42) = (42, 48) = (48, 810) = (810, 3288) = (3288, 4098) = (4098, 7386)$$
$$= (7386, 373398)$$

이므로 $6 = (3054, 12378)$이 성립한다.

정리 2.6에서 설명되었듯이 주어진 두 정수 $a, b$의 최대공약수는 적당한 두 정수 $s, t$에 대하여 $sa + tb$ 꼴로 표현될 수 있다. 유클리드 알고리즘을 간단히 수정하면 최대공약수를 계산하는 과정에 두 정수 $s, t$도 계산할 수 있다. 두 정수 $s, t$도 함께 계산하기 위해 수정된 유클리드 알고리즘을 확장 유클리드 알고리즘이라고 부르며 그 내용은 다음과 같다.

따름정리 2.11 **(확장 유클리드 알고리즘, Extended Euclidean algorithm)**

두 양의 정수 $a, b$에 대해 $\gcd(a, b) = s_n a + t_n b$를 만족하는 두 정수 $s_n$과 $t_n$은 다음의 과정을 수행함으로써 구할 수 있다.

$s_0 = 1$　　　　$t_0 = 0$

$s_1 = 0$　　　　$t_1 = 1$

$s_j = s_{j-2} - q_{j-1} s_{j-1}$　　　　$t_j = t_{j-2} - q_{j-1} t_{j-1}$

| 증 명 | 수학적 귀납법을 이용하자. 우선 $r_0 = a, r_1 = b$라 하면,

$$r_0 = a \cdot 1 + b \cdot 0,\ r_1 = a \cdot 0 + b \cdot 1$$

이므로 $s_0 = 1, t_0 = 0, s_1 = 0, t_1 = 1$이다. 그런데 유클리드 알고리즘에 의해

$$r_2 = r_0 - q_1 r_1$$

인 정수 $q_1$과 $0 \le r_2 < r_1$인 $r_2$를 구할 수 있다. 그런데 $r_0 = s_0 a + t_0 b$이고 $r_1 = s_1 a + t_1 b$이므로,

$$\begin{aligned} r_2 &= r_0 - q_1 r_1 \\ &= (s_0 a + t_0 b) - (s_1 a + t_1 b) q_1 \\ &= (s_0 - q_1 s_1) . a + (t_0 - q_1 t_1) \cdot b \\ &= s_2 \cdot a + t_2 \cdot b \end{aligned}$$

가 성립한다. 여기서 $s_2 = s_0 - q_1 s_1$이고, $t_2 = t_0 - q_1 t_1$이다. 따라서 귀납법 가정의 첫 번째 단계가 성립한다.

이제 적당한 자연수 $i$에 대하여,

$$r_i = s_i \cdot a + t_i \cdot b,\ r_{i+1} = s_{i+1} \cdot a + t_{i+1} \cdot b$$

이 성립하는 $s_i, t_i, s_{i+1}, t_{i+1}$이 존재하여

$$s_{i+1} = s_{i-1} - q_i s_i,\ t_{i+1} = t_{i-1} - q_i t_i$$

가 성립한다고 가정하자. 유클리드 알고리즘에서

$$r_{i+2} = r_i - r_{i+1} q_{i+1}$$

를 구할 수 있고,

$$\begin{aligned} r_{i+2} &= r_i - r_{i+1} + 1q_{i+1} \\ &= (s_i \cdot a + t_i \cdot b) - (s_{i+1} \cdot a + t_{i+1} \cdot b)q_{i+1} \\ &= (s_i - s_{i+1}q_{i+1}) \cdot a + (t_i - t_{i+1}q_{i+1}) \cdot b \\ &= s_{i+2} \cdot a + t_{i+2} \cdot b \end{aligned}$$

임을 알 수 있다. 여기서 $s_{i+2} = s_i - s_{i+1}q_{i+1}$이고, $t_{i+2} = t_i - t_{i+1}q_{i+1}$이다. 따라서 모든 자연수 $i$에 대해 $r_i = s_i \cdot a + t_i \cdot b$이 성립하므로 $r_n = s_n \cdot a + t_n \cdot b$도 성립한다.

**예 제 2.1.5**

$a = 4864$, $b = 3458$이라 하면 확장 유클리드 알고리즘에 의해 다음과 같이 최대 공약수를 구할 수 있다.

| $a$ | $b$ | $q$ | $r$ | $s$ | $t$ |
|---|---|---|---|---|---|
| — | — | — | — | 1 | 0 |
| — | — | — | — | 0 | 1 |
| 4864 | 3458 | 1 | 1406 | 1 | -1 |
| 3458 | 1406 | 2 | 646 | -2 | 3 |
| 1406 | 646 | 2 | 114 | 5 | -7 |
| 646 | 114 | 5 | 76 | -27 | 38 |
| 114 | 76 | 1 | 38 | 32 | -45 |
| 76 | 38 | 2 | 0 | -91 | 128 |

표와 같이 계산하면 최대공약수는 $38 = 4864 \times 32 + 3458 \times (-45)$이다.

**예 제 2.1.6**

유클리드 알고리즘으로 (373398,7386) = 6임을 예제 2.1.4에 의하여 알고 있다. 이제 $373398s + 7386t = 6$을 만족하는 $s$와 $t$를 구해보자. 우선 유클리드 알고리즘의 과정을 다음과 같이 역으로 계산함으로써 $s = -155$, $t = 7836$를 구할 수 있다. 한편 동일한 결과를 아래 표로부터 간단히 얻을 수 있다.

$$
\begin{aligned}
6 &= 48 - 42 && (\because 48 = 42 \times 1 + 6) \\
&= 48 - (810 - 48 \times 16) && (\because 810 = 48 \times 16 + 42) \\
&= 48 \times 17 - 810 \\
&= (3288 - 810 \times 4) \times 17 - 810 && (\because 3288 = 810 \times 4 + 48) \\
&= 3288 \times 17 - 810 \times 69 \\
&= 3288 \times 17 - (4098 - 3288) \times 69 && (\because 4098 = 3288 \times 1 + 810) \\
&= 3288 \times 86 - 4098 \times 69 \\
&= (7386 - 4098) \times 86 - 4098 \times 69 && (\because 7386 = 4098 \times 1 + 3288) \\
&= 7386 \times 86 - 4098 \times 155 \\
&= 7386 \times 86 - (373398 - 7386 \times 50) \times 155 && (\because 373398 = 7386 \times 50 + 4098) \\
&= 7386 \times 7836 + 373398 \times (-155).
\end{aligned}
$$

유클리드 알고리즘의 수식과 아래의 두 가지 표를 잘 비교해 보도록 하자.

| | | | | | | | |
|---|---|---|---|---|---|---|---|
| $(q_0 =)$ | 50 | 373398 | $(= r_0)$ | $(r_1 =)$ | 7386 | 1 | $(= q_1)$ |
| | | 369300 | $(= q_0 r_1)$ | $(q_1 r_2 =)$ | 4098 | | |
| $(q_2 =)$ | 1 | 4098 | $(= q_5)$ | $(r_3 =)$ | 3288 | 4 | $(= q_3)$ |
| | | 3288 | $(= q_5)$ | $(q_3 r_4 =)$ | 3240 | | |
| $(q_4 =)$ | 16 | 810 | $(= q_5)$ | $(r_5 =)$ | 48 | 1 | $(= q_5)$ |
| | | 768 | $(= q_5)$ | $(q_5 r_6 =)$ | 42 | | |
| | 7 | 42 | $(= q_5)$ | $(r_7 =)$ | 6 | | |
| | | 42 | | | | | |
| | | 0 | | | | | |

| $q_i$ | 50 | 1 | 1 | 4 | 16 | 1 | | |
|---|---|---|---|---|---|---|---|---|
| $s_i$ | 1 | 0 | 1 | -1 | 2 | -9 | 146 | $-155(=s=s_7)$ |
| $t_i$ | 0 | 1 | -50 | 51 | -101 | 455 | -7381 | $7836(=t=t_7)$ |

**예 제 2.1.7**

720과 68에 대하여 예제에서 제시한 유클리드 알고리즘의 표를 적용하여보자.

| | | | |
|---|---|---|---|
| 10 | 720 | 68 | 1 |
| | 680 | 40 | |
| 1 | 40 | 28 | 2 |
| | 28 | 24 | |
| 3 | 12 | 4 | |
| | 12 | | |
| | 0 | | |

| $q_i$ | 10 | 1 | 1 | 2 | | |
|---|---|---|---|---|---|---|
| $s_i$ | 1 | 0 | 1 | -1 | 2 | -5 |
| $t_i$ | 0 | 1 | 40 | 28 | 12 | 4 |

위의 표로부터 (720,68) = 4 임을 알 수 있고 모든 $k \in Z$에 대하여 $720(-5+68k)+68(53-720k)=4$임을 쉽게 알 수 있다.

유클리드 알고리즘의 배경이 되는 정리 2.6을 서로소인 두 정수에 맞춰 다시 기술하면 다음과 같이 두 정수가 서로소라는 것을 확인할 수 있는 판별법을 제공하고 있다. 증명은 당연하므로 생략하기로 한다.

정리 2.12 두 정수 $a, b$에 대하여 다음은 서로 동치이다.

(1) $\gcd(a,b)=1$

(2) $as+bt=1$인 정수 $s$와 $t$가 존재한다.

최대공약수와 최소공배수 또는 서로소의 개념은 세 개 이상의 정수에 대해서도 다음과 같이 일반화하여 정의할 수 있으며 이러한 일반화는 정리 2.12에도 당연히 적용될 수 있다.

정의 2.13 세 개 이상의 정수 $a_1, a_2, ..., a_n$에 대하여 $\gcd(a_1, a_2, \cdots, a_n) = 1$일 때, $a_1, a_2, ..., a_n$도 역시 서로소(relative prime)라고 한다. 그리고 1부터 $n$까지의 서로 다른 $i$와 $j$에 대하여 항상 $\gcd(a_i, a_j) = 1$이면, $a_1, a_2, ..., a_n$는 쌍마다 서로소(pairwise relatively prime)이라고 한다.

정리 2.12은 다음과 같이 확장하여 생각할 수 있다.

정리 2.14 정수 $a_1, a_2, ..., a_n$에 대하여 다음은 서로 동치이다.
(1) $\gcd(a_1, a_2, \cdots, a_n) = 1$
(2) $a_1 s_1 + a_2 s_2 + \cdots + a_n s_n = 1$인 정수 $s_1, s_2, \cdots, s_n$이 존재한다.

## ◆ 소수와 소인수분해(참고)

합성수는 소수들의 곱으로 분해할 수 있다. 이와 같은 분해를 소인수 분해라고 한다. 다음은 **유일소인수분해 정리(unique factorization theorem)**로 알려진 자연수의 기본법칙을 제시하고 있다.

정리 2.15 1이 아닌 임의의 자연수 $n$에 대하여 적당한 소수 $p_1 < p_2 < \cdots < p_k$와 양의 정수 $e_1, e_2, \cdots, e_k$이 존재하여, $n$을 다음과 같은 정수들의 곱으로 나타낼 수 있다.

$$n = p_1^{e_1} p_2^{e_2} \cdots p_k^{e_k}$$

이때 $p_i (i = 1, 2, \cdots, k)$을 소인수라 하고, 소인수의 배열을 무시한다면, 이와 같은 분해는 유일하다.

위와 같이 자연수는 소수승수의 곱으로 유일하게 설명될 수 있으므로 소인수분해는 자연수의 성질을 규정하는 가장 효과적인 방법이다. 따라서 소수와 소인수분해를 다루고있는 기본적인 성질들에 관하여 알아보기로 하자.

먼저, $p$가 소수일 때, $p|ab$이면, $p|a$이거나 $p|b$임을 말하고 있는 정리 2.15에서 출발하여 **소수 판별법** 및 소인수분해에 대한 주요 정리에 대해 요약해 보기로 하자.

정리 2.16 양의 정수 $n$이 합성수라고 하자. 이때, $p \leq \sqrt{n}$을 만족시키는 $n$의 소인수 $p$가 반드시 존재한다.

| 증 명 | $n$은 합성수이므로, $1 < s \leq t < n$인 두 정수 $s$와 $t$에 대하여 $n = st$로 인수 분해 된다. 따라서 $1 < s^2 \leq st = n$이므로, $1 < s \leq \sqrt{n}$이 성립한다. 또한, $n$의 약수 $s$는 $s$를 나누는 소인수 $p$를 가지므로, $p$는 $n$의 소인수가 되며 $1 < p \leq s \leq \sqrt{n}$을 만족시킨다.

정수 $n$이 소수인지 판별하기 위해서는 $n$의 약수가 될 수 있는 제일 작은 자연수가 2이므로 최대 $\frac{n}{2}$번의 나눗셈을 수행해야 한다. 즉 $n$의 반보다 작은 모든 자연수로 나누어떨어지는지를 확인해야 한다. 하지만, 정리 2.16는 이런 나눗셈의 횟수를 $\sqrt{n}$번까지 줄일 수 있음을 보여주고 있다.

**예 제 2.1.8**

예를 들어 157은 소수임을 확인하기 위해서는 $\frac{157}{2} = 78.5$이므로 최대 78번의 나눗셈을 수행해야 하지만 정리 2.16에 의해 $144 < 157 < 169$이므로 157의 약수는 $\sqrt{144} = 12$이하의 소수를 약수로 갖는다. 하지만 이러한 소수는 2, 3, 5, 7, 11 뿐이고 이들은 157의 약수가 아니므로 157은 소수임을 알 수 있다.

하지만, 정리 2.16를 적용하여도 $n$이 충분히 큰 정수면 $\sqrt{n}$ 이하의 모든 소수의 나눗셈도 컴퓨터조차 소화하지 못 할 만큼 큰 계산 횟수를 갖게된다. 일반적으로 임의의 자연수 $n$에 관한 소수 판정 문제는 난제로 알려져 있으며, 이제까지 알려진 어떠한 소수 판정 알고리즘도 이 문제를 일반적으로 계산 가능한 수준으로 낮출 수 없었다. 반면에 이러한 소인수분해의 난제성은 RSA 등으로 알려진 공개키 암호 시스템의 안전성을 보장하는 이론적 근거를 제공하기도 한다. 이에 관해서는 추후 살펴보기로 한다.

다음으로 소수에 관한 고전적 정리 몇가지를 소개한다. 먼저 소수는 무한히 많이 존재한다는 유클리드의 증명은 다음과 같다.

정리 2.17 (유클리드)
소수는 무한히 많이 존재한다.

| 증 명 | 모순을 유도(귀류법)하기 위해 소수는 유한개만 존재한다고 가정하자. 즉, 자연수에는 $n$개의 서로 다른 소수가 존재하며 이들을 $p_1,\ p_2,\ \cdots,\ p_n$이라 하자. 이제, $N$을 다음과 같이 정의하자.

$$N = p_1 p_2 \cdots p_n + 1$$

$N$은 2보다 큰 자연수이므로 $N$은 소수 약수 $p$를 갖고 이것은 적당한 $k = 1,\ 2,\ \cdots,\ n$에 대하여, $p = p_k$가 된다. 그러므로 $p_k$는 $N$을 나누고 동시에 $p_1 p_2 \cdots p_n$을 나눈다. 따라서 $p_k$는 $N - p_1 p_2 \cdots p_n = 1$의 좌변을 나누며, 이것은 $p_k$가 1을 나눈다는 것을 의미하므로 모순이다. (왜냐 하면, $p_k \mid 1$이면 $p_k = 1$이 되어 $p_k$가 소수라는 가정에 모순이다.) 따라서 소수는 무한히 많다.

$\pi(x)$를 주어진 양의 실수 $x$보다 작거나 같은 소수들의 총 개수라 정의하자. 다음으로 $\pi(x)$의 극한값을 다루고 있는 유명한 소수 정리(The prime number theorem)를 소개한다.

정리 2.18 **(소수 정리)**
주어진 양의 실수 $x$보다 작거나 같은 소수들의 총 개수를 $\pi(x)$라고 나타내기로 하면, 다음의 식이 성립한다.

$$\lim_{x \to \infty} \pi(x) = \frac{x}{\ln x}$$

정리 2.18에서 제시한 $\pi(x)$의 수렴성에도 불구하고 적당히 큰 실수 $x$에 대한 우변의 각각 실제값 사이의 상당한 간격을 메꾸기 위하여 많은 노력이 20세기에 걸쳐 진행되었다. 실제로 $x = 10^{10}$일 때, $\pi(x) = 455,052,511$이지만, $\dfrac{x}{\ln x} \simeq 434,294,481$로 상당한 오차가 발생한다. 다음 정리는 소수정리(정리 2.18)보다 좀더 엄밀한 $\pi(x)$의 범위를 제시하고 있다.

정리 2.19 $x \geq 17$인 정수 $x$에 대하여, $\pi(x) > \frac{x}{\ln x}$이고, $x > 1$인 정수 $x$에 대해서는 $\pi(x) < 1.25507\frac{x}{\ln x}$이다.

## ◆ 정수의 표현

정수는 다양한 방법으로 표현할 수 있다. 가장 일반적인 방법으로 $q$-진법 표현이 있으며 그 중에서 관례적으로 10-진법이 널리 통용되어 쓰이고 있다. 하지막 목적에 따라서 타 진법이 쓰이기도 한다. 예를 들면, 시간의 경우 '시'는 12-진법을, '분'이나 '초'의 경우 60-진법을 관례적으로 사용하고 있다. 잘 알려진 바와 같이 부호나 암호 등 전자계산을 기본으로 하는 분야에서는 0과 1로만 표현되는 이진법이 쓰이고 있으며 유전자공학에서는 4-진법을 쓰기도 한다. 하지만 이러한 진법 표현 외에도 여러 가지 방법으로 정수는 표현될 수 있는데, 그 예로는 연속된 자연수의 곱을 응용한 칸토르 전개식 등을 들 수 있다. 여기에서는 이러한 정수의 다양한 표현법에 관하여 살펴보기로 한다.

### 정수의 $q$-진법 표현

2보다 크거나 같은 정수 $q$에 대하여 모든 양의 정수 $a$는 다음과 같은 단 한가지 방법으로 표현될 수 있다.

$$a = \alpha_n q^n + \alpha_{n-1} q^{n-1} + \cdots + \alpha_1 q + \alpha_0$$

여기서 $n, \alpha_i (i = 0, \cdots n)$는 $n \geq 0, a_m \neq 0, 0 \leq \alpha_i \leq q (i = 0, \cdots, n)$을 만족하는 정수들이다. 이때 위와 같이 나타내어진 $a$를 $\alpha_n \alpha_{n-1} \cdots \alpha_n \alpha_{0_{(q)}}$와 같이 나타내기로 하고 이를 $q$진수로 표시된 $\alpha$라고 부른다. 관례적으로 $q = 10$이면 $\alpha_n \alpha_{n-1} \cdots \alpha_1 \alpha_{0_{(10)}}$과 같이 쓰지 않고 간단히 $\alpha_n \alpha_{n-1} \cdots \alpha_1 \alpha_0$와 같이 쓴다. 간단한 예를 들어보면,

$$\begin{aligned} 21 = 21_{(10)} &= 10101_{(2)} = 1 \cdot 2^4 + 0 \cdot 2^3 + 1 \cdot 2^2 + 0 \cdot 2^1 + 1 \cdot 2^0 \\ &= 210_{(2)} \quad = 2 \cdot 3^2 + 1 \cdot 3^1 + 0 \cdot 3^0 \end{aligned}$$

$$23 = 23_{(10)} = 10111_{(2)} = 1 \cdot 2^4 + 0 \cdot 2^3 + 1 \cdot 2^2 + 1 \cdot 2^1 + 1 \cdot 2^0$$
$$= 403_{(5)} \quad = 4 \cdot 5^2 + 0 \cdot 5 + 3 \cdot 5^0.$$

이들은 주어진 $q$를 다음과 같이 연속적으로 반복해서 나눌 때 각 과정의 나머지로써 구할 수 있다. 위의 21과 23의 주어진 각각의 진수 표현을 이 과정을 통해서 구해보면 다음과 같다. 굵게 표시된 각 자리수를 아래에서 위 방향으로 읽으면 이는 위의 각 진수 표현과 일치함을 볼 수 있다.

| | | |
|---|---|---|
| 2 ) | 21 | |
| 2 ) | 10 | … 1 |
| 2 ) | 5 | … 0 |
| 2 ) | 2 | … 1 |
| | 1 | … 0 |

| | | |
|---|---|---|
| 3 ) | 21 | |
| 3 ) | 7 | … 0 |
| | 2 | … 1 |

| | | |
|---|---|---|
| 2 ) | 23 | |
| 2 ) | 12 | … 1 |
| 2 ) | 6 | … 0 |
| 2 ) | 3 | … 0 |
| | 1 | … 1 |

| | | |
|---|---|---|
| 2 ) | 23 | |
| 2 ) | 11 | … 1 |
| 2 ) | 5 | … 1 |
| 2 ) | 2 | … 1 |
| | 1 | … 0 |

위와 같은 $q$-진수로 표현된 정수간의 사칙연산은 10-진수로 표현된 정수들 사이의 사칙연산과 그 방법이 정확히 같다. 이와 같은 계산 방법은 당연하다고 생각되어 그 예와 증명은 생략하도록 한다. 또한 $q$-진수를 $r$-진수로 바꾸어 표현하려면 $q$-진수를 전개하여 10-진수로 표현하고 이를 위의 표에 나타난 방법으로 $r$-진수로 표현하면 된다.

참고로 정보통신 분야의 수학인 부호이론이나 암호론에서의 정보의 전달과 보관에 쓰이는 정수는 이진법 표현을 주로 쓴다는 사실에 주의하자. 이는 전기부호는 전기가 통하고 끊어지는 회로의 특성을 반영하고 있기 때문이다.

# 연 습 문 제 2.1

**1** 자연수에 대하여 다음 법칙을 증명하라.

(1) 곱셈의 결합법칙

(2) 곱셈의 교환법칙

(3) 분배법칙

(4) 소거법칙

**2** 다음 집합이 덧셈과 뺄셈에 대하여 닫혀 있는지 확인하라.

(1) $2\mathbb{Z} \cap 3\mathbb{Z}$

(2) $S = \{2x + 3y \mid x,\ y \in \mathbb{Z}\}$

**3** 정수 $a, b, c$에 대하여 $a \mid b$, $a \mid c$일 때, 다음이 성립하는지 확인하라.

(1) $a \mid (2b + 3c)$

(2) $a \mid bc$

(3) $a \mid (bc + c)$

**4** 정수 $a, b, c$에 대하여 다음 명제가 거짓임을 보여라. 또한, 이 명제가 참이 되기 위한 $a$의 조건을 구하라.

$$a \mid bc \Rightarrow a \mid b \text{ 또는 } a \mid c$$

**5** 두 정수 $a$와 $b$가 모두 홀수이고 서로소이면 $(a+b,\ a-b) = 2$임을 보이고, $(a+b,\ a^2+b^2) = 2$임을 보여라.

**6** 두 자연수 $m$과 $n$에 대한 다음 명제를 증명하라.

(1) $m$과 $n$이 모두 짝수이면, $(m,\ n)=(m/2,\ n/2)$이다.

(2) $m$과 $n$이 모두 홀수이고 $m>n$이면, $(m,\ n)=(m-n,\ n)$이다.

(3) $(m,\ n)=1$일 때, $(m^k,\ n^k)=1$이다. ($k$는 자연수)

(4) $(m,\ n)=1$일 때, $(m+n,\ mn)=1$이다.

**7** 유클리드 알고리즘을 이용하여 다음을 구하라.

(1) $\gcd(78, 32)$

(2) $\gcd(105, 320)$

(3) $\gcd(44350, 20785)$

(4) $\gcd(105,\ 300)$

**8** 유클리드 알고리즘을 이용하여 $(373398, 7386)=6$임을 보이고, 적당한 두 정수 $s$와 $t$에 대하여 $373398s+7386t=6$이 되는 $s$와 $t$를 구하라.

**9** 두 양의 정수 $a$와 $b$에 대하여 $as+bt=\gcd(a, b)$가 되는 정수 $s$와 $t$를 구하라.

(1) $a=78, b=32$

(2) $a=105, b=320$

(3) $a=44350, b=20785$

**10** 임의의 정수 $k$에 대하여, $\gcd(3k+2, 5k+3)=1$임을 증명하라.

**11** 서로소인 두 정수 $a$와 $b$에 대하여 다음이 성립함을 보여라.

(1) $d = \gcd(a+b, a-b)$라고 하면 $d|2$이다. 실제로 $a$와 $b$가 모두 홀수이면 $d=2$이고, 그 밖의 경우에는 $d=1$이다.

(2) $d = \gcd(a+b, a^2+b^2)$라고 하면, $d|2$이다. 실제로 $a$와 $b$가 모두 홀수이면 $d=2$이고, 그 밖의 경우에는 $d=1$이다.

**12** 다음이 성립함을 보여라.

(1) 양의 정수 $n$에 대하여, $n^3+1$의 꼴의 정수 중에서 소수인 정수는 2뿐이다.

(2) 소수 $p$가 $n^3-1$의 꼴이면 $p=7$이다.

**13** 정수 $n(n \geq 3)$에 대하여, $n < p < n!$인 소수 $p$가 존재함을 증명하라.

**14** 항등식 $4x^4+1=(2x^2+2x+1)(2x^2-2x+1)$을 이용하여

$$m = 2^{4n+2}+1\ (n \geq 1)$$

과 같은 모습의 정수는 두 양의 정수의 곱으로 인수분해됨을 보여라.

**15** 모든 양의 정수 $n$은 주어진 양의 수 $k$에 대하여 유일한 방법으로 다음과 표현됨을 보여라.

$$n = a_k k! + a_{k-1}(k-1)! + \cdots + a_2 2! + a_1$$

여기서 $a_k \neq 0$이고 $a_i$는 $0 \leq a_i \leq i$이다.

**16** 문제 15의 결과에 따라 $n$이 $n = a_k k! + a_{k-1}(k-1)! + \cdots + a_2 2! + a_1$으로 표현될 때, 우리는 $n = a_k a_{k-1} \cdots a_{1(c)}$으로 나타내기로 하고 이를 $n$의 칸토어 전개라 한다. 101의 칸토어 전개를 구하라.

# 2.2 합동과 잉여류

양의 정수 $n$에 대하여 두 정수 $a$와 $b$가 $n \mid a-b$을 만족시킬 때, 이것을 기호로 $a \equiv b \pmod{n}$과 같이 나타낸다. 그리고 법 $n$에 관하여 '$a$는 $b$와 합동'($a$ is congruent to $b$ modulo $n$)이라고 부른다. 위의 두 수에 관한 합동의 정의는 아래 정리를 통하여 이 두 수가 $n$으로 나눈 나머지가 같음과 동일하다는 사실을 알 수 있다.

정리 2.20 양의 정수 $n$에 대하여 두 정수 $a$와 $b$가 $a \equiv b \pmod{n}$이기 위한 필요 충분조건은 $a$와 $b$를 $n$으로 나누었을 때의 나머지가 서로 같은 것이다.

| 증 명 | $a \equiv b \pmod{n}$이라 하면 $n \mid a-b$이고, 적당한 정수 $k$에 대하여 $a-b=kn$이다. 여기서 $b$의 나머지를 $r(0 \le r \le n-1)$이라 가정하면 적당한 정수 $q$에 대하여 $b=nq+r$이 된다. 따라서

$$a=b+kn=(nq+r)+kn=(q-k)n+r$$

이 성립하므로 $a$를 $n$으로 나눈 나머지는 $r$임을 알 수 있다. 역으로, $a$와 $b$를 $n$으로 나누었을 때의 나머지가 동일한 $r$이라고 가정하자. 즉 $a=q_1n+r$이고 $b=q_2n+r(q_1, q_2 \in \mathbb{Z})$이라고 하면,

$$a-b=(nq_1+r)-(nq_2+r)=n(q_1-q_2)+(r-r)=n(q_1-q_2)$$

이 되므로 $n \mid a-b$가 성립한다. 따라서 $a \equiv b \pmod{n}$이 성립한다.

**예 제 2.2.1**

(1) $\cdots \equiv -3 \equiv -1 \equiv 1 \equiv 3 \equiv \cdots \pmod{2}$

(2) $-66=9\cdot(-8)+6$이고, $33=9\cdot(3)+6$, $-58 \equiv -13 \pmod{9}$이므로 $-66 \equiv -12 \equiv 33 \equiv \cdots \equiv 6 \pmod{9}$이 성립한다.

## ◆ 합동식의 기본성질

합동 관계에 대한 기본적이며 유용한 성질을 소개하면 다음과 같다.

정리 2.21 양의 정수 $n, m$과 임의의 정수 $a, b, c, d$에 대하여 다음이 성립한다.

(1) $a \equiv a \pmod{n}$

(2) $a \equiv b \pmod{n} \Rightarrow b \equiv a \pmod{n}$

(3) $a \equiv b \pmod{n}$이고, $b \equiv c \pmod{n} \Rightarrow a \equiv c \pmod{n}$

(4) $a \equiv b \pmod{n},\ c \equiv d \pmod{n}$

$\Rightarrow a+c \equiv b+d \pmod{n},\ ac \equiv bd \pmod{n}$

(5) $a \equiv b \pmod{n} \Rightarrow a+c \equiv b+c \pmod{n},\ ac \equiv bc \pmod{n}$

(6) $a \equiv b \pmod{n} \Rightarrow a^m \equiv b^m \pmod{n} (\forall m \in \mathbb{N})$

(7) $a \equiv b \pmod{n} \Rightarrow (a,\ n) = (b,\ n)$,

$$\begin{cases} a \equiv b \pmod{m} \\ a \equiv b \pmod{n} \end{cases} \Leftrightarrow a \equiv b \pmod{[m,\ n]}$$

(8) $(m,n) = 1 \Rightarrow \begin{cases} a \equiv b \pmod{n} \\ a \equiv b \pmod{m} \end{cases} \Leftrightarrow a \equiv b \pmod{mn}$

| 증 명 | (1)부터 (5)는 합동의 정의로부터 자명하게 얻어질 수 있다. 여기서는 (6)과 (7)의 증명만을 소개하기로 한다.

(6) $a \equiv b \pmod{n}$라 가정하면, $n | a-b$이다. 한편

$$a^m - b^m = (a-b)(a^{m-1} + a^{m-2}b + \cdots + ab^{m-2} + b^{m-1})$$

이므로 $n \mid a^m - b^m$이다. 따라서 $a^m \equiv b^m \pmod{n}$이다.

(7) $a \equiv b \pmod{n}$이므로 $n|a-b$, 즉, 적당한 $k \in \mathbb{N}$에 대하여, $a = b + nk$이다. $(a,\ n) = g$라 하고, $(b,\ n) = g'$이라 하자. 그러면, $g|n$, $g|a$이므로 $g|b$이다. 즉 $g$는 $n$과 $b$의 공약수가 됨으로 $g|g'$이다. 위와 같은 논리를 $g'$에 적용하면 비슷한 결과 $g'|g$를 얻게 된다. 결국, $g = g'$이 되고 따라서 $(a,\ n) = (b,\ n)$이다.

**예 제 2.2.2**

정리 2.21에 대한 번호별 예를 법 10 위에서 살펴보면 다음과 같다.

(1) $9 \equiv 9 \pmod{10}$

(2) $19 \equiv 29 \pmod{10} \Rightarrow 29 \equiv 19 \pmod{10}$

(3) $-9 \equiv 11 \pmod{10},\ 11 \equiv 21 \pmod{10} \Rightarrow -9 \equiv 21 \pmod{10}$

(4) $3 \equiv 13 \pmod{10},\ \ -8 \equiv 2 \pmod{10}$,

$\Rightarrow 3+(-8)=-5 \equiv 15 = 13+2 \pmod{10}$이고

$3 \cdot (-8) = -24 \equiv 26 = 13 \cdot 2 \pmod{10}$

(5) $-3 \equiv 7 \pmod{10} \Rightarrow -3+2=-1 \equiv 9 = 7+2 \pmod{10}$,

$(-3) \cdot 2 = -6 \equiv 14 = 7 \cdot 2 \pmod{10}$

(6) $-3 \equiv 7 \pmod{10} \Rightarrow (-3) = 9 \equiv 49 = 7 \pmod{10}$

## ◆ 합동식의 소거법칙과 일차합동방정식의 해법

방정식을 풀 때, 일반적으로 식의 양변에서 공통인수를 소거함으로써 해를 구할 수 있다. 예를 들어 $2x=4$에서 양변에서 2를 소거함으로서 $x=2$라는 해를 구할 수 있다. 즉, $\not{2}x = \not{2} \cdot 2 \Rightarrow x=2$를 얻는다. 하지만 합동식에서는 일반적으로 곱셈에 대한 소거법칙은 성립하지 않는다. 예를 들면, $5 = 5 \cdot 1 \equiv 5 \cdot 5 = 25 \pmod{10}$이지만 양변에서 5을 소거하면, 즉 $\not{5} \cdot 1 \equiv \not{5} \cdot 5 \pmod{10}$이면, $1 \equiv 5 \pmod{10}$라는 모순을 얻게 된다. 다음 정리는 합동식에서의 소거법칙 허용 조건에 대하여 알려주고 있다.

정리 2.22 정수 $a, b, c$와 양의 정수 $n$에 대하여, 다음이 성립한다.

(1) $ac \equiv bc \pmod{n} \Rightarrow a \equiv b \left(\bmod \dfrac{n}{(c,\ n)}\right)$

(2) $ac \equiv bc \pmod{n},\ (c,\ n)=1 \Rightarrow a \equiv b \pmod{n}$

(3) $ac \equiv bc \pmod{p},\ p \nmid c \Rightarrow a \equiv b \pmod{p}$

| 증 명 | (2)와 (3)은 (1)로부터 자명하게 성립한다.

이제 (1)을 증명해 보자. $ac \equiv bc \pmod{n}$를 가정하고 $(c,\ n)=d$라고 하자. 그러면, 적당한 정수 $k$에 대하여, $(a-b)c = ac-bc = kn$가 성립하며, $(s,t)=1$을 만족하는 적당한 정수 $s$와 $t$가 존재하여 $c=ds$와 $n=dt$로 표시하면, 다음 식을 얻을 수 있다.

$$kdt = kn = (a-b)c = (a-b)ds \Leftrightarrow (a-b)s = kt$$

여기서, $(s,t)=1$이고 $t \mid (a-b)s$이므로 $t \mid (a-b)s$가 된다. 한편 위에서 $n=dt$로 정의했으므로 $t \mid (a-b) \Leftrightarrow \dfrac{n}{d} \mid (a-b)$이 성립한다. 따라서 $a \equiv b \left(\bmod \dfrac{n}{d}\right)$이다.

**예 제 2.2.3**

법 9에 대한 합동식 $39 \equiv 21 \pmod 9$에서, $(39, 21) = 3$이므로 위의 정리에 따라 합동식의 양변에서 3을 소거할 수 있다. 다시 말해,

$$3 \cdot 13 = 39 \equiv 21 = 3 \cdot 7 \pmod{3 \cdot 3} \Rightarrow 13 \equiv 7 \pmod 3.$$

실수 계수를 갖는 일차방정식 $ax + b = 0$은 $a \neq 0$인 모든 실수 $a, b$에 대하여 그 풀이를 가진다. 즉 방정식의 해가 존재함을 알고 있다. 아래 정리는 주어진 양의 정수 $n$과 $x$를 미지수로 갖는 일차합동식 $ax + b \equiv 0 \pmod n$ $(a \neq 0)$의 해의 존재성과 그 풀이에 대하여 그 해법을 제시하고 있다.

**정리 2.23** 두 정수 $a(a \neq 0)$와 $b$ 및 양의 정수 $n$에 관하여 $(a,\ n) = 1$이면 $ax \equiv b \pmod n$은 법 $n$에 관하여 유일한 근을 갖는다.

**| 증 명 |** $(a,\ n) = 1$이므로 정리 2.6에 의해 $as + nt = 1$를 만족시키는 정수 $s$와 $t$가 존재한다. 양변에 $b$를 곱하면 $asb + ntb = b$가 되므로 $x \equiv sb \pmod n$는 일차동차방정식 $ax \equiv b \pmod n$의 근이 된다.

한편, $x_0$를 $ax \equiv b \pmod n$의 또 다른 근이라고 가정하면 다음 식이 성립한다.

$$a(sb) \equiv b \equiv ax_0 \pmod n$$

이때, $(a,\ n) = 1$이므로 정리 2.22에 따라 양변에서 $a$를 소거하면, $sb \equiv x_0 \pmod n$이 되므로 위의 근과 일치한다. 그러므로 법 $n$에 관해 $ax \equiv b \pmod n$은 유일한 해를 가진다.

**예 제 2.2.4**

선형 합동식 $4x \equiv 3 \pmod{21}$의 근을 구하라.

**| 풀 이 |** $(4,\ 21) = 1$이므로 $4s + 21t = 1$이 되는 정수 $s, t$를 유클리드 알고리즘을 적용하여 구하면 다음과 같다.

$$5\left|\begin{array}{cc} 21 & 4 \\ 20 & 4 \\ \hline 1 & 0 \end{array}\right|4 \quad \Rightarrow \quad 4(-5)+21=1$$

여기서 양변에 3을 곱하면 $4(-5)3+21\cdot 3=3$을 얻게 되고, 이는 $4\cdot(-5)3\equiv 3 \pmod{21}$이 되므로 다음과 같은 유일한 해를 얻을 수 있다.

$$x\equiv -15\equiv 6 \pmod{21}$$

일반적으로, $(a,\ n)=d$를 만족시키면 $d|b$인 경우만 $ax\equiv b \pmod{n}$은 근을 갖는다. 이때, 근의 개수와 자세한 근의 형태는 다음과 같이 나타내어질 수 있다.(증명은 생략하기로 한다.)

정리 2.24 두 정수 $a(a\neq 0)$와 $b$ 및 양의 정수 $n$에 관하여 $(a,\ n)=d$라고 하자. 이때, 선형 합동식 $ax\equiv b \pmod{n}$이 근을 갖기 위한 필요 충분 조건은 $d|b$이다. 이때, 다음은 이 선형 합동식의 서로 합동인 아닌 $d$개의 근이다.

$$x\equiv x_0+\left(\frac{n}{d}\right)k(\mathrm{mod}\ n) \quad (k=0,\ 1,\ \cdots,\ d-1)$$

여기서 $x_0$는 $\left(\frac{a}{x}\right)\equiv\left(\frac{b}{d}\right)\left(\mathrm{mod}\ \frac{n}{d}\right)$의 근이다.

예제 2.2.5

$72x\equiv 12 \pmod{24}$의 근을 구해보도록 하자.

$(172,\ 4)=4$이고 $4|12$이므로 주어진 선형 합동식은 근을 갖는다. 먼저 유클리드의 알고리즘을 이용하여 $4=172\cdot 1+24\cdot(-7)$을 얻을 수 있다. 양변에서 4를 소거하면 $1=43\cdot 1+6\cdot(-7)$가 되고 여기에 다시 3을 양변에 곱하여 얻어진 $3=43\cdot 1\cdot 3+6\cdot(-7)\cdot 3$으로부터 다음 합동식을 세울 수 있다.

$$43\cdot 3\equiv 3 \pmod{6}$$

따라서 $x_0\equiv 3 \pmod{6}$은 $43x\equiv 3 \pmod{6}$의 유일한 근이다. 즉

$$\left(\frac{172}{4}\right)x\equiv\left(\frac{12}{4}\right)\left(\mathrm{mod}\left(\frac{24}{4}\right)\right)\Leftrightarrow 43x\equiv 3 \pmod{6}$$

위의 정리에 의하여 주어진 선형합동방정식의 근은 다음과 같다.

$$x \equiv 3+6k \pmod{24}, \quad (k=0,\ 1,\ 2,\ 3)$$

즉, $x \equiv 3,\ x \equiv 9,\ x \equiv 15,\ x \equiv 21 \pmod{24}$이다.

이제 선형 연립 합동식에 관하여 알아보기로 하자. 아래의 정리는 중국인의 나머지 정리(Chinese Remainder Theorem)라 부른다. 증명은 생략하기로 한다.

## ◆ 중국인의 나머지 정리와 일차합동연립방정식

정리 2.25 **(중국인의 나머지 정리)**

양의 정수 $n_1,\ n_2,\ \cdots,\ n_k\ (n_i \geq 2)$가 $(n_i,\ n_j)=1\ (i \neq j)$, 즉 쌍마다 서로 소일 때, 임의의 정수 $c_1,\ c_2,\ \cdots,\ c_k$에 대하여 다음 선형 연립 합동식은 법 $n_1 n_2 \cdots n_k$에 관하여 유일한 근을 갖는다.

$$\begin{cases} x \equiv c_1 \pmod{n_1} \\ x \equiv c_2 \pmod{n_2} \\ \vdots \\ x \equiv c_k \pmod{n_k} \end{cases}$$

**예 제 2.2.6**

중국인의 나머지 정리를 적용하여 다음 선형 연립 합동식의 해를 구하자.

$$\begin{cases} 2x \equiv 3 \pmod{11} \\ 5x \equiv 2 \pmod{7} \end{cases}$$

| 풀 이 |

(i) $2x \equiv 3 \pmod{11}$의 해를 구하면 다음과 같다.
$2\cdot(-5)+11\cdot 1=1$이므로 $2\cdot(-5)\cdot 3+11\cdot 1\cdot 3=3$이다.
따라서 $2\cdot(-15) \equiv 3 \pmod{11}$이므로 구하는 해는 다음과 같다.

$$x \equiv -15 \equiv 7 \pmod{11}$$

(ii) $5x \equiv 2 \pmod 7$의 해는 다음과 같다.
$5 \cdot (-4) + 7 \cdot 3 = 1$이므로 $5 \cdot (-4) \cdot 2 + 7 \cdot 3 \cdot 2 = 2$이 성립하고 따라서 $5 \cdot (-8) \equiv 2 \pmod 7$이므로 구하는 해는 다음과 같다.

$$x \equiv -8 \equiv 6 \pmod 7$$

(iii) 중국인의 나머지 정리를 $x \equiv 7 \pmod{11}$과 $x \equiv 6 \pmod 7$의 공통근을 구하는데 적용하면, $(11, 7) = 1$, 즉 11과 7은 서로소이므로 정리 2.12의 (2)을 적용하면 $11 \cdot 2 + 7 \cdot (-3) = 1$을 얻는다. 따라서

$$x = 11 \cdot 2 \cdot 6 + 7 \cdot (-3) \cdot 7 = -15 \equiv 62 \pmod{77}$$

선형 연립 합동식의 해는 **가우스 알고리즘**(Gaussian algorithm)이라 부르는 알고리즘을 이용하면 더욱 쉽게 계산할 수 있다.

정의 2.26 **(가우스 알고리즘)**

양의 정수 $n_1, n_2, \cdots, n_k$ $(n_i \geq 2)$가 $(n_i, n_j) = 1 (i \neq j)$, 즉 쌍마다 서로 소일 때, 임의의 정수 $c_1, c_2, \cdots, c_k$에 대하여 선형 연립 합동식

$$\begin{cases} x \equiv c_1 \pmod{n_1} \\ x \equiv c_2 \pmod{n_2} \\ \vdots \\ x \equiv c_k \pmod{n_k} \end{cases}$$

의 근 $x$는 다음과 같다.

$$x = \sum_{i=1}^{k} c_i t_i s_i \pmod N$$

여기서 $N = n_1 n_2 \cdots n_k$이고 $t_i = N/n_i$, $s_i = t_i^{-1} \pmod{n_i}$이다.

## ◆ 정수의 잉여류와 완전 잉여계

정수의 법 $n$에 대한 합동관계 $\equiv (\text{mod } n)$는 정수집합 $\mathbb{Z}$ 위에서 정의된 동치관계(equivalence relation)임을 알 수 있다. 동치관계란, 정의 1.18에서 제시한 자신과 관계가 있음을 나타내는 반사율(reflexive law), $a$가 $b$와 관계가 있으면 $b$도 $a$와 관계를 갖게 되는 대칭률(symmetric law), $a$와 $b$가 관계가 있고 $b$와 $c$가 관계가 있으면 $a$와 $c$도 관계가 있다는 추이율(transitive law)을 만족시키는 관계를 말한다. 정수의 합동관계에 대한 위의 세 가지 법칙은 정리 2.21의 (1), (2), (3)을 통하여 성립함을 증명하였다. 정리 2.22에서 보여주듯이 집합은 그 위에서 정의된 동치관계에 의하여 분할된다.

따라서 정수 집합 $\mathbb{Z}$는 그 위에서 정의된 합동관계에 의하여 다음과 같이 분할(partition)된다. 이때 합동관계에 의하여 규정되는 동치류(equivalence classes)를 법 $n$에 대한 잉여류(residue classes)라 부르기로 한다. 이에 대한 보다 수학적이고 구체적인 정의와 표기는 다음과 같다.

**정의 2.27** 법 $n$에 관한 $a \in \mathbb{Z}$의 잉여류 $\overline{a}$와 이들 잉여류 전체집합 $\overline{\mathbb{Z}}_n$를 다음과 같이 정의한다.

$$\overline{a} = \{x \in \mathbb{Z} \mid x \equiv a \pmod{n}\} = a$$
$$\overline{\mathbb{Z}}_n = \{\overline{a} \mid a \in \mathbb{Z}\}$$

$\overline{\mathbb{Z}}_n$ 위에서 동치류로서의 성질은 정리 1.18에 따르며 잉여류에 한정하여 다시 정리하면 다음과 같다.

**정리 2.28** 정수 집합 $\mathbb{Z}$ 위에 동치관계 $\equiv (\text{mod } n)$에 대하여, 잉여류들은 다음이 성립한다. 정수 $a,\ b \in \mathbb{Z}$에 대하여,

(i) $a \equiv b \pmod{n} \ \Leftrightarrow\ \overline{a} = \overline{b}$

(ii) $a \in \overline{b} \ \Leftrightarrow\ \overline{a} = \overline{b} \ \Leftrightarrow\ b \in \overline{a}$

(iii) 모든 $a \in \mathbb{Z}$에 대하여 $a \in \overline{a}$이고, 임의의 $a, b \in A$에 대하여 $\overline{a} \cap \overline{b} = \varnothing$과 $\overline{a} = \overline{b}$ 중 하나만 성립한다. 따라서 모든 잉여류의 집합은 $\mathbb{Z}$를 분할한다. 즉, $\overline{\mathbb{Z}}_n$는 다음 두 성질을 만족한다.

① $\mathbb{Z} = \bigcup_{\bar{a} \in \overline{\mathbb{Z}}_n} \bar{a}$

② 모든 $\bar{a}$, $\bar{b} \in \overline{\mathbb{Z}}_n$에 대하여 $\bar{a} \cap \bar{b} = \varnothing$이거나 $\bar{a} = \bar{b}$

이 때, $\overline{\mathbb{Z}}_n$를 법 $n$에 관한 **'완전 잉여계'**(complete residue system)라고 부른다.

**예 제 2.2.7**

법 5에 관한 잉여류는 다음과 같다.

$$\cdots = \overline{-5} = \bar{0} = \bar{5} = \overline{10} = \cdots = \{\cdots, -10, -5, 0, 5, 10, \cdots\}$$
$$\cdots = \overline{-4} = \bar{1} = \bar{6} = \overline{11} = \cdots = \{\cdots, -9, -4, 1, 6, 11, \cdots\}$$
$$\cdots = \overline{-3} = \bar{2} = \bar{7} = \overline{12} = \cdots = \{\cdots, -8, -3, 2, 7, 12, \cdots\}$$
$$\cdots = \overline{-2} = \bar{3} = \bar{8} = \overline{13} = \cdots = \{\cdots, -7, -2, 3, 8, 13, \cdots\}$$
$$\cdots = \overline{-1} = \bar{4} = \bar{9} = \overline{14} = \cdots = \{\cdots, -6, -1, 4, 9, 14, \cdots\}$$

이 잉여류 전체의 집합인 완전 잉여계 $\overline{\mathbb{Z}}_5$는 다음과 같이 다양하게 표현할 수 있다.

$$\overline{\mathbb{Z}}_5 = \{\bar{0}, \bar{6}, \overline{12}, \overline{-2}, \bar{9}\}$$
$$\overline{\mathbb{Z}}_5 = \{\overline{-5}, \bar{1}, \bar{2}, \overline{13}, \bar{9}\}$$
$$\vdots$$
$$\overline{\mathbb{Z}}_5 = \{\bar{0}, \bar{1}, \bar{2}, \bar{3}, \bar{4}\}$$

예를 들어, 완전 잉여계 $\overline{\mathbb{Z}}_5$를 $\{\bar{0}, \bar{1}, \bar{2}, \bar{3}, \bar{4}\}$로 정하면 정수 $\mathbb{Z}$의 분할은 다음과 같이 설명할 수 있다.

$$\bar{0} \cup \bar{1} \cup \bar{2} \cup \bar{3} \cup \bar{4} = \mathbb{Z}$$
$$\bar{i} \cap \bar{j} = \varnothing \quad (i \neq j,\ i,\ j = 0,\ 1,\ 2,\ 3,\ 4)$$

위의 $\mathbb{Z}$에 대한 분할시 예로 들었던 $\overline{\mathbb{Z}}_5 = \{\bar{0}, \bar{1}, \bar{2}, \bar{3}, \bar{4}\}$와 같이, 0부터 $n-1$까지의 연이은 정수로 나타내어진 법 $n$에 대한 잉여류들의 집합은 반드시 하나의 완전 잉여

계를 이룬다. 이러한 완전잉여계를 법 $n$에 관한 표준 잉여계(standard residue system)라 하고, $\overline{\mathbb{Z}}_n$ 대신 $\mathbb{Z}_n$으로 표기하기로 한다. 이 때, 표준잉여계에 속해 있는 각각의 잉여류 $\overline{a}$ 또한 정수와 잉여류를 구분이 필요한 경우를 제외하고는 $\overline{a}$ 대신 $a$로 표시하기로 한다. 즉, $\mathbb{Z}_n = \{\overline{0},\ \overline{1},\ \cdots \overline{n-1}\} = \{0,\ 1,\ \ldots,\ n-1\}$라 약속한다. 특히 표준잉여계에 속하는 법 $n$에 대한 잉여류 $\overline{a}$는 정리 2.20에 의하여 $n$으로 나누었을 때 나머지가 $a$가 되는 정수들의 집합으로 취급할 수 있다는 점에 주목하도록 하자.

# 연습문제 2.2

**1** 다음 일차 합동식을 풀어라.

(1) $12x \equiv 25 \pmod{97}$ (2) $-85x \equiv 2 \pmod{97}$

**2** 다음 연립 일차 합동식의 해를 구하라.

$$\begin{cases} x + 2y \equiv 3 & \pmod{6} \\ 2x + 3y \equiv 12 & \pmod{6} \end{cases}$$

**3** 중국인의 나머지 정리를 이용하여 다음 연립 일차 합동식의 해를 구하라.

$$\begin{cases} 3x \equiv 3 \pmod{11} \\ 5x \equiv 2 \pmod{17} \end{cases}$$

**4** 다음 연립 일차 합동식을 풀어라.

$$\begin{cases} x \equiv 1 \pmod{4} \\ x \equiv 3 \pmod{5} \\ x \equiv 2 \pmod{7} \end{cases}$$

**5** 다음 합동식이 성립하도록 정수 $m\,(m \geq 2)$의 값을 정하라.

(1) $4 \equiv 1 \mod m$ (2) $5 \equiv 27 \mod m$

(3) $1000 \equiv 1 \mod m$

**6** 합동식 $2^b \equiv 1 \mod 17$을 만족시키는 가장 작은 양의 정수 $n$의 값을 구하여라. 또 $2^{200}+1$을 17로 나누었을 때의 나머지를 구하라.

**7** 다음 합동식에 관한 명제 중에서 참인 것은 증명하고 거짓인 것은 그 반례를 제시하라.

(1) $a^2 \equiv b^2 \mod m$이면 $a \equiv b \mod m$이다.

(2) $a^2 \equiv 0 \mod m^2$이면 $a \equiv 0 \mod m$이다.

(3) $d = \gcd(a, m)$일 때, $ab \equiv ac \mod m$이면 $b \equiv c \mod \dfrac{m}{d}$이다.

**8** 다음 정수를 47로 나누었을 때의 나머지를 구하라.

(1) $2^{46}$

(2) $2^{53}$

(3) $2^{200}-1$

**9** 다음 물음에 답하라.

(1) $n$자리 정수 $N = a_{n-1}10^{n-1} + a_{n-2}10^{n-2} + \cdots + a_1 10 + a_0$에 대하여, $3 \mid \sum_{i=0}^{n-1} a_i$이면 $N$은 3의 배수이고, 그 역도 성립함을 증명하라.

(2) $n$자리 정수 $N = a_{n-1}10^{n-1} + a_{n-2}10^{n-2} + \cdots + a_1 10 + a_0$에 대하여, $11 \mid \sum_{i=0}^{n-1} (-1)^i a_i$이면 $N$은 11의 배수이고, 그 역도 성립함을 증명하라.

(3) item 111111, 18381, 65412351 중에서 3의 배수, 9의 배수, 11의 배수를 구하라.

**10** 다음이 성립함을 증명하라.

(1) 정수 $a$가 짝수이면 $a^2 \equiv 0 \mod 4$이고, 홀수이면 $a^2 \equiv 1 \mod 4$이다.

(2) $n \equiv 3 \mod 4$이면 $n$은 두 정수의 제곱의 합으로 나타낼 수 없다.

**11** 수학적 귀납법을 이용하여 다음이 성립함을 증명하라.

(1) 모든 양의 정수 $n$에 대하여 $4^n \equiv 1+3n \mod 9$이 성립한다.

(2) 모든 양의 정수 $n$에 대하여 $5^n \equiv 1+4n \mod 16$이 성립한다.

**12** 모든 정수 $n$에 대하여 $n^5 \equiv n \mod 5$임을 증명하라.

**13** 임의의 정수 $a$에 대하여 다음 중 하나가 성립함을 증명하라.

$$a^2 \equiv 0 \mod 8, a^2 \equiv 1 \mod 8, a^2 \equiv 4 \mod 8.$$

또 이 사실을 이용하여 부정방정식 $x^2+y^2+z^2=1007$의 정수해가 존재하지 않음을 밝혀라.

**14** 다음 일차합동식의 해를 구하라.

(1) $11x \equiv 2 \mod 40$

(2) $55x \equiv -33 \mod 40$

(3) $12x \equiv 25 \mod 97$

(4) $-85x \equiv 2 \mod 97$

(5) $15x \equiv 10 \mod 85$

(6) $-26x \equiv 38 \mod 30$

**15** 양의 정수 $m$과 정수 $a$에 대하여 다음이 성립함을 증명하라.

(1) $\gcd(a,m)=1$이면 $aa' \equiv 1 \mod m$인 정수 $a'$이 존재한다.

(2) $aa' \equiv 1 \mod m$인 정수 $a'$이 존재하면, $\gcd(a,m)=\gcd(a',m)=1$이다.

**16** $p$가 소수일 때 다음이 성립함을 증명하라.

(1) $ab \equiv 0 \mod p \Leftrightarrow a \equiv 0 \mod p$ 또는 $b \equiv 0 \mod p$

(2) $ab \equiv ac \mod p$, $a \not\equiv 0 \mod p$이면 $b \equiv c \mod p$이다.

(3) $x^2 \equiv c^2 \mod p \Leftrightarrow x \equiv c \mod p$ 또는 $x \equiv -c \mod p$이다.

특히, $x^2 \equiv 1 \mod p \Leftrightarrow x \equiv 1 \mod p$ 또는 $x \equiv -1 \mod p$이다.

**17** 문제 13과 문제 14의 성질들을 이용하여 다음이 소수 $p$에 대하여 성립함을 증명하라.

$$(p-1)! \equiv -1 \mod p$$

**18** 정수 $p(p \geq 2)$에 대하여 $(p-1)! \equiv -1 \mod p$이면 $p$는 소수임을 증명하라.

**19** 다음 연립일차합동식의 해를 구하라.

(1) $\begin{cases} x \equiv 4 \mod 13 \\ x \equiv 2 \mod 17 \end{cases}$

(2) $\begin{cases} 3x \equiv 7 \mod 11 \\ 5x \equiv 2 \mod 17 \end{cases}$

(3) $\begin{cases} x \equiv 1 \mod 2 \\ x \equiv 2 \mod 3 \\ x \equiv 3 \mod 5 \end{cases}$

(4) $\begin{cases} 2x \equiv 2 \mod 9 \\ 4x \equiv 2 \mod 10 \\ x \equiv 4 \mod 7 \end{cases}$

**20** 두 양의 정수 $m_1$, $m_2$와 정수 $c_1$, $c_2$에 대하여, 연립일차합동식

$$\begin{cases} x \equiv c_1 \bmod m_1 \\ x \equiv c_2 \bmod m_2 \end{cases}$$

가 해를 가지기 위한 필요충분조건은 $\gcd(m_1, m_2) \mid (c_1 - c_2)$임을 증명하라.

**21** 법 4에 관한 잉여류 $\overline{0}$과 $\overline{3}$를 원소나열법으로 나타내어라.

**22** 다음 집합 중에서 법 5에 관한 완전 잉여계인 것을 찾아라.

(1) $\{-2,\ -1,\ 0,\ 1,\ 2\}$　　(2) $\{0,\ 2,\ 4,\ 6,\ 8\}$

(3) $\{0,\ 2,\ 2^2,\ 2^3,\ 2^4\}$

**23** 양의 홀수 $m$에 대하여, 집합 $S = \{2 \cdot 1,\ 2 \cdot 2,\ \dots,\ 2 \cdot m\}$이 법 $m$에 관한 완전잉여계임을 증명하라.

**24** 정수 $3^{10000}$을 5로 나누었을 때의 나머지와 이 정수를 7로 나누었을 때의 나머지를 구하라. 그리고 이 결과와 중국인의 나머지 정리를 이용하여 $3^{10000}$을 35로 나누었을 때의 나머지를 구하라.

## 2.3 오일러 정리와 그 응용

법 $n$에 관한 기약 잉여계 $\mathbb{Z}_n^*$를 다음과 같이 정의하자.

$$\mathbb{Z}_n^* = \{a \in \mathbb{Z}_n \mid (a,\ n) = 1\}$$

다시 말해서, 법 $n$에 관한 기약 잉여계 $\mathbb{Z}_n^*$는 주어진 $n$과 서로소인 자연수를 원소로 하는 $n$에 관한 표준잉여계 $\mathbb{Z}_n$의 부분집합을 의미한다.

**예제 2.3.1** 상대적으로 크기가 작은 양의 정수 $n$에 대하여 법 $n$에 관한 기약 잉여계를 예시하면 다음과 같다.

$$\mathbb{Z}_2^* = \{1\} \qquad \mathbb{Z}_3^* = \{1,\ 2\}$$

$$\mathbb{Z}_4^* = \{1,\ 3\} \qquad \mathbb{Z}_5^* = \{1,\ 2,\ 3,\ 4\}$$

$$\mathbb{Z}_6^* = \{1,\ 5\} \qquad \mathbb{Z}_7^* = \{1,\ 2,\ 3,\ 4,\ 5,\ 6\}$$

$$\vdots \quad \vdots$$

$$\mathbb{Z}_{20}^* = \{1,\ 3,\ 7,\ 9,\ 11,\ 13,\ 17,\ 19\}$$

$$\mathbb{Z}_{21}^* = \{1,\ 2,\ 4,\ 5,\ 8,\ 10,\ 11,\ 12,\ 13,\ 14,\ 16,\ 17,\ 18,\ 19\}$$

이제 위와 같이 자연스럽게 정의된 법 $n$에 대한 표준 잉여계 $\mathbb{Z}_n$ 위에 대표적인 이항연산인 덧셈 $+$와 곱셈 $\cdot$을 다음과 같이 정의하도록 하자.

$+$ : $\overline{a} + \overline{b} = \overline{a+b}$ (예) $\mathbb{Z}_7^*$**에서** $\overline{6} + \overline{5} = \overline{6+5} = \overline{11} = \overline{4}$

$\cdot$ : $\overline{a} \cdot \overline{b} = \overline{a \cdot b}$ (예) $\mathbb{Z}_7^*$**에서** $\overline{6} \cdot \overline{5} = \overline{6 \cdot 5} = \overline{30} = \overline{2}$

이제 표준 잉여계 $\mathbb{Z}_n$ 위에 주어진 덧셈과 함께 기약 잉여계 $\mathbb{Z}_n^*$ 위에 주어진 곱셈에 대해 약간의 대수적 성질과 구조를 잠시 살펴보기로 하자. 이를 위하여 곱셈의 역원의 존재성을 보증하고 있는 다음 보조 정리를 제시한다.

보조정리 2.29 $\bar{a} \in \mathbb{Z}_n^*$이면, $\bar{b} \in \mathbb{Z}_n^*$가 존재하여 $\bar{a}\bar{b} = \bar{1} = \bar{b}\bar{a}$가 성립한다.

| 증 명 | 기약잉여계의 정의에 따라 $\bar{a} \in \mathbb{Z}_n^*$이면 $(a,\ n) = 1$를 만족한다. 또한 정리 2.23에 의하여 $(a,\ n) = 1$이면 $ax \equiv 1 \pmod n$은 법 $n$에 관하여 유일한 근 $x \in \mathbb{Z}$를 갖는다. 또한 이 $x \in \mathbb{Z}$는 적당한 기약잉여계의 잉여류 $\bar{b} \in \mathbb{Z}_n^*$에 대하여 $x \in \bar{b}$를 만족한다. 즉 $\bar{x} = \bar{b}$이고 $\bar{a}\bar{b} = \bar{1} = \bar{b}\bar{a}$를 만족하는 $\bar{b} \in \mathbb{Z}_n^*$가 존재한다.

보조 정리 2.29은 $\mathbb{Z}_n^*$의 모든 원소가 곱셈에 대한 역원을 갖고 있음을 보여주고 있다.[11)]

이제 본 절의 주제인 **오일러 함수** $\phi$에 대하여 살펴보자. 양의 정수 $n$에 대한 오일러 함수 $\phi(n)$은 다음과 같이 정의한다.

$$\phi(n) = |\{\bar{a} \in \mathbb{Z}_n \mid (a,\ n) = 1,\ a \in \mathbb{Z}\}| = |\mathbb{Z}_n^*|$$

즉, 오일러 함수 $\phi$는 $n$과 서로 소인 $n$보다 작은 양의 정수들의 총 개수를 뜻한다. 오일러 함수 $\phi$는 다음과 같은 성질을 갖고 있다.(정리의 증명은 생략하기로 한다)

정리 2.30 오일러 함수 $\phi$는 다음과 같은 성질을 갖는다.

(1) $\phi(1) = 1$이다.

(2) $p$가 소수이면, $\phi(p) = p - 1$이다.

(3) $p$가 소수이면, $n \in \mathbb{N}$에 대하여 $\phi(p^n) = p^n - p^{n-1}$이다.

(4) 양의 정수 $a$와 $b$에 대하여, $(a,\ b) = 1$이면, $\phi(ab) = \phi(a) \cdot \phi(b)$이다.

참고 위의 정리 2.29의 (4)는 $(m,\ n) = 1$인 두 양의 정수의 곱 $mn$을 법으로 하는 기약 잉여계의 크기를 구하는 법을 제시하고 있다.

11) 어떤 집합 $G$가 주어진 연산 $\circ$에 대하여 닫혀있고 결합법칙이 성립하며 항등원이 존재하고 모든 원소에 대하여 역원을 가질 때 이 집합 $G$와 연산 $\circ$의 순서쌍 $(G,\ \circ)$을 군(group)이라고 한다. 자연수 $n$에 관한 표준잉여계 $\mathbb{Z}_n$와 덧셈, 기약잉여계 $\mathbb{Z}_n^*$와 곱셈의 순서쌍 즉, $(\mathbb{Z}_n, +)$와 $(\mathbb{Z}_n^*, +)$은 정리 2.28과 정리 2.29에 의해 모두 군(group)이 된다.

**예 제 2.3.2**

(1) 11은 소수이므로 [2]에 의해 $\phi(11)=11-1=10$이다. 실제로 $\mathbb{Z}_{11}^{*}=\{1,\ 2,\ \cdots,\ 10\}$이므로 $|\mathbb{Z}_{11}^{*}|=10=\phi(11)$이다.

(2) $\phi(10)=\phi(2)\phi(5)=(2-1)(5-1)=4$
실제로, $\mathbb{Z}_{10}^{*}=\{1,\ 3,\ 7,\ 9\}$이므로 $|\mathbb{Z}_{10}^{*}|=4=\phi(10)$이다.

(3) $\phi(100)=\phi(4)\phi(25)$ ($\because$ $(4,25)=1$이기 때문에 [4]에 의해]

$$=\phi(2^2)\phi(5^2)$$
$$=(2^2-2^1)(5^2-5^1)\ (\because [2]\text{에 의해})$$
$$=2\times 20=40$$

실제로

$$\mathbb{Z}_{100}^{*}=\left\{\begin{matrix}1,\ 3,\ 7,\ 9,11,13,17,19,21,23,\\ 27,29,31,33,37,39,41,43,47,49,\\ 51,53,57,59,61,63,67,69,71,73,\\ 77,79,81,83,87,89,91,93,97,99\end{matrix}\right\}\text{이므로 } |\mathbb{Z}_{100}^{*}|=40$$

**따름정리 2.31** 두 양의 정수 $m$과 $n$이 $(m,\ n)=1$이면 다음이 성립한다.

$$|\mathbb{Z}_{mn}^{*}|=|\mathbb{Z}_{m}^{*}\times\mathbb{Z}_{n}^{*}|=|\mathbb{Z}_{m}^{*}||\mathbb{Z}_{n}^{*}|$$

앞서 언급했듯이 자연수는 유일소인수분해 된다. 따라서 주어진 자연수의 $\phi$값을 알기 위해서는 먼저 주어진 자연수를 소인수분해한 후 정리 2.30의 (3)과 (4)을 적용하면 쉽게 구할 수 있다. 정수의 유일 인수 분해 성질을 적용하여 임의의 양의 정수 $n$에 대하여 표준 소인수 분해가 주어지면, 따름정리 2.31에 의해 $\phi(n)$의 값을 아래와 같이 구할 수 있다.

**정리 2.32** 양의 정수 $n$이 $n=p_1^{e_1}p_2^{e_2}\ \cdots\ p_k^{e_k}$로 소인수 분해되면, 다음이 성립한다.

$$\phi(n)=\left(p_1^{e_1}-p_1^{e_1-1}\right)\left(p_2^{e_2}-p_2^{e_2-1}\right)\cdots\left(p_k^{e_k}-p_k^{e_k-1}\right)$$
$$=n\left(1-\frac{1}{p_1}\right)\left(1-\frac{1}{p_2}\right)\cdots\left(1-\frac{1}{p_k}\right)$$

**예 제 2.3.3**

$10!$의 표준 소인수 분해는 $10! = 2^8 \cdot 3^4 \cdot 5^2 \cdot 7$이고 $32000 = 2^8 \cdot 5^3$이므로 다음과 같이 $\phi(10!)$와 $\phi(32000)$을 구할 수 있다.

$$\phi(10!) = \phi(3628800) = (2^8 - 2^7)(3^4 - 3^3)(5^2 - 5)(7 - 1) = 829440,$$

$$\phi(32000) = (2^8 - 2^7)(5^2 - 5) = 2560$$

앞서 언급한 공개키 암호 알고리즘은 정수의 소인수 분해에 관한 난해성을 역 이용하고 있음을 뜻한다. 이제 소개할 오일러 정리는 소수를 판정할 때 사용하는데, 이것은 공개키 암호 알고리즘의 기본적인 원리를 제공하고 있다.

오일러 정리를 기술하고 증명하기에 앞서 기약 잉여류에 관한 다음 보조 정리에 관하여 알아보기로 한다.

보조정리 2.33 $1 \le a < n$을 만족하고 서로소인 두 자연수 $a$와 $n$에 대하여, 다음이 항상 성립한다.

$$\{a_1, \cdots, a_{\phi(n)}\} = \mathbb{Z}_n^* = a\mathbb{Z}_n^* = \{aa_1, \cdots, aa_{\phi(n)}\}$$

| 증 명 | 정수 $a$가 $(a, n) = 1$이므로 $a \in \mathbb{Z}_n^*$임을 알 수 있다. $\mathbb{Z}_n^*$는 곱셈이 대하여 닫혀 있으므로 $aa_i \in \mathbb{Z}_n^* (i = 1, \cdots, \phi(n))$이고, 이는 $a\mathbb{Z}_n^* \subseteq \mathbb{Z}_n^*$을 의미한다. 또한 $aa_i = aa_j$라고 가정하면 $a$와 $n$은 서로소이므로 정리 2.22에 의해 소거법칙이 성립하므로 $a_i = a_j$가 된다. 결과적으로, $a\mathbb{Z}_n^* \subseteq \mathbb{Z}_n^*$이고 $|a\mathbb{Z}_n^*| = |\mathbb{Z}_n^*|$이므로 $\mathbb{Z}_n^* = a\mathbb{Z}_n^*$임을 얻을 수 있다.

위의 보조 정리에 의하여 오일러 정리는 다음과 같이 유도된다.

정리 2.34 **(오일러 정리)**

양의 정수 $n$과 $(a, n) = 1$을 만족시키는 정수 $a$에 관하여 다음이 성립한다.

$$a^{\phi(n)} \equiv 1 \pmod{n}$$

| 증 명 | $\mathbb{Z}_n^* = \{a_1, \cdots, a_{\phi(n)}\}$이라 하면 $a\mathbb{Z}_n^* = \{aa_1, \cdots, aa_{\phi(n)}\}$이 보조 정리 2.33에 의하

여 $\mathbb{Z}_n^* = a\mathbb{Z}_n^*$이므로 양쪽 집합의 모든 원소의 곱은 동일한 수가 되고, 따라서 이 좌우변의 곱들은 법 $n$에 관하여 합동이 된다. 즉, 다음이 성립한다.

$$a_1 a_2 \cdots a_{\phi(n)} \equiv aa_1 \cdot aa_2 \cdots aa_{\phi(n)} \equiv a^{\phi(n)} a_1 a_2 \cdots a_{\phi(n)} (\text{mod } n)$$

위의 합동식에서 $(a_i,\ n) = 1 (i = 1,\ \cdots,\ \phi(n))$이므로 정리 2.22에 의해 양변에서 $a_i$들을 소거할 수 있다. 따라서 $a^{\phi(n)} \equiv 1 \ (\text{mod } n)$이 성립한다.

다음 성질은 오일러 정리의 특수한 예로서, **페르마의 소정리**로 불리며, 이 정리는 주어진 정수가 소수인지 판정할 수 있는 필요조건으로 쓰이고 있다.

따름정리 2.35 **(페르마의 소정리)**
소수 $p$와 $(a,\ p) = 1$인 정수 $a$에 대하여, $a^{p-1} \equiv 1 \ (\text{mod } p)$이 성립한다.

**예 제 2.3.4** 법 100에 관하여 $3^{165}$를 구하라.

| 풀 이 | $\phi(100) = 2^2 \cdot 5^2 = (2^2 - 2^1)(5^2 - 5^1) = 40$이고 $(3, 100) = 1$이므로 오일러 정리에 의해 $3^{40} \equiv 1 \ (\text{mod } 100)$임을 알 수 있다. 을 만족시킨다. 그런데 $3^4 = 81 \equiv 1 \ (\text{mod } 4)$이므로 결과는 다음과 같다.

$$3^{165} \equiv (3^{40})^4 3^5 \equiv 3^5 \equiv 3^4 \cdot 3 \equiv 3 \ (\text{mod } 100)$$

다음의 예는 페르마 소 정리를 이용한 비소수 판정법을 보여주고 있다.

**예 제 2.3.5** 페르마의 소정리를 적용하여 123이 소수가 아님을 보이자.

| 풀 이 | 123이 소수라면 이와 서로소인 임의의 정수 $a$에 대해서 아래 합동식을 만족해야 한다.

$$a^{123-1} \equiv 1 \pmod{123}$$

하지만 $a=2$에 대하여 $2^{122} \equiv 4 \pmod{123}$이 되므로 123은 소수가 아님을 알 수 있다. 실제로 $2^7 = 128 \equiv 5 \pmod{123}$임을 쉽게 알 수 있고 $2^{21} \equiv 5^3 \equiv 125 \equiv 2 \pmod{123}$이므로 다음을 계산결과를 얻을수 있다.

$$2^{122} \equiv (2^{7\times 3})^5 2^{17} \equiv 2^{22} \equiv 2^{21} \cdot 2 \equiv 2^2 \equiv 4 \pmod{123}$$

# 연습문제 2.3

**1** 다음 집합을 구하라.

(1) $\mathbb{Z}_8^*$　　(2) $\mathbb{Z}_{12}^*$

(3) $\mathbb{Z}_{15}^*$

**2** 다음 집합이 법 6에 관한 기약잉여계인지 판정하라.

(1) $\{1,\ 5\}$　　(2) $\{2,\ 2^4\}$

(3) $\{7,\ 7^2\}$　　(4) $\{1,\ 11\}$

(5) $\{-1,\ 1\}$　　(6) $\{5,\ 5^2\}$

**3** 다음 정수 $m$에 대하여 $\phi(m)$의 값을 구하라.

(1) $m=100$　　(2) $m=2\cdot3\cdot5\cdot7\cdot11$

(3) $m=10!$

**4** 양의 정수 $m$에 대하여 다음이 성립함을 증명하라.

(1) $m$이 홀수이면 $\phi(2m)=\phi(m)$이다.

(2) $m$이 짝수이면 $\phi(2m)=2\phi(m)$이다.

(3) $m$이 3의 배수이면 $\phi(3m)=3\phi(m)$이다.

(4) $\phi(3m)=3\phi(m)$이면 $m$은 3의 배수이다.

**5** 두 양의 정수 $m,\ k$에 대하여 다음 등식이 성립함을 증명하라.

(1) $\phi(m^2)=m\phi(m)$　　(2) $\phi(m^k)=m^{k-1}\phi(m)$

**6** 두 양의 정수 $m, n$에 대하여, $m|n \Rightarrow \phi(m)|\phi(n)$임을 증명하라.

**7** $m \geq 2$일 때, $\mathbb{Z}_m^* = \{r_1, r_2, \ldots, r_{\phi(m)}\}$에 대하여 다음이 성립함을 보여라.

$$r_1 + \cdots + r_{\phi(m)} = \frac{m\phi(m)}{2}$$

**8** 문제 7을 이용하여, $m \geq 3$일 때 $\mathbb{Z}_m^* = \{r_1, \ldots, r_{\phi(m)}\}$에 대하여 다음이 성립함을 보여라.

(1) $T = \{m - r_1, \ldots, m - r_{\phi(m)}\}$는 법 $m$에 관한 기약잉여계이다.

(2) $r_1 + \cdots + r_{\phi(m)} \equiv 0 \mod m$.

귀뜸 $\mathbb{Z}_m^*$의 각 원소는 $T$의 단 하나의 원소와 법 $m$에 관해 합동이다. 그리고 $m \geq 3$일 때 $\varphi(m)$은 짝수이다.

**9** 오일러의 정리를 이용하여 을 35로 나누었을 때의 나머지를 구하라. 또 정수 $3^{100}$의 1의 자리의 숫자를 구하라.

**10** 정수 $3^{10000}$을 35로 나누었을 때의 나머지를 구하시오. 또 정수 $3^{100}$의 1의 자리의 수를 구하라.

**11** 다음이 성립함을 증명하라.

(1) 두 양의 정수 $m, n$에 대하여

$$\begin{cases} a \equiv b \mod m \\ a \equiv b \mod n \end{cases} \Leftrightarrow a \equiv b \mod \mathrm{lcm}(m, n)$$

이다.

(2) 모든 정수 $a$에 대하여 $a^7 \equiv a \mod 42$이다.

귀띔 (1)의 결과와 Fermat의 소정리를 이용하라.

**12** $p$가 홀수인 소수일 때, $\gcd(a, p) = 1$인 모든 정수 $a$에 대하여

$$a^{\frac{p-1}{2}} \equiv -1 \mod p \text{ 또는 } a^{\frac{p-1}{2}} \equiv 1 \mod p$$

임을 증명하라.

**13** $p$가 소수일 때 두 정수 $a, b$에 대하여 다음이 성립함을 증명하라.

(1) $(a+b)^p \equiv a^p + b^p \mod p$

(2) $(ab)^p \equiv a^p b^p \mod p$

(3) $a^p \equiv b^p \mod p \Rightarrow a \equiv b \mod p$

**14** 페르마의 소정리를 이용하여 999999가 7의 배수임을 밝혀라.

# 2.4 공개키 암호 알고리즘: RSA와 오일러 함수

## ◆ 암호의 개념

암호(Crypto)는 그리스어로 비밀이라는 뜻의 Kryptos에서 유래하였다. 이는 해독이 불가능한 형태로의 변환, 해독 가능한 형태로의 치환하는 시스템과 이러한 시스템에 대한 분석에 관한 과학을 의미한다. 암호는 보관하고자 하거나 전송하고자 하는 정보를 자기 자신과 자신이 원하는 수신자만 볼 수 있도록 변형시키는 것이다. 20세기 중반까지 암호는 냉전시대의 군사/첩보의 측면에서 주로 사용되었기에 일반인은 실생활에서암호의 필요성이나 존재를 실감할 수 없었다. 하지만 컴퓨터와 이를 연결하는 네트워크를 사회 기반으로 하는 현대에 이르러서는 금융거래, 교육체계, 개인정보의 이동 및 저장 등의 정보유통이 비대면인 인터넷을 통하여 폭발적으로 이루어지고 있다. 따라서 이러한 비대면 유통정보에 대한 정보보안 시스템의 구축은 개개인의 생활인에게는 필수적인 생활의 도구이자 생존수단이 되었다.

이 절에서는 먼저 암호학의 개요와 그 기반수학과의 관계성을 파악하고, 정수의 소인수분해 문제의 복잡성을 이용한 공개키 암호 시스템의 일종인 RSA에 대하여 고찰한다.

암호학(Cryptology)은 전자정보의 전달과 저장의 과정 도중 자행되는 악의적 목적을 달성하기 위한 정보의 파괴, 원본의 정보변형 및 가공 등의 공격으로부터 개인이나 사회를 방어하기 위해 고안된 보안시스템과 이것의 구현과 유지를 위한 정보과학/공학의 기술과 그 수학적 기반을 다루는 분야를 뜻한다. 현대사회의 대부분의 정보는 모두 컴퓨터를 기반으로 하고 있기 때문에, 사용언어에 상관없이 이들 정보는 2진 수열(binary sequence or bit stream)로 이루어져 있다. 다시 말해서, 통신 보안 저장 등 정보의 처리는 궁극적으로 이산적인 수 즉 정수의 처리를 작업을 의미한다. 정보의 변환은 정수의 변환이며 정보의 회수나 저장등의 처리 시스템은 정수를 처리하는 해당 알고리즘의 구현과 직결된다. 즉 수학 특히 정수론, 이산수학적 방법론을 통하여 모든 정보의 처리와 변환은 구현되고 있는 것이다. 이러한 이유에서 정보의 암호화와 복호화, 그에 대한 해석을 다루고 있는 암호학은 수학 특히 이산수학과 밀접하게 연동되어 발전을 이루고 있다.

## ◆ 암호학의 분야와 용어

암호학은 크게 다음 두 가지로 분류할 수 있다.

### 암호론(Cryptography)

암호론은 다음 두 가지 과정에 대한 연구로 구분되어질 수 있다.

- 평문(plain text)를 암호문(cipher text)으로 변환하는 암호화과정(encryption)
- 전송 받은 암호문을 원래의 정보로 되돌리는 복호화 과정(decryption)

### 암호 분석학(Cryptanalysis)

암호론(cryptography)과 주어진 암호문을 통해 평문(plain text)를 유추하거나 유추과정의 계산복잡도를 계산하여 암호론의 보안정도를 평가하는 연구를 포함하는 영역을 뜻한다.

이 두 분야는 상호보완적으로 발전하여 보다 안정된 정보보안시스템을 구축 운영하는데 그 목적을 가지고 있다.

다음은 암호학의 절차와 분야별 사용되는 해당 용어를 정리한 것이다.

| 용 어 | | 의 미 |
|---|---|---|
| 국 문 | 영 문 | |
| 평문 | plain Text | 암호화되기 이전의 원래의 정보 |
| 암호문 | cipher Text | 암호화된 정보 |
| 암호화 | encryption | 평문을 암호문으로 변환하는 작업 |
| 암호화 열쇠(키) | encryption Key | 암호화를 할 때 사용되는 열쇠(잠금 열쇠) |
| 복호화 | decryption | 수신된 암호문을 평문으로 변환하는 작업 |
| 복호화 열쇠(키) | decryption Key | 복호화 할 때 사용되는 열쇠(여는 열쇠) |
| 열쇠(키) | key | 암호화와 복호화 열쇠가 같은 경우 이들을 생략하고 열쇠라고 한다. |

## ◆ 좋은 암호가 가져야 하는 성질

성능이 좋은 암호가 갖춰야 하는 대표적인 성질로서, 기밀성, 무결성, 인증성, 부인방지 등의 4가지를 들 수 있는데 다음은 이들 각각에 관한 개념과 중요성에 대하여 설명하고 있다.

### 기밀성(Confidentiality) : "누가 볼 수 있는 것인가"에 관한 문제

암호의 사용 목적은 원하지 않는 제3자에게 자신의 정보를 공개하지 않게 함에 있다. 기밀성이란, 자신의 비밀정보를 "누가 볼 수 있는 것인가"에 대한 문제이다. 즉, 기밀성을 지킬 수 있다는 것은, 약속되지 않은 상대에게는 정보가 공개되지 않음을 보장 받음을 의미한다.

### 무결성(integrity) : "원본 그대로인가?"에 관한 문제

기밀성이 정보가 공개되는 대상에 대한 성질인 반면, 무결성은 전달된 정보가 변조나 위조 없이 원본을 유지하고 있는가에 대한 성질이다. 즉 암호는 이러한 전달이나 저장 과정을 거치면서도 원본을 유지할 수 있는 무결성을 갖추고 있다는 뜻이다. 일상적인 표현을 빌리자면 무결성은, '원본 그대로인가?'라는 문제제기에 대한 답을 제시하고 있다.

### 인증성(Authentication) : "그 사람이 바로 그 사람인가?"에 관한 문제

비대면 전자통신은 얼굴과 목소리 등의 식별 정보가 없이 진행되므로, 내가 통신하는 그 사람이 내가 통신하고자 하는 그 사람인지 판단하기 쉽지 않다. 암호의 인증성이란, 암호 생성자가 유일하다는 점을 이용하여, 통신 상대의 신분을 확인하거나 정보생성의 주체를 확인케 하는 성질이다. 경상도 사투리로 "가가 가가?"에 대한 문제인 것이다.

### 부인방지(Non repudiation) : "오리발 내미는 것이 아닌가?"에 관한 문제

비대면 통신상황이라는 특성상, 정보의 생성이나 탈취나 변조 및 접근 등의 행위에 대해서 이를 하지 않았다고 부인(repudiation)할 가능성이 있다. 이는 행위 당사자가, 비대면 상황에서 행위를 했기 때문에 자신이 부인하더라도 이를 반증할 수 없으리라고 속단하기 때문이다. 암호의 부인방지(non repudiation) 성질은, 인증성과 마찬가지로, 암호를 생성할 수 있는 사람이 유일하다는 성질을 이용해 행위자를 특정할 수 있으므로 행위자는 그의 행위를 부인할 수 없게 되는 것이다.

이러한 암호의 기본성질 중에서 암호가 쓰이는 상황에 따라 특정 성질이 강화될 수 있는데, 이러한 경우를 위한 암호는 그 성질이 강조될 수 있도록 고안된 암호알고리즘의 적용을 받게 된다.

(i) 기밀성이 강화된 암호 알고리즘: DES, RSA

(ii) 무결성이 강조된 알고리즘: 해쉬(hash)알고리즘

(iii) 인증 혹은 부인방지가 강조된 알고리즘: 메시지 인증코드(Message Authentication Code), 전자서명

여기서, 해쉬 알고리즘은 전송 혹은 보관하려는 정보를 이용해 증거값을 생성함으로서 무결성을 보장하고 있다.

## ◆ 공개키 암호의 개념

공개키 암호는 비밀키 암호의 난맥을 해결하기 위해 1976년 디피(Diffie)와 헬만(Hellman)에 의해서 제안되었다.

비밀키 암호체계는 키를 암호화와 복호화에 같이 사용하고 있는데 이 때 암호화된 암호문을 전송함과 동시에 암호화에 사용된 키를 별도로 수신자에게 별도로 전달해야 한다. 이러한 행위를 키교환이라고 한다. 이 때, 자칫 키관리에 허점을 보여 분실하거나 도난당하면 제 3자에 의하여 정보는 공개될 우려가 있다.

한편, 비밀키 암호체계는 쌍방 교신을 하는 대화 상대별로 별도의 키가 필요하므로 숫자가 많은 그룹의 통신의 보안을 위해서는 각자가 다른 모두를 위한 한 쌍씩의 키를 필요로 한다. 다시 말해서, 관리하고 배분해야할 키의 개수가 대상자가 많아질수록 급증하게 된다는 단점이 있다. 특히 현재 이동통신 시장과 같이 시간에 따라 이용자가 변하는 네트워크에서는 지속적으로 새 이용자가 기존이용자와 교환할 키를 각각 쌍으로 생성해야 하고, 탈퇴한 이용자 또한 쌍으로 키 뭉치를 소멸시켜야 한다. 키생성과 관리가 시간이 지날수록 복잡해진다는 것

을 쉽게 예상할 수 있다. 이러한 이유에서 비밀키 암호시스템은 키교환과 키관리 면에서 동시에 약점을 가지고 있다.

이에 따라, 키교환이 필요없고, 암호화키의 분실이나 유출에서 복호화가 가능한 암호시스템이 개발되었는데 이런 암호시스템을 통칭하여 공개키 암호시스템이라고 한다.

## ◆ 공개키 암호 알고리즘의 수학적 기반

공개키 암호시스템은 대부분 정수론과 이산수학에서 NP-complete로 알려진 최고난위도의 문제에 그 기반을 두고 있다. 이들 난제들에 관하여 요약하면 다음과 같다.

### 소인수 분해 문제 : 구 RSA 암호 알고리즘의 기반 이론

주어진 양의 정수 $n$에 대하여 $n = p_1^{e_1} p_2^{e_2} \cdots p_k^{e_k}$으로 유일하게 소인수분해 되는 소수 $p_1$, $p_2$, $\cdots$, $p_k$와 각각에 대한 1 이상의 지수 $e_1$, $e_2$, $\cdots$, $e_k$를 찾는 문제이다.

소인수 분해 문제와 함께 다음에 소개하는 RSA 문제는 잘 알려진 공개키 암호시스템이다.

### RSA 문제 : 상용 RSA 암호 알고리즘의 기반이론

서로 다른 홀수인 두 소수 $p$와 $q$의 곱으로 이루어진 $n$과 $(e, (p-1)(q-1)) = 1$를 만족시키는 양의 정수 $e$ 및 정수 $c$에 대하여 $m^2 \equiv c \pmod n$를 만족시키는 정수 $m$을 찾는 문제이다.

### 이산 대수 문제

주어진 소수 $p$에 대해 $\mathbb{Z}_p^*$의 생성원을 $\alpha$라 할 때, $\mathbb{Z}_p^*$의 임의의 원소 $\beta$에 대하여 $\alpha^x \equiv \beta \pmod p$을 만족하는 정수 $x(0 \le x \le p-2)$를 찾는 문제이다.

### Diffie-Hellman 문제 : 이산 대수 문제와 동치

소수 $p$에 대해 $\mathbb{Z}_p^*$의 생성원을 $\alpha$라고 할 때, 두 원소 $\alpha^a \pmod p$와 $\alpha^b \pmod p$에 대하여 $\alpha^{ab} \pmod p$인 원소를 찾는 문제이다.

### 부분집합의 합 문제

$n$개의 자연수의 집합 $A=\{a_1,\ a_2,\ \cdots,\ a_n\}$와 자연수 s에 대하여, $\sum_{i=1}^{n} a_i x_i = s$를 만족하는 $x_i(\in\{0,1\})$의 순서쌍 $(x_1,\ \cdots,x_n)$의 존재성을 판별하는 문제이다.

배낭 문제를 기반으로 한 암호 알고리즘이 과거에 제시된 적이 있지만, 이 문제는 다항 시간 내에 해결될 수 있음이 밝혀짐으로써 더 이상 사용되지 않고 있다.

RSA 알고리즘을 구체적으로 설명하기 앞서 흥미로운 공캐키 알고리즘인 Massey와 Omura 암호에 대하여 소개한다. 이는 비밀키 암호시스템에서 문제가 되었던 키 교환절차가 필요하지 않도록 구현된 암호 알고리즘으로 Diffie-Hellman의 문제와 이산 대수 문제를 기반으로 구현되었다.

알고리즘 2.36

**Massey-Omura 암호(키교환이 필요 없는 암호)**

1. 메시지 M을 가방에 넣고 송신자의 열쇠로 잠근 다음 수신자에게 전송한다. 따로 열쇠교환을 하지 않았으므로 수신자는 가방을 열 수 없다.
2. 수신자는 그 가방을 수신자의 열쇠로 한 번 더 잠근 후 송신자에게 다시 돌려보낸다. 이 때 가방은 두 개의 자물쇠로 잠겨져있다.
3. 가방을 돌려받은 송신자는 자신의 열쇠로 잠근 자물쇠만을 열어둔 채 수신자에게 돌려보낸다. 이 때 가방은 수신자의 열쇠로 잠근 자물쇠로만 잠겨있다.
4. 수신자는 자신의 열쇠로 잠겨있는 자물쇠를 열면 가방은 자물쇠가 열려있는 상태가 되고 결국 수신자는 메시지를 받게 된다.

이와 같은 알고리즘을 사용하여 암호화와 복호화를 반복하면 열쇠교환 없이도 안전하게 메시지를 전달 할 수 있는 암호를 가질 수 있다. 이러한 Massey-Omura 암호 알고리즘을 효과적으로 이해 할 수 있도록 그림 2.1을 제공한다.

그림 2.1 Massey-Omura 암호 알고리즘

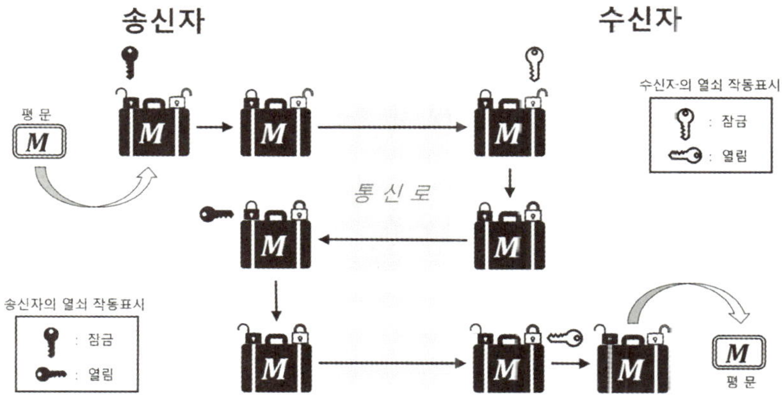


## ◆ RSA 암호 알고리즘

이 절에서는 대표적인 공개키 암호 알고리즘인 RSA에 대하여 고찰한다. 이는 1977년에 자연수의 소인수분해의 난해성에 착안하여 Rivest, Shamir, Adleman에 의해 개발되었다. 구체적인 RSA 알고리즘은 다음과 같다.

알고리즘 2.37 **(RSA 공개키 암호 알고리즘)**

(1) RSA 키 쌍의 선택

다음과 같이 RSA를 위한 열쇠집합 $K$를 정의한다.

$$K = \{(n,\ p,\ q,\ e,\ d) \mid n = pq,\ ed \equiv 1 (\bmod \phi(n))\}$$

여기서 $p$, $q$는 소수, $\phi(n)$은 다음과 같은 오일러함수를 뜻한다.

$$\phi(n) = |\{\bar{a} \in \mathbb{Z}_n \mid (a,\ n) = 1,\ a \in \mathbb{Z}\}| = |\mathbb{Z}_n^*| \text{(2.3절 참조)}$$

하나의 열쇠 $(n, p, q, e, d)$에 대하여 $(n, d)$를 공개키라 하고, $(p, q, e)$를 개인키라 한다. 한편 평문들의 집합과 암호문들의 집합을 $\mathbb{Z}_n$이라하자.

(2) RSA 암호화와 복호화

임의의 열쇠 $k = (n,\ p,\ q,\ e,\ d) \in K$에 대하여, 평문 $M \in \mathbb{Z}_n$에 대한 암호화 함수

$e_k(M)$과 암호문 $C \in \mathbb{Z}_n$에 대한 복호화 함수 $d_k(C)$를 다음과 같이 정의한다.

$$C = e_k(M) = M^e \pmod n$$
$$M = d_k(C) = C^d \pmod n$$

아래의 정리 2.38은 알고리즘 2.37에 의해 구현된 RSA 공개키 암호 알고리즘의 합목적 작동 원리를 제공하고 있다.

정리 2.38 홀수인 소수 $p$와 $q$에 대하여 $n = pq$라 하자. $1 \le e \le \phi(n)$을 만족하는 자연수 $e$와 $1 \le d \le \phi(n)$와 $ed \equiv 1 \pmod{\phi(n)}$를 만족하는 $d$에 대하여 다음이 성립한다.

$$C \equiv M^e \pmod n \text{ 이면 } M \equiv C^d \pmod n$$

| 증 명 | 가정에 의하여 $ed \equiv 1 \pmod{\phi(n)}$이므로 적당한 $k$에 대하여 $ed = \phi(n)k + 1$를 항상 만족하는 $d$가 존재한다. 즉 $de + (-k)\phi(n) = 1$을 만족하는 적당한 $k$와 $d$가 존재한다. 따라서 $\phi(n) \mid ed - 1$이고 $\phi(n) = \phi(pq) = (p-1)(q-1)$이므로, $p-1$과 $q-1$이 $ed-1$의 약수이다.

이제 $C \equiv M^e \pmod n$라 하고 $M \equiv C^d \pmod n$임을 보이도록 하자.

(i) $(M, n) = 1$인 경우 :

오일러 정리(정리 2.34)에 의하여 $M^{\phi(n)} \equiv 1 \pmod n$이 성립하고, 따라서 다음이 성립한다.

$$C^d \equiv (M^e)^d \equiv M^{\phi(m)k+1} \equiv M \pmod n$$

(ii) $(M, n) \neq 1$인 경우 :

가정에 의하여 $n = pq$이므로 일반성을 잃지 않고 $(M, n) = p$라 가정하자. $p$는 $M$의 약수이므로 $M \equiv 0 \pmod p$이다. 그러므로 다음이 성립한다.

$$C^d \equiv M^{ed} \equiv 0 \equiv M \pmod p \quad \cdots\cdots (*)$$

한편 페르마의 소정리(정리 2.35)에 의해 $M^{q-1} \equiv 1 \pmod q$이다. 또한 위에서 언급한 바와 같이 $q-1$이 $ed-1$의 약수이므로 적당한 $s$에 대하여 $ed = (q-1)s + 1$이 성립한다. 따라서 다음이 성립한다.

$$C^d \equiv M^{ed} \equiv M^{(q-1)s+1} \equiv M(\bmod q) \quad \cdots\cdots (**)$$

따라서 (*)과 (**)에 의하여 다음이 성립한다.

$$M \equiv C^d (\bmod pq) \equiv C^d (\bmod n)$$

위와 같이 소개된 RSA의 알고리즘을 따라 RSA의 키 쌍을 생성하고 암호화 및 복화를 다음 보기를 들어 실제로 구현해 보도록 하자.

**예제 2.4.1**

(RSA 키 생성 및 암복호화)

은행 A는 두 소수 $p = 101$과 $q = 113$을 택하여 다음과 같이 RSA 암호 시스템을 구축한다고 하자. 알고리즘 2.36에서 정한 RSA 용어와 절차에 따라 RSA의 작동원리를 이해해보자.

(i) 키 생성

◆ 공개키 : $(n, e) = (11413, 3533)$

① $p = 101, q = 113$로 선택했으므로, $n = 11413 (= 101 \times 113)$이 된다.

② $\phi(n) = 100 \times 112 = 11200$이고, $11200 = 2^6 \cdot 5^2 \cdot 7$로 소인수 분해가 된다. $e = 3533$은 2 또는 5 또는 7로 나누어떨어지지 않으므로 RSA 알고리즘에 의하여 암호화키로 사용할 수 있다. 은행 A가 적당한 을 선택했다고 하자.

◆ 개인키 : $(p, q, d) = (101, 113, 6597)$

① 은행의 선택에 따라 $p = 101$이고 $q = 113$이다.

② $(e, \ \phi(n))$이므로 $es + \phi(n)t = 1$이 성립하는 적당한 정수 $s$와 $t$가 있다. 즉, $es \equiv 1 \ (\bmod \ \phi(n))$이 되는 $s$가 존재한다. 이에 따라 $e = 3533$에 대한 $s = e^{-1}$를 구하면 $e^{-1} = s \equiv 6597 \ (\bmod \ 11200)$이므로 은행 A의 복호화키 $d$는 6597이 된다.

(ii) 암호화

A 은행의 이용객 B씨가 A 은행에 데이터 $M = 9726$을 암호화하여 보낸다고 가정하자. 은행 A가 부여한 RSA 알고리즘의 공개키 $n = 11413$과 $e = 3533$에 따라 데이터 $M$은 암호문 $C$로 다음과 같이 계산되어 은행으로 전송된다.

$$C = e_k(M) = M^e = 9726^{3533} \equiv 5761 \ (\bmod \ 11413)$$

(iii) 복호화

이용객 B씨가 보낸 암호문 5761을 받은 A은행은 제시된 알고리즘에 따라 메시지 $M$을 다음과 같이 회수할 수 있다.

$$M = d_k(C) = C^d = 5761^{6597} \equiv 9726 \pmod{11413}$$

RSA 알고리즘에서 선택된 두 소수 $p, q$가 개인키 이어야 하는 이유는 다음과 같다.

정리 2.39 RSA 암호 체계에서 두 개인키 $p, q$가 공개되면 나머지 개인키 $d$도 공개된다.

| 증 명 | 본 정리는 정리 2.38로부터 쉽게 증명할 수 있다. 구체적으로,공개키 $e$와 개인키 $d$는 $ed \equiv 1 \pmod{\phi(n)}$를 만족시키므로 $(e,\ \phi(n)) = 1$이다. 그런데 $n = pq$이므로 $\phi(n) = (p-1)(q-1)$이고, 따라서 유클리드 알고리즘에 의해 $es + \phi(n)t = 1$이 되는 두 정수 $s$와 $t$를 구할 수 있다. 이때 구해진 $s$가 바로 개인키 $d$가 된다.

지금까지 소개한 RSA 암호 체계는 위의 정리 2.39의 논지에 따르면 소수 $p$와 $q$가 충분히 클 경우에 그 안전이 보장된다는 것을 알 수 있다. 왜냐하면 $n$은 공개키이므로 $p, q$가 작은 소수인 경우, 쉽게 소인수 분해되어 나머지 개인키인 $d$의 비밀성을 보장할 수 없게 되기 때문이다.

임의의 정수의 소인수분해가 어렵다는 것은 이미 널리 알려진 사실이다. 그렇다면 혹시 RSA의 $n$을 소인수분해하지 않고 RSA를 공격할 수 있을까하는 의문이 들 수도 있다. 사실 $n$과 $\phi(n)$을 알고 있다면, 연립방정식

$$\begin{cases} n = pq, \\ \phi(n) = (p-1)(q-1) \end{cases}$$

을 풀어 $p$와 $q$를 구할 수 있다. 하지만 $\phi(n)$도 $n$을 소인수분해하거나 전수조사를 통해 알아내야 하므로 역시 어려운 문제임엔 틀림없다.

RSA 암호 체계에서 법 $n$에 대하여, 서로소인 두 개의 공개키 $e_1$과 $e_2$가 주어지면 개인키의 공개 없이도 주어진 두 암호문을 통하여 원래의 평문을 쉽게 구할 수 있다.(참고문헌 [14] 참조)

# 연습문제 2.4

1 RSA 알고리즘에서 $p=5$와 $q=7$인 경우 사용할 수 있는 공개키 $e$와 개인키 $d$의 쌍을 모두 구하라.

2 $p=3$와 $q=11$을 사용한 RSA 알고리즘의 대하여 다음 물음에 답하라.

(1) 사용할 수 있는 공개키 $e$와 개인키 $n$을 모두 구하라.

(2) 공개키로 $e=3$을 택했을 때, 원문 $M=8$에 대한 암호문을 구하고 이를 복호화하는 과정을 자세히 설명하라.

3 RSA 알고리즘에서 $n=11281$이고, 공개키는 $e=17$을 사용한다고 하자. 여기서 두 소수 $p$와 $q$를 구하고, 이를 이용하여 공개키 $e$에 대응하는 개인키 $d$를 구하라.

# 2.5 알고리즘의 시간 복잡도

어떤 작업을 진행하거나 문제의 해결에 앞서, 작업의 순서를 정하고 그 절차를 정하고 정해진 절차에 따라 작업을 진행하게 된다. 이때, 정해진 절차를 알고리즘(algorithm)이라고 한다. 알고리즘은 수학 용어로서의 의미로는 잘 정의되고 명백한 규칙들의 집합 또는 유한 번의 단계 내에서 문제를 풀기 위한 과정을 의미한다. 컴퓨터 공학에서의 알고리즘은 어떤 문제의 해결을 위해 컴퓨터가 사용 가능한 정확한 방법을 말한다. 알고리즘은 여러 단계의 유한한 집합으로 구성되는데, 여기서 각 단계는 하나 또는 그 이상의 연산을 필요로 한다. 이때 컴퓨터가 각 연산들을 수행하기 위해서는 다음의 조건을 만족시켜야 한다.

- 명확성: 각 연산은 명확한 의미를 가져야 한다.
- 효율성: 각 연산은 원칙적으로 일정한 시간 내에 사람이 연필로 할 수 있어야 한다.
- 입력: 외부 입력 자료가 있을 수 있다.
- 출력: 하나 이상의 결과가 나온다.
- 종결성: 유한 번의 연산 후에는 끝나야 한다.

특히, 컴퓨터를 이용하여 주어진 문제를 해결할 때엔 문제 해결에 걸리는 시간과 문제 해결을 위해 사용할 저장 공간의 크기가 중요하다. 주어진 알고리즘이 크기가 $n$인 입력인 문제를 해결하는 데 걸리는 시간을 $f(n)$으로 나타내면, 이는 자연수 집합 $\mathbb{N}$에서 실수 집합 $\mathbb{R}$로의 함수이다. 이런 함수를 주어진 알고리즘의 시간 복잡도(계산 복잡도)라고 한다.

**예 제 2.5.1**

$n$자리의 두 이진수

$$a = a_{n-1}2^{n-1} + \cdots + a_1 2 + a_0$$

$$b = b_{n-1}2^{n-1} + \cdots + b_1 2 + b_0 \quad (a_i = 0,\ b_j = 0,\ 1,\ i,\ j = 0,\ 1,\ \cdots n-1)$$

덧셈을 생각하자. 입력은 $n$자리의 이진수 두 개가 입력되므로 모두 $2n$의 길이의 입력을 갖게 된다. 덧셈을 할 경우에 각 $i$번째 자리인 $a_i$와 $b_i$가 더해지므로 모두 $n$번의 덧셈이 필요하다. 그리고 각 덧셈마다 자리 올림이 발생할 경우에 또 $n-1$번의 덧셈이 추가되므로, 이진수 $a$와 $b$의 덧셈에는 최대 $2n-1$번의 덧셈이 수행된다. 각 덧셈에 단위시간 1만큼이 든다면 두 수를 더하는 데 걸리는 시간은 $f(n) = 2n-1$이다.

주어진 알고리즘의 시간 복잡도 $f(n)$을 계산할 때엔 어느 정도 근사적인 값을 사용을 한다. $f(n)$이 넘을 수 없는 최댓값을, 상수 배 정도는 무시하는 또 다른 함수 $g(n)$을 이용해서 나타낸다. 즉, 어느 정도 충분히 큰 $n$에 대해서는 항상 $f(n) \le c \cdot g(n)$($c$: 상수)와 같이 되는 $g(n)$을 알고리즘의 시간 복잡도로 나타낸다. 다음은 위의 시간 복잡도의 계념을 수학적으로 엄밀하게 재 정의한 것이다.

## ◆ 시간 복잡도 $f(n)$의 표현 : $O(f(n))$

정의역이 양의 실수 집합이고 공역이 실수 전체 집합인 두 연속 함수 $f(x)$와 $g(x)$에 대하여, 적당한 두 양의 실수 $M$과 $c$가 존재하여 $x \ge c$인 모든 $x$에 대하여 항상 $|f(x)| \le M \cdot |g(x)|$이 성립할 때, 이를 $f(x) = O(g(x))$로 나타내고 이를 '$f(x)$는 $g(x)$의 빅 오(big oh)' 혹은 '$f(x)$는 빅 오(big oh) $g(x)$'라고 읽는다.

**예 제 2.5.2**

$n$자리 이진수 $a$와 $b$의 덧셈은 최대 $2n-1$회의 덧셈이 수행되므로 이 계산 횟수를 나타내는 함수 $f$는 $f(n) = 2n-1$으로 나타낼 수 있다.
이때, $g(n) = n$, $M=3$이면 $f(x) = 2n-1 < 3n = 3g(n)$이므로 $f(n) = O(g(n)) = O(n)$이다.

양의 실수 전체 집합 $\mathbb{R}^+$에서 실수 전체의 집합 $\mathbb{R}$로의 연속함수 $f(x)$와 $g(x)$가 두 알고리즘의 시간 복잡도를 나타낸다고 하자. 이때, 두 시간 복잡도의 비교는 다음의 정리와 같이 한다.

**정리 2.40** 양의 실수 전체 집합 $\mathbb{R}^+$에서 실수 전체의 집합 $\mathbb{R}$로의 연속함수 $f(x)$와 $g(x)$가 두 알고리즘의 시간 복잡도를 나타낼 때, 다음이 성립한다.

(1) $\lim_{x \to \infty} \left| \frac{f(x)}{g(x)} \right| = \infty$이면, $g(x) = O(f(x))$이고 $f(x) \ne O(g(x))$이다.

(2) $\lim_{x\to\infty}\left|\dfrac{f(x)}{g(x)}\right| = 0$ 이면, $f(x) = O(g(x))$ 이고 $g(x) \neq O(f(x))$ 이다.

(3) $0 < \lim_{x\to\infty}\left|\dfrac{f(x)}{g(x)}\right| < \infty$ 이면, $g(x) = O(f(x))$ 이고, $f(x) = O(f(x))$ 이다.

이때, 두 함수의 위수(order)는 동일하다고 말하고 $f(x) \simeq g(x)$ 라고 표시한다.

위의 정리에서와 같이 두 알고리즘의 시간 복잡도는 두 시간 복잡도의 비율의 극한을 통해 비교할 수 있다. 실제 $O(x)$ 에서 $x$ 가 상수, $\log n,\ n,\ n^2,\ \cdots,\ n!$ 까지 변하면서 실제 양적인 부분이 어떻게 변하는지 살펴보자.

**예제 2.5.3**

상수 시간, 로그 시간, 선형 시간, $n$ 로그 시간, 평방 시간, 입방 시간, 지수 시간, 계승 시간 사이의 시간 복잡도 차이를 알아보면 다음과 같다.

| **상수 시간** | $O(1)$ | 1 | 1 | 1 | 1 | 1 | 1 |
|---|---|---|---|---|---|---|---|
| **로그 시간** | $O(\log_2 n)$ | 0 | 1 | 2 | 3 | 4 | 5 |
| **선형 시간** | $O(n)$ | 1 | 2 | 4 | 8 | 16 | 32 |
| **$n$로그 시간** | $O(n \log_2 n)$ | 0 | 2 | 8 | 24 | 64 | 160 |
| **평방 시간** | $O(n^2)$ | 1 | 4 | 16 | 64 | 256 | 1024 |
| **입방 시간** | $O(n^3)$ | 1 | 8 | 64 | 512 | 4096 | 32768 |
| **지수 시간** | $O(2^n)$ | 2 | 4 | 16 | 256 | 65356 | 4294967296 |
| **계승 시간** | $O(n!)$ | 1 | 2 | 24 | 40320 | $\approx 2.1 \times 10^{18}$ | $\approx 2.6 \times 10^{35}$ |

실제 $n = 60$ 이면, $2^n \approx 1.15 \times 10^{18}$ 정도이고, 만일 컴퓨터가 초당 10억 개의 연산을 처리하면 310.56년 걸리는 시간 복잡도이다. 이것은 하드웨어의 계산 속도가 선형적으로 향상 된다 하더라도 복잡도가 높은 알고리즘을 사용하는 데는 여전히 무리가 따른다는 점을 시사해 주고 있다.

상수 시간, 로그 시간, 선형 시간, $n$ 로그 시간, 평방 시간, 입방 시간, 지수 시간, 계승 시간 사이의 시간 복잡도의 순서는 다음과 같다.

$$O(1) < O(\log_2 n) < O(n) < O(n \log_2 n) < O(n^2) < O(n^3) < O(2^n) < O(n!)$$

# 연습문제 2.5

1 $n$자리 두 정수 $a$와 $b$를 더할 때의 덧셈의 횟수를 구하고 이를 $O$를 사용하여 나타내라.

2 $n$자리 두 정수 $a$와 $b$를 곱할 때, 곱셈의 횟수를 구하고, 이를 $O$를 사용하여 나타내라.

3 유클리드 알고리즘의 시간 복잡도를 구하라.

4 $n$차 정사각행렬 $A$와 $B$에 대하여 $AB$를 구하는 시간 복잡도를 구하라.

5 다음과 같은 정렬 알고리즘에서 시간 복잡도를 계산하라.

입력 : $p$개의 원소를 갖는 리스트 $a_1,\ a_2, \cdots,\ a_p$.
출력 : 크기 순서로 나열된 리스트(작은 것 먼저.)

단계 [1] $m \leftarrow p-1$이라 놓는다.
단계 [2] $i=1,\ 2,\ \cdots,\ m$에 대해서 $a_i > a_{i+1}$이면 $a_i$와 $a_{i+1}$의 순서를 바꾼다.
단계 [3] $m \leftarrow m-1$이라 놓고 $m=0$이면 재배열된 $a_i$들은 모두 크기 순서대로 배열되었으므로 멈춘다. 그렇지 않으면 단계 [2]로 돌아간다.

6 다음과 같이 주어진 두 함수 $f$와 $g$에 대하여 $g(x) \neq O(f(x))$임을 보여라.

$$f(x) = x \ln x, \quad g(x) = x^{3/2}$$

# 3

# 수열의 해법

사회과학, 자연과학, 공학을 망라하고 각 분야의 실험이나 통계로부터 산출되는 각종 데이터는 수열을 이루고 있다. 이렇게 나열된 정보로부터 앞날의 예측과 같은 유효하고 상용 가능한 결론의 도출은 이들 정보에 관한 점화식이나 일반항을 구할 수 있을 때 비로소 가능할 것이다. 특히, 귀납적 계산에 기초한 컴퓨터 계산의 발전을 이룬 현대 사회에서 정량화된 정보로 이루어진 수열에 관한 해법은 그 중요성을 더해가고 있다.

이 장에서는 기본적이고도 중요한 수열의 해법에 관하여 공부한다. 먼저 수열을 정의하고 그 표현법을 숙달한 후, 주로 점화식의 풀이를 다룬다. 수학적 귀납법의 원리에 이어 간단한 점화식의 해법을 소개한다. 이어서 고유 방정식을 이용한 점화식의 풀이를 학습하며, 생성 함수를 정의하고 그 특성에 관하여 고찰한 후, 마지막으로 생성 함수를 여러 가지 점화식의 풀이에 이용한다.

## 소수 수열

소수는 자기 자신과 1만을 약수로 하는 1이 아닌 자연수다. 이를 한 줄로 나열하면 소수 수열 $p_n$을 이룬다. 여기서

$$p_1 = 2,\ p_2 = 3,\ p_3 = 5,\ p_4 = 7,\ p_5 = 11,\ \cdots$$

이고 $p_n$은 $n$번째 소수를 뜻한다. 현대에 이르기까지 수학자라면 누구나 이런 소수 수열의 일반항을 알아내고자 노력했다. 하지만, 수학의 아버지라는 힐베르트(Hilbert)의 말처럼 소수 문제 앞에 서면 갓난아이나 수학자는 별반 차이가 없다고 할 만큼, 수학자들은 $n$번째 소수를 단박에 계산할 수 있는 어떠한 일반항도 발견할 수 없었다. 더욱이, 소수만을 무한히 생성해 낼 수 있는 어떠한 수열조차도 발견할 수 없었고, 종국에는 정수론을 연구하는 현대 수학자들에 의해 소수만을 만들어내는 어떠한 공식도 존재할 수 없음이 이론적으로 밝혀졌다.

그럼 과연 최대 몇 항까지 소수만을 생성하는 수열이 있을 수 있을까? 지금까지 알려진 소수만을 생성하는 유한수열 중에 가장 긴 것은 오일러가 제시한 $f_n = n^2 + n + 41$이다. 이 수열은 $f_1$부터 $f_{39}$까지 40개의 연속한 소수를 생성한다. $f_{40} = 1681$은 불행하게도 $41^2$이므로 소수가 아니다. 컴퓨터를 이용해서 이 수열의 항을 계속해서 계산한 결과, 1000만 이하의 $f_n$ 중에서 47.5%가 소수라는 사실이 밝혀졌다. 현대에 이르러서도, 이 정도의 소수 적중률을 가진 수열을 찾기는 매우 힘든 일이며, 특히 컴퓨터가 없던 시대의 수학자 오일러가 제시했었다는 점에서 놀라운 일이다.

| **257** | 258 | 259 | 260 | 261 | 262 | **263** | 264 | 265 | 266 | 267 | 268 | **269** | 270 | **271** | 272 |
|---|---|---|---|---|---|---|---|---|---|---|---|---|---|---|---|
| 256 | **199** | 200 | 201 | 202 | 203 | 204 | 205 | 206 | 207 | 208 | 209 | 210 | **211** | 212 | 213 |
| 255 | 198 | **149** | 150 | **151** | 152 | 153 | 154 | 155 | 156 | **157** | 158 | 159 | 160 | 161 | 214 |
| 254 | **197** | 148 | **107** | 108 | **109** | 110 | 111 | 112 | 113 | 114 | 115 | 116 | 117 | 162 | 215 |
| 253 | 196 | 147 | 106 | **73** | 74 | 75 | 76 | 77 | 78 | **79** | 80 | 81 | 118 | **163** | 216 |
| 252 | 195 | 146 | 105 | 72 | **47** | 48 | 49 | 50 | 51 | 52 | **53** | 82 | 119 | 164 | 217 |
| **251** | 194 | 145 | 104 | **71** | 46 | **29** | 30 | 31 | 32 | 33 | 54 | **83** | 120 | 165 | 218 |
| 250 | **193** | 144 | **103** | 70 | 45 | 28 | **19** | 20 | 21 | 34 | 55 | 84 | 121 | 166 | 219 |
| 249 | 192 | 143 | 102 | 69 | 44 | 27 | 18 | **17** | 22 | 35 | 56 | 85 | 122 | 167 | 220 |
| 248 | **191** | 142 | **101** | 68 | **43** | 26 | 25 | 24 | **23** | 36 | 57 | 86 | 123 | 168 | 221 |
| 247 | 190 | 141 | 100 | **67** | 42 | **41** | 40 | 39 | 38 | **37** | 58 | 87 | 124 | 169 | 222 |
| 246 | 189 | 140 | 99 | 66 | 65 | 64 | 63 | 62 | 61 | 60 | **59** | 88 | 125 | 170 | **223** |
| 245 | 188 | **139** | 98 | **97** | 96 | 95 | 94 | 93 | 92 | 91 | 90 | **89** | 126 | 171 | 224 |
| 244 | 187 | 138 | **137** | 136 | 135 | 134 | 133 | 132 | **131** | 130 | 129 | 128 | **127** | 172 | 225 |
| 243 | 186 | 185 | 184 | 183 | 182 | 181 | 180 | **179** | 178 | 177 | 176 | 175 | 174 | **173** | 226 |
| 242 | **241** | 240 | **239** | 238 | 237 | 236 | 235 | 234 | **233** | 232 | 231 | 230 | **229** | 228 | **227** |

원폭 개발로 알려진 맨해튼 프로젝트에 참여한 폴란드 출신의 미국 수학자 울람(Ulam)은 따분한 학회에서 지루함을 잊고자 1을 중심으로 달팽이 모양의 나선 형으로 수를 나열하는 낙서를 하다가 우연히 대각선 모양의 소수의 패턴을 찾았다. 이를 일반화하여 울람도 오일러와 맞먹는 소수 적중률을 가진 공식을 만들 수 있었다고 한다. 다음은 17을 중심으로 나선으로 늘어놓은 자연수 배열에서 볼 수 있는 울람의 소수 패턴이다. (그림에서 대각선의 소수에 주목하자.)

소수의 예측 불가성에 대한 증명은, 몇 세기에 걸쳐 소수 수열의 일반항을 갈구하던 수학자들에게는 큰 실망을 안겨주었다. 실제로 울람은 이 증명으로 인하여 소수 연구를 중지 하였다고 한다. 반면에 이런 소수의 예측 불가능성은 현대 정보사회에서 RSA라는 공개키 암호 시스템의 안전성을 보장함으로써 현대 사회를 보호하는 보루가 되고 있다.

# 3.1 수열의 표현법과 해석

수열은 자연수 집합이나 그 부분집합을 정의역으로 하는 함수다.[1] 다시 말해서, 각 자연수 $n \in N$의 상(image)이 $a(n) \in X$인 함수 $a : N \rightarrow X$를 수열이라고 한다. 관례적으로, 함수 $a$가 수열이면 이것을 강조하기 위해 $\{a(n)\}$ 또는 순서와 중복을 허용하여 $\{a_n\}$으로 나타낸다. 일반적으로 수열 $\{a_n\}$은 다음과 같은 세 가지 방법으로 표현할 수 있다.

- 나열법 : 수열을 정의역의 순서에 따라 항별로 늘어놓는 방법
  (예) $\{a_n\}$ : $1, 3, 5, 7, 9, 11, 13, \cdots$
- 점화식 : 이웃한 항들 사이의 관계와 첫째 항으로 표현하는 방법
  (예) $a_1 = 1,\ a_{n+1} - a_n = 2$
- 일반항 : $n \in N$에 관한 직접 관계식으로 나타내는 방법
  (예) $a_n = 2n - 1$

나열법이란, 수열을 첫째 항부터 차례로 나열하므로 가장 손쉬운 수열의 표현 방법이다. 하지만, 무한 수열의 함숫값을 모두 표현할 수는 없고 제 $n$항까지 나열되어 있더라도 제 $n+1$항의 값은 알 수 없기 때문에 매우 원시적인 표현 방법이라고 할 수 있다.

점화식이란, 수열의 이웃한 항(세 항이 되어도 무방하다) 사이의 관계식과 첫째 항의 값으로 수열을 표현하는 방법이다. 점화식은 나열법보다는 수열을 온전히 나타내는 방법이지만 매우 큰 항의 값을 알기 위해서는 최소한 첫째 항부터 구하는 항만큼의 반복 계산을 해야 한다. 점화식은 반복 계산이 가능해진 현대 컴퓨터 시대에 부합되는 수열의 표현법이기도 하다.

일반항이란, 알고자 하는 제 $n$항의 값이 $n$에 관한 관계식으로 표현된 것을 의미한다. 이는 반복 계산이 필요하지 않으므로 즉시 원하는 값을 계산해 낼 수 있는 가장 진보된 수열의 표현법이다.

위의 예에서 주어진 수열을 보면, 나열법의 경우 제100항의 값은 나열되어 있지 않으므로 점화식과 첫째 항으로부터 100회 반복 작업을 거치면 $a_{100}$을 구할 수 있다. 즉 $a_1$을 점화식에 넣고 $a_2 = a_1 + 2 = 3$을 구하고 이로부터 $a_3 = a_2 + 2 = 5$를 구하는 계산 과정을 100번에 걸쳐 반복해야 한다. 하지만 같은 수열의 일반항을 보면, $a_{100} = 2 \times 100 - 1 = 199$와 같이

1) 이 책에서는 수열은 최소 원소가 있는 정수의 부분집합에서 정의된 함수를 총칭하기로 하고, 필요에 따라 수열의 첫째 항을 $a_0$ 또는 $a_{-1}$과 같이 표시하기로 한다.

한 두 번의 계산으로 쉽게 구할 수 있다. 이와 같이, 수열의 일반항은 그 시간 복잡도[2)]의 측면에서 가장 효율적인 수열의 표현법임을 알 수 있다.

일반적으로 '주어진 수열을 푼다'는 것은 나열법이나 점화식으로 주어진 수열의 일반항을 구하는 것을 의미한다. 당연히 주어진 수열을 모두 풀 수 있는 것도 아니며 점화식조차도 알 수 없는 경우가 많다.

**예 제 3.1.1**

점화식이나 일반항을 알 수 없는 수열(풀리지 않은 수열)

(1) 다음 나열법으로 표현된 수열 $\{p_n\}$은 소수의 수열이다.

$$\{p_n\} : 2,\ 3,\ 5,\ 7,\ 13,\ 17,\ 19,\ 23,\ 31,\ \cdots$$

이 수열은 일반항뿐만 아니라 점화식조차도 알려져 있지 않다. 따라서 임의의 $n$에 관한 $n$번째 소수를 알 수 있는 방법이 없다고 할 수 있다. RSA라고 불리는 암호 체계에서는 이런 예측 불가한 소수의 성질을 역으로 이용하고 있다.(2장 참조)

(2) 주식 시장이 개장한 이후, 날짜 별로 주가를 나열하면 하나의 수열이 된다. 하지만 이 수열은 현재까지의 모든 항을 알고 있음에도 불구하고 바로 내일의 주가는 정확히 예측할 수 없다. 즉, 수열의 점화식이나 일반항을 우리는 가지지 못하고 있음을 말해 주는 것이다.

공학의 각 분야의 실험에서 산출된 각종 데이터는 나열법으로 나타내어진 수열을 이루게 된다. 이때, 이런 일렬로 나열된 데이터로부터 의미 있는 연구결과를 얻기 위해서는 이들 수열의 점화식이나 일반항을 구해야 한다. 점화식만 알려진 경우, 과거에는 인간의 계산 속도와 능력의 한계로 인하여 매우 큰 항의 값은 구할 수 없었지만, 현대의 컴퓨터는 초고속 반복 계산을 수행할 수 있게 됨에 따라 그 값을 구할 수 있는 큰 진보를 이루게 되었다.

2) 시간 복잡도란, 출력을 위하여 입력 값에 대한 기본 연산(+, ×)의 횟수를 구하는 함수를 뜻한다. 이에 관해서는 2.5 알고리즘의 시간복잡도 편에서 다루고 있다.

# 연습문제 3.1

**1** 다음 수열의 점화식을 구하라.

(1) $1,\ 3,\ 5,\ 7,\ 9,\ \cdots$

(2) $1,\ 1,\ 2,\ 3,\ 5,\ 8,\ 13,\ 21,\ \cdots$

**2** 점화식으로 주어진 다음 수열의 제8항을 구하라.

(1) $a_n = a_{n-1}^2 + a_{n-2}\ (n \geq 3),\quad a_1 = 1,\quad a_2 = 2$

(2) $a_n = a_{n-1} + a_{n-2} + a_{n-3}\ (n \geq 3),\quad a_0 = 0,\quad a_1 = 1,\quad a_2 = 11$

**3** 나열법으로 나타낸 다음 수열의 일반항을 구하라.

(1) $i,\ -1,\ -i,\ 1,\ i,\ -1,\ -i,\ 1,\ \cdots$

(2) $1,\ -1,\ 1,\ -1,\ 1,\ -1,\ 1,\ -1,\ \cdots$

(3) $1,\ 3,\ 6,\ 10,\ 15,\ 21,\ 28,\ 36,\ \cdots$

(4) $0,\ 1,\ 0,\ -1,\ 0,\ 1,\ 0,\ -1,\ \cdots$

(5) $1,\ 1,\ -1,\ -1,\ 1,\ 1,\ -1,\ -1,\ \cdots$

**4** 점화식으로 주어진 다음 수열의 일반항을 구하라.

(1) $a_{n+1} - a_n = 5,\ a_1 = 4$

(2) $a_{n+1} - a_n = 5n,\ a_1 = 3$

(3) $a_{n+1} - a_n = 5^n,\ a_1 = 2$

(4) $a_{n+1} - 3a_n + 2a_{n-1} = 0,\ a_0 = 1,\ a_1 = 2$

# 3.2 간단한 점화식의 일반항

점화식으로 표현된 수열은, 계산 용량 한도 내에서, 컴퓨터를 빌어 계산할 수 있다. 일반항 없이도 상당히 큰 항의 값을 알 수 있게 된 것은 컴퓨터라는 기계의 빠른 반복 계산 능력 덕분이다. 역으로, 점화식은 수열의 해법에 있어서 컴퓨터에 적합한 수열의 표현 방법이라고 할 수 있다. 컴퓨터 프로그램에서 이런 점화식의 정의는 루프(loop)라고 알려진 반복 계산 과정을 식으로 표현한 것이다. 점화식은 첫째 항으로부터 다음 항을 만들며 차례로 수열을 생성하는데, 이런 점화식의 원리는 자연수를 정의한 페아노(Peano)의 귀납적 공리(정의 1.24)로부터 기인한다.

이절에서는 등차·등비·계차수열 등 우리가 알고 있는 가장 간단한 수열에 관하여 그 점화식을 알아보고 이로부터 일반항을 유도해보자.

### ◆ 등차수열의 일반항

등차수열은 말 그대로 이웃한 항 사이의 차가 일정한 수열이다. 이런 차를 $d$라고 하면 그 점화식은 다음과 같다.

$$a_{n+1} - a_n = d, \quad a_1 = a$$

이 식에 제1항부터 제 $n-1$ 항까지 대입하여 나열하여 좌변과 우변을 각각 더하면 다음과 같다.

$$\begin{array}{rcll} a_2 & - & a_1 & = d \\ a_3 & - & a_2 & = d \\ \vdots & & \vdots & \\ +)\,a_n & - & a_{n-1} & = d \\ \hline a_n & - & a_1 & = (n-1)d \end{array}$$

그러므로 등차수열의 일반항은 $a_n = a + (n-1)d$이다.

## ◆ 등비수열의 일반항

등비수열 또한 말 그대로 이웃한 항 사이에 비가 일정한 수열이다. 이런 비를 $r$이라고 하면 그 점화식은 다음과 같다.

$$\frac{a_{n+1}}{a_n}=r, \quad a_1=a$$

이 식에 제1항부터 제 $n-1$항까지 대입하여 나열하고 좌변과 우변을 각각 곱하면 다음과 같다.

$$\begin{aligned} \frac{a_2}{a_1} &= r \\ \frac{a_3}{a_2} &= r \\ \vdots\quad & \quad\vdots \\ \times)\ \frac{a_n}{a_{n-1}} &= r \\ \hline \frac{a_n}{a_1} &= r^{n-1} \end{aligned}$$

그러므로 등비수열의 일반항은 $a_n = ar^{n-1}$이다.

## ◆ 계차수열의 일반항

수열 $\{a_n\}$의 이웃한 항들의 차로 나타나는 수열을 $\{b_n\}$이라 하자. 즉, $b_n = a_{n+1} - a_n$이다. 이때 수열 $\{a_n\}$은 다음과 같이 쓸 수 있다.

$$a_n = a_1 + \sum_{k=1}^{n-1} b_k$$

이 때, $b_k$의 첫째 항부터 제 $n-1$항까지의 합이 알려져 있다면 일반항 $a_n$을 구할 수 있다. 예를 들어, $b_k = b_1 + (k-1)d$, 즉 첫째 항이 $b_1 = a_2 - a_1$이고 공차가 $d$인 등차수열이면 일반항 $a_n$은 다음과 같다.

$$a_n = a_2 + \frac{(n-1)(n-2)d}{2}, \quad (n \geq 2)$$

만약 $b_k = b_1 r^{k-1}$, 즉 첫째 항이 $b_1 = a_2 - a_1$이고 공비가 $r$인 등비수열이면 일반항 $a_n$은 다음과 같다.

$$a_n = a_1 + (a_2 - a_1) r^{n-2}, \quad (n \geq 2)$$

## ◆ 점화식 $a_{n+1} - va_n = k$의 일반항

점화식 $a_{n+1} - va_n = k$가 $a_{n+1} + \alpha = v(a_n + \alpha)$로 표현된다고 가정하고 두 식의 계수를 비교하여 $\alpha$를 구하면 다음과 같다.

$$v\alpha - \alpha = k, \quad \alpha = \frac{k}{v-1}$$

이는 수열 $\{a_n + \alpha\}$가 등비수열임을 뜻하므로 다음과 같은 일반항을 얻는다.

$$a_n + \frac{k}{(v-1)} = \left(a_1 + \frac{k}{(v-1)}\right) v^{n-1}$$

## ◆ 점화식 $a_{n+2} + va_{n+1} + \omega a_n = 0$의 일반항

점화식 $a_{n+2} + va_{n+1} + \omega a_n = 0$이 적당한 실수 $\alpha$와 $\beta$에 관하여 다음과 같이 표현된다고 가정하자.

$$a_{n+2}+\alpha a_{n+1}=\beta(a_{n+1}+\alpha a_n) \quad \cdots\cdots (1)$$

이때, 두 점화식은 같은 식이므로 $\alpha$와 $\beta$에 관한 다음과 같은 관계식을 얻는다.

$$\alpha-\beta=v, \quad \alpha\beta=\omega$$

먼저 위의 식으로부터 $\alpha$와 $\beta$를 구한다. 다음으로 $p_n=a_{n+1}+\alpha a_n$이라고 하면 식 (1)은 $p_{n+1}=\beta p_n$이 되어 등비수열의 점화식이 된다. 그러므로 위의 등비수열의 일반항에 따라 다음을 얻는다.

$$a_{n+1}+\alpha a_n=(a_2-\alpha a_1)\beta^{n-1} \quad \cdots\cdots (2)$$

점화식 (2)는 바로 위에서 언급한 방법으로 풀 수 있다.

**예 제 3.2.1**

**(피보나치 수열)**

널리 알려진 **피보나치(Fibonacci) 수열**에 대하여 살펴보자. 이 수열은 피사 출신의 수학자 피보나치(Fibonacci, 1180~1228)의 저술 'Liber Abaci'에서 '토끼문제'라 부르는 다음과 같은 문제에서 유래했다.

> "토끼 암수 한 쌍을 한 달 간 동거시키면 매달 암수 한 쌍의 새끼를 낳는다고 할 때,일 년 후에 토끼 한 쌍은 몇 쌍으로 증가하겠는가?"

문제의 수열을 점화식으로 나타내면 피보나치 수열은 다음과 같이 정의된다.

$$a_{n+2}=a_{n+1}+a_n, \quad a_0=0, \ a_1=1$$

이 점화식을 위에 제시된 방법으로 풀어보자.

점화식 $a_{n+2}=a_{n+1}+a_n$이 점화식 $a_{n+2}-\alpha a_{n+1}=\beta(a_{n+1}-\alpha a_n)$으로 표현된다고 가정하면, $\alpha+\beta=1$이고 $\alpha\beta=-1$이다. 그러므로 다음을 얻는다.

$$\alpha=\frac{1-\sqrt{5}}{2}, \quad \beta=\frac{1+\sqrt{5}}{2}$$

한편, 다음이 성립한다.

$$a_{n+1} - \alpha a_n = (a_1 - \alpha a_0)\beta^n = \beta^n \qquad (n = 0,\ 1,\ \cdots)$$

$$\Rightarrow \frac{a_{n+1}}{\alpha^{n+1}} - \frac{a_n}{\alpha^n} = \frac{1}{\alpha}\left(\frac{\beta}{\alpha}\right)^n \qquad (n = 0,\ 1,\ \cdots)$$

$$\Rightarrow \frac{a_n}{\alpha^n} = \frac{\frac{1}{\alpha}\left(1 - \left(\frac{\beta}{\alpha}\right)^n\right)}{1 - \frac{\beta}{\alpha}} \qquad (n = 0,\ 1,\ \cdots)$$

$$\Rightarrow \frac{a_n}{\alpha^n} = \frac{\frac{1}{\alpha}\left(1 - \left(\frac{\beta}{\alpha}\right)^n\right)}{1 - \frac{\beta}{\alpha}} \qquad (n = 0,\ 1,\ \cdots)$$

그러므로 다음과 같이 일반항 $a_n$을 얻을 수 있다.

$$a_n = \frac{1}{\alpha - \beta}(\alpha^n - \beta^n) = \frac{1}{\sqrt{5}}\left\{\left(\frac{1+\sqrt{5}}{2}\right)^n - \left(\frac{1-\sqrt{5}}{2}\right)^n\right\}$$

피보나치 수열은 자연의 모습에서 종종 발견되곤 한다. 대표적인 예로, 수확기의 해바라기 씨들은 중심으로부터 나선형으로 배열되어 있는데, 이때, 각 바퀴 마다 씨의 개수를 세어보면 이는 피보나치 수열을 따라 증가한다.

# 연습문제 3.2

**1** 다음 수열의 일반항을 구하라.

(1) $a_{n+1} - a_n = 3,\ a_1 = 2$

(2) $a_{n+1} = 3a_n,\ a_1 = 2$

(3) $a_{n+1} - a_n = 3^{n-1},\ a_1 = 2$

(4) $a_{n+2} - 2a_n + a_{n-1} = 0,\ a_1 = 2,\ a_2 = 3$

(5) $2a_{n+1} + a_n = 3,\ a_1 = 2$

(6) $2a_{n+1} + 3a_n = 4,\ a_1 = 2$

(7) $a_{n+2} - 3a_{n+1} - 4 = 0,\ a_1 = 1,\ a_2 = 2$

(8) $a_{n+2} - 5a_{n+1} + 6a_n = 0,\ a_1 = 1,\ a_2 = 4$

**2** 피보나치(Fibonacci) 수열 $\{a_n\}$은 다음 성질을 만족시킴을 보여라.

(1) $\sum_{i=1}^{n} a_{2i} = a_2 + a_4 + \cdots + a_{2n} = a_{2n+1} - 1$

(2) $\sum_{i=1}^{n} a_{2i}^2 = a_2^2 + a_4^2 ++ \cdots + a_{2n}^2 = a_n a_{n+1}$

(3) $\sum_{i=1}^{2n-1} a_i a_{i+1} = a_1 a_2 + a_2 a_3 + \cdots + a_{2n-1} a_{2n} = a_{2n}^2$

(4) $a_{n+1} a_{n-1} - a_n^2 = (-1)^n$

(5) $a_{n+2} a_{n-1} - a_n a_{n+1} = (-1)^n$

(6) $n > m+1$일 때, $a_n = a_{n-m-1} a_m + a_{n-m} a_{m+1}$

(7) $n > m$일 때, $(a_n,\ a_m) = (a_{n-m},\ a_m)$이다.

(8) $(a_n,\ a_m) = a_{(n,\ m)}$ 여기서 $(m,\ n)$은 주어진 두 자연수의 최대공약수를 뜻한다.

**3** 피보나치 수열 $\{f_n\}$에 대하여 다음이 성립함을 보여라.

(1) $f_{2n} = \sum_{k=1}^{n} \binom{n}{k} f_k$

귀띔 여기서 $\binom{n}{k}$는 $n$개의 원소 중에서 $k$개를 순서 없이 선택하는 조합의 수를 뜻한다.

(2) $\begin{bmatrix} f_{n+1} & f_n \\ f_n & f_{n-1} \end{bmatrix} = \begin{bmatrix} 1 & 1 \\ 1 & 0 \end{bmatrix}^n$

**4** 다음 자연수를 연속하지 않는 피보나치 수 $f_n$들의 합으로 나타내라.

(1) 41

(2) 123

**5** $f_n$을 피보나치 수열의 제$n$항이라고 할 때, 다음을 수학적 귀납법을 이용하여 증명하라.

$$f_n \le \left(\frac{5}{3}\right)^n$$

# 3.3 고유 방정식을 이용한 점화식의 풀이

주어진 상수 $c_1,\ c_2,\ \cdots,\ c_s$(단, $c_s \neq 0$)에 관하여 다음과 같이 정의된 등차 선형 점화식을 만족시키는 수열을 '동차 선형 점화 수열'이라 한다.

$$a_n = c_1 a_{n-1} + c_2 a_{n-2} + \cdots + c_s a_{n-s} \quad (n \geq s)$$

위와 같이 동차 선형 점화식이 주어졌을 때, 다음과 같은 $s$차 방정식을 위 점화식의 고유 방정식(characteristic equation)이라 한다.

$$x^s - c_1 x^{s-1} - c_2 x^{s-2} - \cdots - c_s = 0$$

다음 정리는 동차 선형 점화식의 고유 방정식을 이용한 일반적인 해법을 말해주고 있다. 증명은 연습 문제로 남긴다.

**정리 3.1** 동차 선형 점화식 $a_n = c_1 a_{n-1} + c_2 a_{n-2} + \cdots + c_s a_{n-s}$의 고유 방정식의 근을 $\{\alpha_1,\ \alpha_2,\ \cdots,\ \alpha_s\}$라 하자. 이때, 임의의 상수 $\lambda_1,\ \lambda_2,\ \cdots,\ \lambda_s$에 관하여 다음은 위의 동차 선형 점화식을 만족시키는 동차 선형 점화 수열의 일반항이 된다.

$$a_n = \lambda_1 \alpha_1^n + \lambda_2 \alpha_2^n + \cdots + \lambda_s \alpha_s^n$$

또한, $\alpha_1,\ \alpha_2,\ \cdots,\ \alpha_s$가 모두 다르다면 동차 선형 점화 수열의 일반항은 적당한 상수 $\lambda_1,\ \lambda_2,\ \cdots,\ \lambda_s$에 관하여 $a_n = \lambda_1 \alpha_1^n + \lambda_2 \alpha_2^n + \cdots + \lambda_s \alpha_s^n$의 형태를 갖는다.

**예 제 3.3.1**

위의 정리를 이용하여 $a_n = 5a_{n-1} - 6a_{n-2},\ a_0 = 1,\ a_1 = 1$을 풀어라.

이 점화식의 고유 방정식은 $x^2 - 5x + 6 = 0$이므로, 근 2와 3은 서로 다르다. 그러므로 정리 3.1에 의하여, 동차 선형 점화식을 만족시키는 동차 선형 점화 수열은 임의의 상수 $\lambda_1$과 $\lambda_2$에 대하여 $a_n = \lambda_1 2^n + \lambda_2 3^n$ 형태다. 하지만 이 일반항은 주어진 수열의 초기 값 $a_0 = 1, a_1 = 1$을 만족해야 하므로 $1 = a_0 = \lambda_1 2^0 + \lambda_2 3^0 = \lambda_1 + \lambda_2,\ a_1 = \lambda_1 2^1 + \lambda_2 3^1$이 성립한다. 따라서 다음을 얻는다.

$$\begin{cases} 1 = \lambda_1 + \lambda_2 \\ 1 = 2\lambda_1 + 3\lambda_2 \end{cases}, \quad \begin{cases} \lambda_1 = 2 \\ \lambda_2 = -1 \end{cases}$$

그러므로 구하는 수열의 일반항은 $a_n = 2^{n+1} - 3^n$이다.

**예 제 3.3.2**

피보나치 수열 $f_n = f_{n-1} + f_{n-2}$, $f_0 = 1$, $f_1 = 1$의 일반항을 구하라.

| 풀 이 | 이 수열의 고유 방정식은 $x^2 - x - 1 = 0$이므로 다음과 같은 서로 다른 두 근을 갖는다.

$$\alpha_1 = \frac{1-\sqrt{5}}{2}, \qquad \alpha_2 = \frac{1+\sqrt{5}}{2}$$

그러므로 동차 선형 점화식을 만족시키는 수열의 일반항은 다음 형태이다.

$$f_n = \lambda_1\left(\frac{1-\sqrt{5}}{2}\right)^n + \lambda_2\left(\frac{1+\sqrt{5}}{2}\right)^n$$

또한, $f_n$은 초기 조건 $f_0 = 1$, $f_1 = 1$을 만족시켜야 하므로 다음 두 값을 얻는다.

$$\begin{cases} 0 = \lambda_1 + \lambda_2 \\ 1 = \lambda_1\left(\dfrac{1-\sqrt{5}}{2}\right)^n + \lambda_2\left(\dfrac{1+\sqrt{5}}{2}\right)^n \end{cases}, \qquad \begin{cases} \lambda_1 = \dfrac{1}{\sqrt{5}}\left(\dfrac{1-\sqrt{5}}{2}\right) \\ \lambda_2 = \dfrac{1}{\sqrt{5}}\left(\dfrac{1+\sqrt{5}}{2}\right) \end{cases}$$

그러므로 구하는 피보나치 수열의 일반항은 다음과 같다.

$$f_n = \frac{1}{\sqrt{5}}\left\{\left(\frac{1+\sqrt{5}}{2}\right)^{n+1} - \left(\frac{1-\sqrt{5}}{2}\right)^{n+1}\right\}$$

**예 제 3.3.3**

$a_n = 6a_{n-1} - 9a_{n-2}$, $a_0 = 1$, $a_1 = 2$의 일반항은 위의 정리 3.1을 적용하여 구할 수 없다. 왜냐 하면 해당 점화식의 고유 방정식은 $x^2 - 6x + 9 = 0$이고 3은 중근이기 때문에 서로 다른 근을 갖는다는 가정의 조건을 만족시키지 않기 때문이다. 실제로 $a_n = \lambda_1 3^n + \lambda_2 3^n$은 위의 동차 선형 점화식은 만족시키지만 초기 조건을 만족시키는 $\lambda_1$과 $\lambda_2$가 존재하지 않는다.

다음 정리는 예제 3.3.3과 같이 고유 방정식의 중근이 나오는 경우 일반항을 찾는 데 적용할 수 있다.

정리 3.2 동차 선형 점화식 $a_n = c_1 a_{n-1} + c_2 a_{n-2} + \cdots + c_s a_{n-s}$의 고유 방정식의 한 근 $\alpha$가 중복도 $k$인 중근이면, $a_n = \lambda_1 \alpha^n + \lambda_2 n\alpha^n + \cdots + \lambda_k n^{k-1}\alpha^n$은 위의 점화식을 만족시킨다.

| 증 명 | 점화식 $a_n = c_1 a_{n-1} + c_2 a_{n-2} + \cdots + c_s a_{n-s}$의 고유 방정식의 한 근 $\alpha$가 중복도 $k$인 중근이면, $a_n = \alpha^n$ 뿐만 아니라 $a_n = n\alpha^n, \cdots, a_n = n^{k-1}\alpha^n$도 각기 위의 점화식을 만족시키기 때문이다.

**예 제 3.3.4**

예제 3.3.3에서 주어진 수열의 일반항을 정리 3.2를 이용하여 풀어라.

| 풀 이 | $x = 3$은 중복도가 2인 유일한 중근이다. 그러므로 정리 3.2에 의해 $a_n = \lambda_1 3^n + \lambda_2 n 3^n$은 주어진 점화식을 만족시킨다. 여기서 주어진 수열의 초기 조건 $a_0 = 1, a_1 = 2$을 대입하면 다음을 얻는다.

$$\begin{cases} 1 = \lambda_1 \\ 2 = 3\lambda_1 + 3\lambda_2 \end{cases}, \quad \begin{cases} \lambda_1 = 1 \\ \lambda_2 = -\dfrac{1}{3} \end{cases}$$

그러므로 구하는 수열의 일반항은 $a_n = 3^{n-1}(3-n)$이다.

# 연 습 문 제 3.3

**1** 고유 방정식을 이용하여 다음의 동차 선형 점화식으로 나타내어진 수열의 일반항을 구하라.

(1) $a_{n+2}-5a_{n+1}+6a_n=0,\quad a_1=1,\quad a_2=2$

(2) $3b_{n+2}=2b_{n+1}+b_n=0,\quad b_1=2,\quad b_2=4$

(3) $c_{n+2}=3c_{n+1}+c_n\quad c_0=0,\quad c_1=8$

(4) $a_n=4a_{n-1}+5a_{n-2},\quad a_1=2,\quad a_2=6$

(5) $b_n=-6b_{n-1}-9b_{n-2},\quad b_1=\frac{5}{2},\quad b_2=\frac{47}{10}$

(6) $a_{n+2}=-4a_n+4a_{n+1},\quad a_1=2,\quad a_2=1$

(7) $c_n=2c_{n-1}-2c_{n-2},\quad c_1=1,\quad c_2=4$

(8) $b_{n+2}=2b_n,\quad b_1=\sqrt{2},\quad b_2=6$

(9) $a_{n+2}=6a_n+a_{n+1},\quad a_1=1,\quad a_2=3$

(10) $a_n=a_{n-1}-a_{n-2},\quad a_1=1,\quad a_2=1$

**2** 무한 수열 $a_n=k6^n$에 대하여, $a_n$이 다음 점화식을 만족시킨다.

$$a_n=2a_{n-1}+3a_{n-2}+6^n$$

이때, 이 점화식이 동차 선형 점화식이 되도록 $k$의 값을 정하라.

**3** 실수 $\alpha_1,\ \alpha_2,\ \cdots,\ \alpha_s$이 $n$차 방정식 $x^n - c_1 x^{n-1} - c_2 x^{n-2} - \cdots - c_s = 0$근이라 하자. 다음을 증명하라.(정리 3.1의 증명)

(1) 주어진 상수 $\lambda_1,\ \lambda_2,\ \cdots,\ \lambda_s$에 관하여 $a_n = \lambda_1 \alpha_1^n + \lambda_2 \alpha_2^n + \cdots + \lambda_s \alpha_s^n$은 위의 방정식을 고유 방정식으로 갖는 동차 선형 점화 수열의 일반항이다.

(2) $\alpha_1,\ \alpha_2,\ \cdots,\ \alpha_s$가 모두 다르면 위의 방정식을 고유 방정식으로 갖는 동차 선형 점화 수열의 일반항은 다음과 같은 형태이다.($\lambda_1,\ \lambda_2,\ \cdots,\ \lambda_s$은 적당한 상수)

$$a_n = \lambda_1 \alpha_1^n + \lambda_2 \alpha_2^n + \cdots + \lambda_s \alpha_s^n$$

**4** 고유 방정식을 중근으로 갖는 다음 동차 선형 점화 수열을 풀어라.

$$a_{n+1} = 10a_n - 25a_{n-1},\quad a_1 = 1,\quad a_2 = 3$$

**5** 실수 $\alpha_1,\ \alpha_2,\ \cdots,\ \alpha_s$이 $n$차 방정식 $x^n - c_1 x^{n-1} - c_2 x^{n-2} - \cdots - c_s = 0$근이라 하자. 다음을 증명하라.(정리 3.2의 증명)

(1) 주어진 상수 $\lambda_1,\ \lambda_2,\ \cdots,\ \lambda_s$에 관하여 $a_n = \lambda_1 \alpha_1^n + \lambda_2 \alpha_2^n + \cdots + \lambda_s \alpha_s^n$은 위의 방정식을 고유 방정식으로 갖는 동차 선형 점화 수열의 일반항이다.

(2) $\alpha_1,\ \alpha_2,\ \cdots,\ \alpha_s$가 모두 다르면 위의 방정식을 고유 방정식으로 갖는 동차 선형 점화 수열의 일반항은 다음과 같은 형태이다.($\lambda_1,\ \lambda_2,\ \cdots,\ \lambda_s$은 적당한 상수)

$$a_n = \lambda_1 \alpha_1^n + \lambda_2 \alpha_2^n + \cdots + \lambda_s \alpha_s^n$$

# 3.4 생성 함수를 이용한 점화식의 풀이

각 항이 실수인 수열 $\{a_n\}$에 관하여 다음과 같이 정의된 멱급수 $G(x)$를 수열 $\{a_n\}$의 생성 함수(generating function)라고 한다.

$$G(x) = \sum_{n=0}^{\infty} a_n x^n = a_0 + a_1 x + a_2 x^2 + a_3 x^3 + \cdots$$

이런 수열의 생성 함수는 미지수 $x$의 조건에 따라 무한급수가 아닌 다른 함수로 수렴하게 된다.

**예제 3.4.1**

**(간단한 생성 함수와 그 멱급수의 수렴)**

(1) $\{a_n\} = \{1,\ 1,\ \cdots\}$의 생성 함수는 $G(x) = 1 + x + x^2 + x^3 + \cdots$ 이다. 그런데 등비수열의 무한급수로부터 $|x| < 1$일 때 다음이 성립한다.

$$\frac{1}{1-x} = 1 + x + x^2 + x^3 + \cdots$$

그러므로 수열 $\{a_n\} = \{1,\ 1,\ 1,\ \cdots\}$ 생성 함수는 $G(x) = \dfrac{1}{1-x},\ |x| < 1$이다.

(2) $\{a_n\} = \{1,\ 2,\ 2^2,\ 2^3,\ \cdots\}$으로 정의되는 상수 수열의 생성 함수는 다음과 같다.

$$H(x) = 1 + 2x + 2^2x^2 + 2^3x^3 + \cdots$$

한편, $|x| < \dfrac{1}{2}$이면 멱급수 $H(x)$는 $\dfrac{1}{1-2x}$으로 수렴한다.

(3) 유한수열 $\{a_n\} = \{1,\ 1,\ 1,\ 1\}$은 무한수열

$\{a_n\} = \{1,\ 1,\ 1,\ 1,\ 0,\ 0,\ \cdots\}$과 같다고 생각할 수 있으며 이에 관한 생성 함수

$R(x) = 1 + x + x^2 + x^3$이며 동시에 $x \neq 1$이면 $R(x) = \dfrac{x^4 - 1}{x - 1}$으로 나타낼 수 있다.

위의 예에서 볼 수 있듯이 수열 $\{a_n\}$의 생성 함수로 주어진 멱급수는 $x$의 수렴구간에 따라 무한급수가 수렴하는 함수로 나타낼 수 있다. 하지만 생성 함수의 이론은 멱급수의 수렴 반경과 상관없는 형식적 멱급수(formal power series)를 빌어 정의하고 있다. 따라서 위의 예제에 제시된 생성 함수 $G(x)$와 이 멱급수가 수렴하는 함수 $H(x)$는 수렴반경에 관계없이 등식으로

간주할 수 있다. 이와 같이 형식적 멱급수로 생성 함수 이론을 전개하기 위해서, 형식적 멱급수의 연산의 정의와 상등 및 곱셈에 관한 역원에 관하여 잠시 살펴보기로 하자.

## ◆ 형식적 멱급수

두 멱급수 $f(x)=\sum_{k=0}^{\infty}a_kx^k$과 $g(x)=\sum_{k=0}^{\infty}b_kx^k$은 각각의 수렴구간의 공통된 구간에 $x$가 속할 때 다음과 같은 덧셈과 곱셈에 관한 법칙을 만족시킴을 알고 있다. (미적분학의 멱급수 편 참조)

$$f(x)+g(x)=\sum_{k=0}^{\infty}(a_k+b_k)x^k$$

$$f(x)g(x)=\sum_{k=0}^{\infty}c_kx^k \quad \text{여기서 } c_k=\sum_{i=0}^{k}a_ib_{k-i}=a_0b_k+a_1b_{k-1}+\cdots+a_kb_0$$

하지만 형식적 멱급수의 집합에서는 위의 법칙을 두 형식적 멱급수의 덧셈과 곱셈으로 정의한다. 해석학적인 수렴하는 멱급수의 개념으로 출발한 생성 함수는 그 표현을 대수학적인 형식적 멱급수로 확장하여 표현함으로써, 미지수 $x$의 수렴구간에 상관없이 간단한 함수로 나타낼 수 있다.

예를 들어, 무한등비급수의 수렴성을 고려하지 않고도 형식적 멱급수로서의 생성 함수 $G(x)=1+x+x^2+\cdots$는 함수 $\frac{1}{1-x}$과 같다고 말할 수 있다. 왜냐하면 위의 형식적 멱급수에 관한 덧셈과 곱셈의 정의에 의하여 $1=(1-x)(1+x+x^2+\cdots)$임을 보일 수 있기 때문이다.(우변을 분배법칙을 이용하여 전개하도록 한다) 즉, 두 형식적 멱급수 $1-x$와 $1+x+x^2+\cdots$을 형식적 멱급수의 곱셈에 관한 역원 관계로 해석하면 $1+x+x^2+\cdots$은 $(1-x)$의 곱셈에 관한 역원이므로 $\frac{1}{1-x}=(1-x)^{-1}=1+x+x^2+\cdots$임을 알 수 있다.

다시 말해서, 생성 함수를 나타내는 형식적 멱급수 $G(x)$가 적당한 유한 멱급수 $H(x)$를 곱셈에 관한 역원으로 가지면 $G(x)=\frac{1}{H(x)}$라는 등식을 갖게 된다.

다음 정리는 형식적 멱급수가 역원을 가질 필요충분조건에 관한 결과이다.

정리 3.3 실계수의 형식적 멱급수 $G(x)=\sum_{k=0}^{\infty}a_kx^k$에 대하여 $G(x)H(x)=1$인 $H(x)=\sum_{k=0}^{\infty}b_kx^k$가 존재하기 위한 필요충분조건은 $a_0\neq 0$인 것이다.

| 증 명 | 두 형식적 멱급수 $G(x)=\sum_{k=0}^{\infty}a_kx^k$과 $H(x)=\sum_{k=0}^{\infty}b_kx^k$에 대하여 $G(x)H(x)=\sum_{k=0}^{\infty}\left(\sum_{i=0}^{k}a_ib_{k-i}x^k\right)$으로 정의되며, $G(x)H(x)$의 $x^k$의 계수 $c_k$는 다음과 같다.

$$c_k=\sum_{i+j=k}a_ib_j=a_0b_k+a_1b_{k-1}+\cdots+a_kb_0$$

여기서 $1=1+0x+0x^2+\cdots$이므로 주어진 형식적 멱급수 $G(x)=\sum_{k=0}^{\infty}a_kx^k$에 관하여 다음 필요충분조건이 성립하므로 주어진 명제는 참임을 알 수 있다.

$$G(x)H(x)=1\Leftrightarrow a_0b_0=1,\ a_0b_k+a_1b_{k-1}+\cdots+a_kb_0=0\ \ (k\geq 1)$$

그런데 $a_0b_0=1\neq 0$이므로 $a_0\neq 0$, $b_0=1/a_0$이고, 이를 이용하면, 다음 연립방정식을 만족시키는 근 $b_0,\ b_1,\ b_2,\ \cdots,\ b_k,\ \cdots$를 차례로 구할 수 있다.

$$\begin{cases} a_0b_1+a_1b_0=0 \\ a_0b_2+a_1b_1+a_2b_0=0 \\ \vdots \\ a_0b_k+a_1b_{k-1}+\cdots+a_kb_0=0 \\ \vdots \end{cases}$$

따라서 $a_0\neq 0$이면, $H(x)=\sum_{k=0}^{\infty}b_kx^k$가 존재하고, 그 역도 성립한다.

위의 정리에 의해서, 형식적 멱급수 $G(x)$의 첫째 항이 0이 아닌 경우, $G(x)H(x)=1$를 만족시키는 형식적 멱급수 $H(x)$가 존재하며, 이는 $G(x)$의 곱셈에 관한 역원의 의미를 가지므로 $H(x)=G^{-1}(x)=\dfrac{1}{G(x)}$로 나타낸다.

**예 제 3.4.2**

다음은 형식적 멱급수로 나타낸 함수 이론에 유용하게 적용될 수 있는 항등식들이다.

(1) $\dfrac{1}{1-x}=1+x+x^2+x^3+x^4+\cdots=\sum_{n=0}^{\infty}x^n$

(2) $\dfrac{1}{1-ax}=1+ax+a^2x^2+a^3x^3+\cdots=\sum_{n=0}^{\infty}a^nx^n$

(3) $\dfrac{1}{1+x}=1-x+x^2-x^3+x^4+\cdots=\sum_{n=0}^{\infty}(-1)x^n$

(4) $\dfrac{1}{1-x^s}=1+x^s+x^{2s}+x^{3s}+x^{4s}+\cdots=\sum_{n=0}^{\infty}x^{sn}$

(5) $\dfrac{1}{(1-x)^2}=1+2x+3x^2+4x^3+\cdots=\sum_{n=0}^{\infty}(n+1)x^n$

(6) $\dfrac{x}{(1-x)^2}=x+2x^2+3x^3+4x^4+\cdots=\sum_{n=0}^{\infty}nx^n$

(7) $\dfrac{1}{(1-ax)^2}=1+2ax+3a^2x^2+4a^3x^3+\cdots=\sum_{n=0}^{\infty}(n+1)a^nx^n$

(8) $\dfrac{ax}{(1-ax)^2}=ax+2a^2x^2+3a^3x^3+4a^4x^4+\cdots=\sum_{n=0}^{\infty}na^nx^n$

실제로 (1), (2), (3)은 이미 위의 예제에서 등비수열로 설명되었고 (4)번 또한 (1)번으로부터 자명하다. 또한 (6), (7), (8)번은 (5)번으로부터 명백하다. 한편 (5)번의 증명은 형식적 멱급수의 덧셈과 곱셈의 정의로부터 자연스럽게 유도될 수 있는 배분법칙에 의하여 실제로 계산하면 다음과 같이 증명된다.

$$
\begin{aligned}
&\frac{1}{(1-x)^2}\\
&=\frac{1}{1-x}\,\frac{1}{1-x}=(1+x+x^2+x^3+\cdots)(1+x+x^2+x^3+\cdots)\\
&\qquad\qquad = 1+x+x^2+x^3+\cdots \qquad\qquad \text{(분배법칙에 따라)}\\
&\qquad\qquad\quad +x+x^2+x^3+x^4+\cdots\\
&\qquad\qquad\qquad +x^2+x^3+x^4+x^5+\cdots\\
&\qquad\qquad +)\qquad\qquad \vdots \qquad\qquad \vdots\\
&\qquad\qquad = 1+2x+3x^2+\cdots\quad\cdots=\sum_{t=0}^{\infty}(t+1)x^t
\end{aligned}
$$

**예 제 3.4.3**

수열 $\{a_n\} = \{1,\ 2,\ 0,\ 1,\ 2,\ 0,\ 1,\ 2,\ 0,\ \cdots\}$의 생성 함수 $G(x)$를 분수 함수로 나타내어라.

| 증 명 | 생성 함수의 정의와 위의 항등식 [4]번에 의하여 다음을 얻는다.

$$\begin{aligned} G(x) &= \sum_{t=0}^{\infty} a_t x^t = 1 + 2x + x^3 + 2x^4 + x^6 + 2x^7 + x^9 + 2x^{10} \cdots \\ &= (1+2x)(1 + x^3 + x^6 + x^9 + \ \cdots) \\ &= \frac{1+2x}{1-x^3} \end{aligned}$$

## ◆ 생성 함수를 이용하여 점화식의 풀이

형식적 멱급수로 표현된 생성 함수는 점화식의 일반항을 구하는데 유용하게 쓰인다. 먼저 일반항을 알고 있는 등비수열의 점화식을 생성 함수를 이용하여 풀어봄으로서 그 적용의 원리를 이해해 보기로 하자.

**예 제 3.4.4**

다음 수열의 점화식을 생성 함수를 이용하여 풀어라.

$$a_{n+1} = 3a_n, \qquad a_0 = 2$$

| 풀 이 | 수열 $\{a_n\}$의 생성 함수는 $G(x) = \sum_{n=0}^{\infty} a_n x^n$ 이다. $xG(x)$는 다음과 같다.

$$xG(x) = x\sum_{n=0}^{\infty} a_n x^n = \sum_{n=0}^{\infty} a_n x^{n+1} = \sum_{n=1}^{\infty} a_{n-1} x^n$$

$a_{n+1} - 3a_n = 0$, $a_0 = 2$ 임을 이용하여 다음과 같이 $G(x) - 3xG(x)$를 구하자.

$$G(x)-3xG(x)=\sum_{n=0}^{\infty}a_nx^n-3\sum_{n=1}^{\infty}a_{n-1}x^n$$
$$=a_0+\sum_{n=1}^{\infty}(a_n-3a_{n-1})x^n$$
$$=2$$

이 식은 $G(x)(1-3x)=2$임을 뜻하고 따라서 $G(x)=\dfrac{2}{1-3x}$를 얻는다. 그러므로 다음을 알 수 있다.

$$G(x)=\frac{2}{1-3x}=2\left(\sum_{n=0}^{\infty}3^nx^n\right)=\sum_{n=0}^{\infty}2\cdot 3^nx^n$$

이때, $G(x)$는 $a_n$의 생성 함수이므로 $a_n=2\cdot 3^n$을 얻는다.

위의 예제에서 보여준 것같이 생성 함수를 이용하여 점화식을 풀기 위해서는 우리가 알고 있는 멱급수의 항등식의 형태가 나올 때까지 점화식에 따라 생성 함수를 변형시켜야 한다. 이제 좀 더 복잡한 점화식의 풀이에 생성 함수를 적용시켜보기로 하자.

**예 제 3.4.5**

다음 수열의 점화식을 생성 함수를 이용하여 풀어라

$$a_n=4a_{n-1}+6^{n-1},\quad a_0=1,\quad a_1=5$$

| 풀 이 |

수열 $\{a_n\}$의 생성 함수를 $G(x)=\sum_{n=0}^{\infty}a_nx^n$라고 하자. 우선 주어진 점화식 $a_n=4a_{n-1}+6^{n-1}$으로부터 양변에 $x^n$을 곱하면 $a_nx^n=4a_{n-1}x^n+6^{n-1}x^n$을 얻고, 이것을 이용하여 다음 등식을 유도해 낸다.

$$G(x)-a_0=\sum_{n=1}^{\infty}a_nx^n$$
$$=\sum_{n=1}^{\infty}(4a_{n-1}x^n+6^{n-1}x^n)$$

$$= 4x\sum_{n=1}^{\infty} a_{n-1}x^{n-1} + x\sum_{n=1}^{\infty} 6^{n-1}x^{n-1}$$

$$= 4x\sum_{n=0}^{\infty} a_n x^n + x\sum_{n=0}^{\infty} 6^n x^n$$

$$= 4xG(x) + \frac{x}{1-6x}$$

위의 등식 $G(x)-1 = 4xG(x) + \dfrac{x}{1-6x}$을 정리하면 $G(x) = \dfrac{1-5x}{(1-4x)(1-6x)}$을 얻는다. 마지막으로 $G(x)$를 부분분수로 나타내면 다음을 멱급수를 얻는다.

$$G(x) = \frac{1}{2}\left(\frac{1}{1-4x} + \frac{1}{1-6x}\right)$$

$$= \frac{1}{2}\left(\sum_{n=0}^{\infty} 4^n x^n + \sum_{n=0}^{\infty} 6^n x^n\right)$$

$$= \sum_{n=0}^{\infty} \frac{1}{2}(4^n + 6^n)x^n$$

이 식으로부터 $a_n = \dfrac{1}{2}(4^n + 6^n)$를 결과로 얻는다.

정의 3.4 수열 $\{a_n\}$이 적당한 $c_0, c_1, \cdots, c_{n-1}$에 대하여 다음과 같은 점화식으로 정의 되었다고 하자.

$$a_{k+n} = c_0 a_n + c_1 a_{n+1} + \cdots + c_{n-1}a_{k+n-1} \quad (k = 0, 1, 2, \cdots)$$

(1) 아래와 같이 정의한 $f(x)$를 수열 $\{a_n\}$의 **고유다항식(characteristic polynomial)**이라 한다.

$$f(x) = -c_0 - c_1 x - \cdots - c_{n-1}x^{n-1} + x^n$$

(2) (1)의 $f(x)$로부터 다음과 같이 정의된 함수 $f^*(x)$를 $f(x)$의 **상반다항식(reciprocal polynomial)**이라 한다.

$$f^*(x) = 1 - c_{n-1}x - \cdots - c_1 x^{n-1} - c_o x^n$$

선형동차수열 $\{a_n\}$의 점화식 풀이는 고유다항식과 그 상반다항식의 관점으로 아래와 같이 해석할 수 있다.

**예제 3.4.6**

**(상반다항식으로 본 선형동차 수열의 풀이)**

$a_{n+2} = 5a_{n+1} - 6a_n$, $a_0 = 1$, $a_1 = -2$의 일반항을 상반다항식을 이용하여 구하라.

| 풀 이 | 수열 $\{a_n\}$의 생성 함수를 $G(x) = \sum_{n=0}^{\infty} a_n x^n$라고 하면 다음이 성립한다.

$$\begin{array}{rcccccccccc} G(x) & = & a_0 & + & a_1 x & + & a_2 x^2 & + & a_3 x^3 & + & \cdots \\ -5G(x) & = & & - & 5a_0 x & - & 5a_1 x^2 & - & 5a_2^3 & - & \cdots \\ + \quad 6x^2 G(x) & = & & & & & 6a_0 x^2 & + & 6a_1 x^3 & + & \cdots \\ \hline (6x^2 - 5x + 1)G(x) & = & \multicolumn{9}{l}{a_0 + (a_1 - 5a_0)x + \sum_{n=0}^{\infty} (a_{n+2} - 5a_{n+1} + 6a_n)x^{n+2}} \end{array}$$

여기서 $f(x) = x^2 - 5x + 6$은 수열 $\{a_n\}$의 고유다항식이 되고, 이에 따라 $f^*(x) = 6x^2 - 5x + 1$은 $f(x)$의 상반다항식이 된다. 이 때 주어진 조건에 의하여 $a_0 + (a_1 - 5a_0)x = 1 - 7x$이고 임의의 $k$에 대하여 $a_{n+2} - 5a_{n+1} - 6a_n = 0$이므로 다음이 성립한다.

$$(6x^2 - 5x + 1)G(x) = (1 - 7x)$$

즉,

$$G(x) = \frac{1 - 7x}{6x^2 - 5x + 1} = \frac{1 - 7x}{(3x - 1)(2x - 1)} = \frac{5}{1 - 2x} + \frac{(-4)}{1 - 3x}$$

이다. 예제 3.4.2 (2)에 의하여

$$\frac{5}{1 - 2x} = \sum_{n=0}^{\infty} 5 \cdot 2^n x^n, \quad \frac{(-4)}{1 - 3x} = \sum_{n=0}^{\infty} (-4) \cdot 3^n x^n$$

이므로

$$G(x) = \frac{5}{1 - 2x} + \frac{(-4)}{1 - 3x} = \sum_{n=0}^{\infty} 5 \cdot 2^n x^n - 4 \cdot 3^n x^n = \sum_{n=0}^{\infty} (5 \cdot 2^n - 4 \cdot 3^n) x^n$$

이 성립함을 알 수 있다. 따라서 $a_n = 5 \cdot 2^n - 4 \cdot 3^n$을 얻는다.

## ◆ 생성함수를 이용한 비선형 점화식의 풀이

다음 점화식으로 정의된 수열 $\{C_n\}$은 카탈란 수열(Catalan sequence)이라 부른다.

$$C_n = \sum_{k=0}^{n-1} C_k \cdot C_{n-k-1}, \quad C_0 = C_1 = 1$$

이 카탈란 수열은 앞서 소개한 피보나치 수열과 함께 자연현상을 나타내는 역사적으로 잘 알려진 수열이다. 앞선 수열의 예가 모두 선형 점화식의 풀이인데 반해 이 수열은 비선형 점화식이므로 3.3절에서 소개한 동차 선형 점화식의 풀이로는 일반항을 유도할 수 없다. 여기서는 카탈란 수열의 일반항을 생성함수를 통하여 도출하고자 한다.

**정리 3.5** 다음 점화식으로 정의된 수열 $\{C_n\}$은 $n$-카탈란 수열(Catalan sequence)이다.

$$C_n = \sum_{k=0}^{n-1} C_k \cdot C_{n-k-1}, \quad C_0 = C_1 = 1$$

이 때, $C_n$의 일반항은 다음과 같다.

$$C_n = \frac{1}{n+1}\binom{2n}{n}$$

**| 증 명 |** 주어진 수열 $\{C_n\}$의 생성함수를 $G(x) = \sum_{k=0}^{\infty} C_n x^n$라 하면 다음이 성립한다.

$$\begin{aligned} G(x)^2 &= (C_0 + C_1 x + \cdots)(C_0 + C_1 x + \cdots) \\ &= C_0 C_0 + (C_0 C_1 + C_1 C_0)x + (C_0 C_2 + C_1 C_1 + C_2 C_0)x^2 + \cdots \\ &= C_1 + C_2 x + C_3 x^2 + \cdots \end{aligned}$$

따라서 다음 식이 성립하므로 $xG(x)^2 = G(x) - 1$을 얻는다.

$$xG(x)^2 = C_1 x + C_2 x^2 + \cdots = C_0 + (C_1 x + C_2 x^2 + \cdots) - C_0$$

따라서 $xf(x)^2 - f(x) + 1 = 0$이고, 근의 공식에 의해 다음을 얻는다.

$$f(x)=\frac{1\pm\sqrt{1-4x}}{2x}$$

이 때, $f(0)=C_0=1$이므로 $f(x)=\frac{1-\sqrt{1-4x}}{2x}$이다.

여기서, 이항정리의 성질에 의해 $\sqrt{1-4x}$ 를 계산하면 아래와 같다.

$$\sqrt{1-4x}=(1-4x)^{1/2}=1+\sum_{n=1}^{\infty}\binom{\frac{1}{2}}{n}\cdot(-4x)^n$$

$$=1+\sum_{n=1}^{\infty}\frac{\frac{1}{2}\times(-\frac{1}{2})\times\cdots\times(\frac{3-2n}{2})}{(n-1)!}\cdot(-4x)^n$$

$$=1+\sum_{n=1}^{\infty}\frac{(-1)^{n-1}}{n\cdot 2^n}\cdot\frac{1\times3\times\cdots\times(2n-3)}{(n-1)!}\cdot(-4x)^n$$

$$=1+\sum_{n=1}^{\infty}\frac{(-1)^{n-1}}{n\cdot 2^n}\cdot\frac{1\times3\times\cdots\times(2n-3)\times(2\times4\times\cdots\times(2n-2))}{(n-1)!\times(2\times4\times\cdots\times(2n-2))}\cdot(-4x)^n$$

$$=1+\sum_{n=1}^{\infty}\frac{(-1)^{n-1}}{n\cdot 2^n}\cdot\frac{(2n-2)!}{2^{n-1}\cdot(n-1)!\cdot(n-1)!}\cdot(-4x)^n$$

$$=1+\sum_{n=1}^{\infty}\frac{(-1)^{n-1}}{n\cdot 2^{2n-1}}\cdot\binom{2n-2}{n-1}\cdot(-4x)^n$$

$$=1+\sum_{n=1}^{\infty}\frac{(-1)^{n-1}}{n\cdot 2^{2n-1}}\cdot\binom{2n-2}{n-1}\cdot(-1)^n\cdot 2^{2n}\cdot x^n$$

$$=1-\sum_{n=1}^{\infty}\frac{1}{2n}\cdot\binom{2n-2}{n-1}\cdot x^n$$

따라서 다음을 얻는다.

$$G(x)=(2x)^{-1}\left\{1-(1-\sum_{n=1}^{\infty}\frac{1}{2n}\cdot\binom{2n-2}{n-1})\cdot x^n\right\}$$

$$=\sum_{n=1}^{\infty}\frac{1}{n}\cdot\binom{2n-2}{n-1}\cdot x^{n-1}$$

$$=\sum_{n=0}^{\infty}\frac{1}{n+1}\cdot\binom{2n}{n}\cdot x^n$$

이다. 즉, $C_n=\frac{1}{n+1}\cdot\binom{2n}{n}$이고, 이로부터 명제가 성립함을 알 수 있다.

카탈란 수열은 격자 위의 최단거리의 경로의 개수, 결합법칙을 적용한 행렬 곱셈의 계산 방법의 개수 등의 여러 가지 이산수학적 셈(counting)을 함의하고 있다. 이에 대해서는 4장의 정리 4.26을 참조하기 바란다.

# 연습문제 3.4

1 다음 수열의 생성 함수를 형식적 멱급수로 나타내고, 이를 가능하면 간단한 형태로 정리하라.

(1) $1,\ 1,\ 1,\ 1,\ 1,\ \cdots$

(2) $1,\ 2,\ 3,\ 4,\ 5,\ 6,\ 7,\ \cdots$

(3) $1,\ 2,\ 3,\ 1,\ 2,\ 3,\ 1,\ 2,\ 3,\ \cdots$

(4) $0,\ 0,\ 1,\ 1,\ 1,\ 1,\ \cdots$

(5) $1,\ 0,\ 0,\ 1,\ 1,\ 1,\ 1,\ \cdots$

(6) $0,\ 5,\ 5,\ 5,\ 5,\ 5,\ \cdots$

(7) $1,\ -1,\ 1,\ -1,\ 1,\ -1,\ \cdots$

(8) $1,\ 0,\ 1,\ 0,\ 1,\ 0,\ 1,\ 0,\ \cdots$

2 다음과 같이 주어진 생성 함수에 대응하는 수열을 구하라.

(1) $(x+5)^2$

(2) $\dfrac{1}{(1+x)^2}$

(3) $\dfrac{1}{1+8x}$

(4) $\dfrac{1}{1+x^2}$

(5) $(x-7)^4$

(6) $\ln(1-2x)$

귀띔 형식적 적분 이용

**3** 생성 함수가 다음과 같이 주어진 수열의 10번째 항 $a_{10}$ 을 구하라.

(1) $(1+x^5+x^{10}+x^{15}+\cdots)^3$

(2) $(1+x^2+x^4+x^6+\cdots)(1+x^4+x^8+x^{12}+\cdots)$

(3) $\dfrac{x^3}{(1+4x)^2}x^3$

(4) $\left(\sum_{k=0}^{\infty} x^{2k+2}\right)\left(\sum_{k=0}^{\infty} x^{3k+3}\right)\left(\sum_{k=0}^{\infty} x^{4k+4}\right)$

**4** 생성 함수 $G(x)=\dfrac{1-9x}{(1-8x)(1-10x)}$ 로 주어진 수열의 일반항을 구하라.

**5** 생성 함수를 이용하여 다음 점화식의 일반항을 구하라.

(1) $a_{n+1}=-a_n+2a_{n+1},\quad a_0=3,\quad a_1=-2$

(2) $a_n=10a_{n-1},\quad a_0=3$

(3) $a_{n+3}=-2a_n+a_{n+1}+2a_{n+2},\quad a_0=6,\ a_1=18,\quad a_2=36$

(4) $a_{n+1}=6a_n+7^n,\quad a_0=1$

# 4 셈법

주어진 대상에 대하여 그 개수를 세는 것(counting)은 매우 자연스러운 일이며 이러한 셈은 모든 수학의 기초가 된다. 센다는 것은 일반적으로 크기를 측정하는 것의 한 유형으로서 선행 학습된 정적분과 그 맥락을 같이 한다. 정적분은 주어진 실변수 함수에 대한 곡선 하부의 면적의 개념으로 구분구적법을 그 예로 들 수 있다. 구분구적법은 우리가 측정하기를 원하는 면적을 아주 (밑변)×(함수값)으로 정의된 작은 사각형의 면적 $a_k$ 의 $n$항까지의 부분합인 $S_n$ 의 극한으로 구할 수 있었다. 다시 말해서, 연속인 함수 $f$의 $x=a$부터 $x=b$까지 곡선 하부면적은 다음과 같다.

$$\int_a^b f(x)dx = \lim_n \sum_{k=1}^{n} f\left(a+\frac{(b-a)k}{n}\right)\frac{b-a}{n} = \lim_n \sum_{k=1}^{n} a_k = \lim_n S_n$$

이러한 연속한 함수에 대한 정적분의 개념은 이산적인 집합의 원소의 개수를 측정하는 셈(counting)의 개념과 같다고 말할 수 있다. 이산적인 대상의 크기를 계산한다는 것은 이들 집합을 $n$-분할하는 부분집합의 각 크기를 나타내는 수열 $a_k$ 를 구하여 이들의 $n$항까지의 합 $S_n$ 으로 구할 수 있기 때문이다.

정적분의 경우 정적분을 구할 수 있는지 없는지의 관건은 위 식의 $n$항까지의 부분합 $S_n$ 의 일반항을 구할 수 있는지 여부에 달려 있음과 마찬가지로 자연수 $n$에 대한 조건을 만족하는 이산적인 집합의 개수를 셀 수 있는지에 관한 가부 또한 점화식으로 주어진 개수의 수열의 일반항을 구할 수 있는지의 문제로 귀착된다. 정적분에 있어서는 이러한 문제에 대한 해결책으로 뉴튼과 라이프니치는 부정적분을 이용한 미적분학의 기본정의를 제시 하여 부분합의 일반항을 구하지 않고도 보다 광범위한 정적분을 계산할 수 있게 되었다. 유한개 원소의 개수를 세는 셈(counting)에 있어서도 3장에서 살펴보았듯이 점화식으로부터 일반항을 도출하는 다양한 방법이 연구되어 있지만 아직까지 미적분학의 정리처럼 광범위한 대상에 대한 일반적인 일반항 구하는 방법은 제시되고 있지 않고 있다. 이러한 차이는 셈의 경우 일반항을 구하고자 하는 수열이 일반 함수와 달리 자연수를 정의역으로 하는 함수, 즉 이산함수라는 점에서 오는 것이라 볼 수 있다.

이 장에서는 셈법의 기본이 되는 덧셈법칙과 곱셈법칙에 이어 순열, 조합 등의 셈의 원리에 대해서 논한 다음, 수학적으로 혹은 역사적으로 의미를 가지는 여러 대상에 대한 셈을 다루고 있는 점유와 분배문제에 대하여 알아보기로 하자. 참고로 이러한 셈에 대해 중점적으로 다루고 있는 수학을 Enumerative Combinatorics(계수적 조합수학)이라고 한다.

## 무한집합 세기

아주 많은 원소로 이루어진 두 집합의 크기, 즉 집합의 원소의 개수를 비교하려면 어떤 방법을 써야 할까? 물론 두 집합의 원소를 각각 모두 세어서 나온 두 결과를 비교하면 될 것이다. 하지만 집합의 크기가 크면 한 집합의 원소의 개수를 세는 데만 상당한 시간을 필요로 할 것이다. 그러므로 한 집합을 다 세고 나서 비교하고자 하는 집합을 센다는 것은 현실에서는 그렇게 좋은 방법이 아니라고 할 수 있다. 특히 비교하고자 하는 두 집합이 무한개의 원소로 이루어져 있다면, 두 집합 각각의 크기를 알아낸 후 그 결과를 비교한다는 것은 불가능하다. 과연 두 무한 집합의 크기는 비교할 수 없는 것일까? 이 문제에 관한 답은 19세기 말 집합론과 초한수의 창시자인 **칸토어(Georg Cantor**, 1845~1918)가 일대일 대응을 이용함으로써 제시되었다. 우선 유한 집합에서 그 셈의 원리를 알아보도록 하자.
왼손과 오른손의 손가락의 개수는 5개로서 같다. 이를 일대일 대응을 빌어 설명하면, 왼손 손가락의 집합과 오른손의 손가락 집합 사이에는 왼 엄지를 오른 엄지로, 왼 검지를 오른 검지로, …, 보내는 일대일 대응이 존재하기 때문에 두 집합의 원소의 개수는 같다고 생각할 수 있다. 이것을 정리하면 다음과 같은 기본적인 명제로 표현할 수 있다.

> "집합 $A$, $B$에서 일대일 함수 $f : A \to B$가 존재하면 $|A| \leq |B|$이다. 더욱이, 일대일 대응 $f : A \to B$가 존재하면 $|A| = |B|$이다. (여기서 용어 사용의 편의상 $|A|$는 집합 $A$의 크기, 즉 $A$의 원소의 개수를 나타낸다)"

위의 당연해 보이는 명제를 이용하여 칸토어는 두 무한 집합의 크기를 최초로 비교하였다. 간단한 예로, 자연수의 집합 $N = \{1,\ 2,\ \cdots,\ n,\ \cdots\}$과 짝수의 집합 $2N = \{2,\ 4,\ \cdots,\ 2n,\ \cdots\}$ 사이에는 $f(k) = 2k$로 정의되는 일대일 대응 $f : N \to 2N$이 존재한다. 그러므로 $|N| = |2N|$이다. 이러한 방법에 의하여 칸토어는 자연수의 집합 $N$, 정수의 집합 $Z$, 유리수의 집합 $Q$이 모두 그 크기가 같음을 보일 수 있었다. 특히, $N \subset Q$이므로 $|N| \leq |Q|$임을 쉽게 알 수 있고, 여기에 칸토어는 $Q$에서 $N$으로 가는 일대일 함수를 제시함으로써 위에 제시된 명제에 따라 $|N| = |Q|$임을 증명하였다. 여기서 자연수 집합의 크기와 같은 집합을 '셀 수 있다'(countable)라는 의미로 가산집합이라 부르게 되었다. 한편, 실수 집합의 경우, 칸토어는 자연수 집합에서 실수 집합으로 가는 일대일 대응이 전혀 존재할 수 없음을 보임으로써 실수집합은 가산집합이 아니고 셀 수 없는 무한대의 크기를 가진 비 가산집합임을 밝혔다. 이러한 칸토어의 무한대에 관한 연구 결과는 당시 '무한은 실재하지 않는다'라는 '가무한론'을 주장한 수학자 **크로네커(Leopold Kronecker**, 1823~1891)에 의해 공격 받았다. 크로네커는 자신의 명망을 배경으로 칸토어의 결과를 신학이나 철학 등의 형이상학적 논의로 축소 평가하였으며 수학적 결과로 받아드리지 않았다. 결국 칸토어 자신조차 자신이 구축한 무한에 관한 이론을 의심하게 되어, 40세부터 1918년 할레의 정신병원에서 생을 마무리 할 때까지 줄곧 정신 쇠약으로 투병하는 불행한 삶을 살았다.

# 4.1 집합과 함수의 셈

이 절에서는 유한집합과 유한집합들의 연산의 결과로 나타난 집합의 원소의 개수에 대하여 살펴보고 두 유한집합 사이에 정의될 수 있는 단사함수, 전사함수, 일대일대응함수의 개수에 관한 **셈**(counting)에 관해서 다룬다.

주어진 집합 $X$가 유한집합이면 적당한 자연수 $n$에 대하여 $X$에서 $[n]$ 위로의 일대일대응 함수 $f$가 항상 존재한다.(여기서 $[n] = \{1,2, \cdots ,n\}$을 의미한다.) 이 때, $X$에 대응하는 자연수 $n$을 집합 $X$의 **농도**(cardinality)라 하고 $|X|$로 표기한다.

## ◆ 합의 법칙과 곱의 법칙

다음 두 정리는 합의 법칙과 곱의 법칙으로 불리는 셈(ccunting)의 기본원리를 제공하고 있다.(이 책에서는 유한집합만을 다루므로 특별한 언급이 없는 경우 모든 집합은 유한집합으로 가정한다.)

정리 4.1 집합 $A, B$에 대하여 다음이 성립한다.

(1) [합의 법칙] $A \cap B = \varnothing$이면 $|A \cup B| = |A| + |B|$이다.

(2) [곱의 법칙] $|A \times B| = |A| \times |B|$

집합에 관한 합의 법칙을 경우의 수를 세는 일반적인 셈으로 치환하면 다음과 같은 기본적인 개념으로 해석된다.

서로 다른 두 가지 사건에 대하여, 두 가지 사건은 동시에 발생하지 않는 경우를 생각하자. 이런 경우를 '배반적'이라 하고, 이런 사건들을 '배반사건'이라고 한다. 두 사건이 배반사건일 때, 두 가지 사건 중 하나의 사건이 발생할 수 있는 경우의 수는 다음과 같이 얻을 수 있다. 어떤 일이 발생할 경우의 수가 $n_1$이고, 두 번째 일이 일어날 경우의 수가 $n_2$라면 이 두 가지 중 적어도 한 가지 일이 일어날 경우의 수는 $n_1 + n_2$이다. 여기서 배반사건을 집합의 용어로 환원하여 생각하면 사건의 집합 $A$와 $B$가 $A \cap B = \varnothing$을 만족함을 뜻한다.

한편, 집합에 관한 곱의 법칙을 경우의 수에 대한 셈으로 설명하면 다음과 같은 셈의 기본 개념으로 해석할 수 있다. 서로 다른 두 사건이 앞선 사건의 발생과 상관없이 두 번째 사건이 일어난다고 하자. 이런 경우를 독립적이라고 하고 이런 사건들을 독립사건이라 한다. 두 사건이 독립사건일 때, 두 사건이 동시에 발생 할 수 있는 경우의 수는 다음과 같이 얻을 수 있다. 독립적인 한 사건이 발생할 경우의 수가 $n_1$이고, 두 번째 사건이 일어날 경우의 수가 $n_2$라면 이 두 가지 사건이 동시에 일어날 경우의 수는 $n_1 \times n_2$이다.

**예 제 4.1.1**

(1) 서로 다른 10개의 자연수와 20개의 무리수가 있다.
 (i) 이 중 한가지의 숫자를 선택하는 경우의 수는 10+20=30이다.
 (ii) 자연수와 무리수 중 각각 하나의 수를 뽑아 더해서 만들 수 있는 경우의 수는 10×20=200이다.

(2) 8비트로 만들 수 있는 코드의 개수는 곱셈법칙에 따라 계산된다. 8비트의 코드란 8개의 이진수 성분으로 된 순서쌍을 의미한다. 이 때, 각 성분에 나타날 수 있는 경우의 수는 2이고 성분이 8가지이므로, 생성 가능한 8비트로 이루어진 코드의 개수는 2×2× ⋯ × = $2^6$ = 256이다.

(3) 20개의 기본적인 아미노산을 만들기 위해 필요한 니블(nibble: 4bit 단위) 스트링의 길이를 생각해보자. 길이가 2니블이라면, $4^2$=16이라 필요한 20가지 경우를 모두 만들 수 없다. 그런데 길이를 3니블로 하면 만들 수 있는 모든 경우는 $4^3$=64가지이므로 3니블 스트링이면 충분히 필요한 경우를 모두 나타낼 수 있다.

(4) A 지점에서 B 지점으로 이동할 수 있는 $n_1$개 있고 B지점에서 C지점으로 이동할 수 있는 경로가 $n_2$개 있을 때, A 지점에서 C 지점으로 이동할 수 있는 경로의 총 개수는 곱의 법칙에 따라 $n_1 \times n_2$이 된다.

정리 4.1은 2개 이상의 집합에 대하여 수학적 귀납법에 의해 일반화될 수 있다.

**따름정리 4.2**

집합 $A_1, \cdots, A_n$에 대하여 다음이 성립한다.

(1) [합의 법칙] 서로 다른 $i, j$에 대하여 $A_i \cap A_j = \varnothing$이면 다음이 성립한다.

$$\left| \bigcup_{i=1}^{n} A_i \right| = \sum_{i=1}^{n} |A_i| .$$

(2) [곱의 법칙]

$$|A_1 \times \cdots \times A_n| = \prod_{i=1}^{n} |A_i|$$

**예 제 4.1.2**

현재 우리나라의 자동차 번호판은 예를 들어

| 5 | 7 | 8 | 거 | 1 | 7 | 6 | 9 |
|---|---|---|---|---|---|---|---|

와 같이 7자리의 숫자와 각각 1개의 자음과 모음으로 이루어져 있다.
$A=\{0,1,\cdots,9\}$, $B=\{$ㄱ, ㄴ, …, ㅎ$\}$, $C=\{$ㅏ, ㅑ, …, ㅣ$\}$라고 하면

$$|A \times A \times A \times B \times C \times A \times A \times A \times A| = 10^3 \times 14 \times 10 \times 10^4 = 14 \times 10^8$$

이므로, 총 1,400,000,000대의 차량을 등록 할 수 있다.

이제 합과 곱의 법칙을 적용하여 주어진 두 집합으로 연산된 집합의 농도에 관해서 살펴보자.

정리 4.3 두 집합 $A, B$에 대하여 다음이 성립한다.

(1) $|A \cup B| = |A| + |B| - |A \cap B|$

(2) $|A - B| = |A| - |A \cap B|$,
특히 $B \subseteq A$이면, $|A - B| = |A| - |B|$이다.

| 증 명 | $A = (A-B) \cup (A \cap B)$이고 $(A-B) \cap (A \cap B) = \varnothing$이므로 합의법칙에 의하여 $|A| = |A-B| + |A \cap B|$이다. 따라서 (2)가 성립한다.
한편 $A \cup B = (A-B) \cup (B-A) \cup (A \cap B)$이고, 합집합이 된 각각의 집합은 서로소이므로 합의 법칙과 (2)에 의해

$$\begin{aligned}|A \cup B| &= |A-B| + |B-A| + |A \cap B| \\ &= |A| - |A \cap B| + |B| - |A \cap B| + |A \cap B|\end{aligned}$$

$$= |A| + |B| + |A \cap B|$$

이 성립하고, 따라서 (1)이 성립한다.

일반화된 정리 4.3 (1)의 공식은 '포함 배제의 원칙'이라고 불린다. 세 개의 집합과 네 개의 집합에 대한 포함 배제의 원칙은 다음 정리 4.4와 같다. 이는 정리 4.3 (1)의 두 집합에 관한 포함 배제의 원칙으로부터 증명될 수 있다.

정리 4.4　집합 $A, B, C, D$에 대하여 다음이 성립한다.

(1) $|A \cup B \cup C|$

$= |A| + |B| + |C| - |A \cap B| - |B \cap C| - |C \cap A| + |A \cap B \cap C|$

(2) $|A \cup B \cup C \cup D|$

$= |A| + |B| + |C| + |D|$

$- |A \cap B| - |B \cap C| - |C \cap D| - |D \cap A| - |B \cap D| - |C \cap D|$

$+ |A \cap B \cap C| + |A \cap B \cap D| + |A \cap C \cap D| + |B \cap C \cap D|$

$- |A \cap B \cap C \cap D|$

| 증 명 |　(1) 드 모르간의 법칙과 정리 4.3 (1)에 의하여

$|A \cup B \cup C| = |(A \cup B) \cup C|$

$= |A \cup B| + |C| - |(A \cup B) \cap C|$

$= |A| + |B| - |A \cap B| + |C| - |(A \cap C) \cup (B \cap C)|$

$= |A| + |B| - |A \cap B| + |C| - (|A \cap C| + |B \cap C| - |A \cap C \cap B \cap C|)$

$= |A| + |B| + |C| - |A \cap B| - |B \cap C| - |C \cap A| + |A \cap B \cap C|$

(2) 드 모르간의 법칙과 정리 4.4 (1)을 적용하면 (1)과 같은 방법으로 증명된다.

참고로 포함 배제의 원칙을 $n$개의 집합에 관하여 일반화하면 다음과 같이 쓸 수 있고 수학적 귀납법을 통하여 증명 할 수 있다.(연습문제 10번)

정리 4.5 집합 $A_1, \cdots, A_n$에 대하여 다음이 성립한다.

$$\left|\bigcup_{m=1}^{n} A_m\right| = \sum_{m=1}^{n} \sum_{\substack{i_1 < \cdots < i_m \\ i_k \in [m]}} (-1)^{m+1} \left|\bigcap_{k=1}^{m} A_{i_k}\right|$$

이에 대한 응용은 연습문제로 남긴다.

## ◆ 함수의 개수

두 집합 $A, B$에 대하여 $|A| = m, |B| = n$일 때 $A$에서 $B$로의 함수의 개수, 1-1 함수의 개수, 1-1 대응함수의 개수를 구해보자.($A$에서 $B$ 위로의 전사함수의 개수는 4.4절에서 다루기로 한다)

정리 4.6 두 집합 $A, B$에 대하여 $|A| = m, |B| = n$라고 하자.

(1) $A$에서 $B$로의 함수의 개수는 $n^m$이다.

(2) $m \leq n$일 때, 1-1 함수의 개수는 다음과 같다.

$$n \times (n-1) \times \cdots \times (n-m+1)$$

(3) $m = n$일 때, 1-1 대응함수의 개수 $m \times (m-1) \times \cdots \times 1$이다.

| 증 명 | (1) 일반성을 잃지 않고 $A = [m]$, $B = [n]$이라 하고, $A$에서 $B$로의 함수 $f$를 $(f(1), \cdots, f(m))$로 표시하면 $F = \{(f(1), \cdots, f(m)) \mid f : [m] \to [n]\}$는 $A$에서 $B$로의 모든 함수들의 집합이다. 이제 $|F| = n^m$ 임을 보이자.
임의의 $i \in [m]$에 대하여 $f(i) \in [n]$이므로 곱의 법칙에 의하여 $|F| = n^m$ 이다.

(2) $f$가 1-1 함수라고 하면, $f(1)$이 될 수 있는 경우의 수는 $n$이고 $f(2)$가 될 수 있는 경우의 수는 $n-1$이다. 일반적으로 임의의 $k \in [m]$에 대하여 $f(k)$가 될 수 있는 경우의 수는 $n-k+1$이다. 따라서 곱의 법칙에 의하여 $f$가 1-1 함수가 되는 경우의 수는 다음과 같다.

$$n \times (n-1) \times \cdots \times (n-m+1)$$

따라서 명제는 성립한다.

(3) (2)에서 $n = m$ 인 경우이므로 1-1 대응함수의 개수는 다음과 같다.

$$m \times (m-1) \times \cdots \times 1$$

**예 제 4.1.3**

$A = [3], B = [5], C = [3], D = [2]$일 때, $A$에서 $B$로의 다음과 같은 함수의 개수를 살펴보자.

(1) $A$에서 $B$로의 함수의 개수는 $5^3 = 125$이다.
(2) $A$에서 $B$로의 1-1 함수의 개수는 $5 \times (5-1) \times (5-2) = 5 \times 4 \times 3 = 60$이다.
(3) $A$에서 $C$로의 1-1 대응함수의 개수는 $3! = 6$이다.
(4) $A$에서 $D$ 위로의 함수의 개수는 $6 = S(3,2) \times 2!$이다.(4.5절 참조)

# 4.2 순열(permutation)

집합의 농도의 셈(counting)에 대한 여러 가지 방법을 가장 근본적으로 좌우하는 것은 집합의 합의 법칙과 곱의 법칙임을 위의 절에서 살펴보았다. 이제 주어진 집합의 원소들의 나열에 대한 기본방법으로 제시되는 **순열**(permutation)에 관해서 알아보기로 하자.

우선 주어진 집합의 원소 위에서 순열을 정의하면 다음과 같다.

정의 4.7 주어진 $n$- 집합($n$- set) $A$의 원소 중에서 서로 다른 $k$개 $(1 \le k \le n)$를 선택하여 일렬로 나열하는 것을 $n$- **집합의** $k$**- 순열**(permutation)이라고 한다. 이 때, $k=n$이면, 이를 $n$-집합의 순열(permutation)이라고 하고, 이는 $n$- 집합 $A$의 원소들을 모두 일렬로 나열하는 것을 의미한다.

이제 $n$- 집합의 $k$- 순열의 개수에 관하여 알아보기 위해 다음 간단한 예제를 살펴보자.

**예제 4.2.1**

한 사람의 기자가 $A$, $B$, $C$ 세 사람을 순서에 따라 인터뷰를 할 때, 인터뷰의 경우의 수를 생각해보자. 우선, 인터뷰를 할 세 사람을 인터뷰 순서에 따라 일렬르 나열하면, 첫 번째 인터뷰하는 사람의 경우는 3가지, 두 번째 인터뷰하는 사람의 경우는 2가지, 그리고 마지막으로 인터뷰하는 사람의 경우는 1가지이므로, 모두 3×2×1=6가지이다.

주어진 $n$- 집합의 순열의 총 개수는 $n$개의 서로 다른 원소를 한 줄로 나열하는 방법의 개수이므로, 첫째자리부터 시작해서 각 자리에 올 수 있는 경우의 수를 고려하면 총 순열의 개수는 다음과 같다.

$$n \times (n-1) \times \cdots \times 2 \times 1 = n!$$

이때, $n$!은 '$n$ **팩토리얼**(factorial)'또는 '$n$ **계승**'이라고 읽는다. $n$! 은 일반적으로 자연수 $n$에 대해서만 정의하지만, 특별한 경우로 0 혹은 음수에 대해서도 정의할 수 있다. 여기서는 $0! = 1$, $(-n)! = \infty$ ($n$은 자연수)로 하기로 하자.

한편, $n$- 집합의 $k$- 순열의 총 개수는 $n$개의 서로 다른 원소 중에서 $k$개의 원소를 선택하여 일렬로 세우는 방법의 개수를 의미하므로, $n$개의 원소 중에서 $k$개의 서로 다른 원소를 뽑아 이미 지정된 $k$개의 자리 배정하는 방법의 개수와 같다. 따라서 첫째자리부터 시작하여 각 자리에 올 수 있는 경우의 수를 고려하면, $n$-집합의 $k$-순열의 총 개수 $P(n, k)$는 다음과 같다.

$$P(n,\ k) = n \times (n-1) \times \cdots \times (n-k+1) = \frac{n!}{(n-k)!} = (n)_k$$

여기서 $(n)_k$를 '$k$-하락계승(falling factorial)'이라고도 부른다.

정리 4.8 자연수 $n$과 $k$이 $1 \leq k \leq n$을 만족할 때, 다음 명제가 성립한다.

(1) $P(n,\ k)$의 양 극단의 값에 대한 다음 **경계 조건(boundary conditions)**을 만족시킨다.

$$P(n,\ 0) = 1,\ P(0,\ k) = \delta_{0,\ k} = \begin{cases} 1, & k = 0 \\ 0, & k \neq 0 \end{cases}$$

(2) $P(n,\ k) = P(n-1,\ k) + kP(n-1,\ k-1)$

| 증 명 |

(1) $k=0$인 경우, $P(n,\ 0) = \dfrac{n!}{(n-0)!} = 1$이다. 한편 $k=0$이고 $n=0$이면 $P(0,\ 0) = 1$이고, $k \neq 0$이고 $n=0$이면 $P(0,\ k) = \dfrac{0!}{(0-k)!}$이고, 위에서 $(-k)! = \infty$로 정의했으므로 $P(0,\ k) = 0$이다.

(2) $A$를 $n$-집합이라고 하고 $x \in A$라 하자. $A$의 $k$-순열은 $x$를 포함하는 경우와 $x$를 포함하지 않는 두 경우가 존재한다. 우선 $x$를 포함하는 $n$-집합의 $k$-순열은, $x$를 제외한 $(n-1)$-집합의 $(k-1)$-순열 위에 $x$를 추가로 배열함으로서 결정된다. 이 때 $x$는 $(k-1)$개의 원소의 맨 앞이거나 맨 뒤 혹은 이들 원소들의 사이에 추가 배열 될 수 있으므로 $k$개의 자리에 위치할 수 있다. 따라서 $x$를 포함하는 $n$-집합의 $k$-순열의 개수는 $kP(n-1,\ k-1)$이다. 다음으로 $x$를 포함하지 않는 $n$-집합의 $k$-순열은 $x$를 제외한 $n-1$개에서 $k$개를 뽑아 나열하는 순열이 되므로 이러한 순열의 총 개수는 $P(n-1,\ k)$가 된다. 따라서 $n$-집합의 $k$-순열의 개수 $P(n,k)$는 $kP(n-1,\ k-1)$와 $P(n-1,\ k)$의 합이 된다.

$n$-집합의 순열을 나열한다면, 먼저 첫 번째 숫자를 비교하여 작은 수를 가진 순열을 먼저 쓰고, 만약 숫자가 같은 경우는 두 번째 숫자도 같으면 세 번째 숫자를 비교한다. 이런 배열 방법은 사전에서의 단어 정리 순서와 그 방법이 같기 때문에 **사전적 순서**라 부른다. $n$개의 원소를 일렬로 나열하는 방법의 총 수는 $n!$ 이므로 이것을 모두 나열한다는 것 자체는 그렇게 바람직하지 않지만, 사전적 순서로 순열을 나열한다는 것은 나타날 수 있는 경우를 차례로 빠지지 않고 모두 나열할 수 있다는 점에서 상당히 유용한 방법이다. 다음과 같은 예를 통해 그 유용성을 설명할 수 있다.

**예 제 4.2.2**

집합 $A = \{1,\ 2,\ 3\}$의 순열을 사전적 순서로 배열하면 다음과 같다.

$$123,\ 132,\ 213,\ 231,\ 312,\ 321$$

작은 원소부터 차례로 나열하면, 나올 수 있는 경우를 하나씩 확인하면서 나열할 수 있기 때문에, 아무런 규칙 없이 나열하는 것에 비해 훨씬 효과적이다.

순열의 영어 단어인 permutation은 $n$-집합 $X$ 위에서 정의되는 1-1 대응함수를 뜻하는데 이는 '한줄 세우기'의 개념으로 정의 4.7에서 정의된 $n$-집합 순열과 그 의미가 같다. 실제로 집합 $[n]$의 모든 원소를 한 줄로 세우는 하나의 순열이 있다고 하자. 이 대 이 순열의 첫 번째 자리의 원소를 $f(1)$, 두 번째 자리의 원소를 $f(2)$, $\cdots$, $i$번째 자리의 원소를 $f(i)$, $\cdots$ 와 같이 함수 $f; [n] \to [n]$을 정의하면 이 함수 $f$는 $1-1$ 대응함수 임을 쉽게 알 수 있다. 역으로 주어진 $1-1$ 대응함수 $f; [n] \to [n]$에 대하여 $f(i)$를 $i$번째 자리에 배정하게 되면, 이러한 방법으로 정해진 배열은 자명하게 $n$-집합 순열이 된다. 따라서 다음이 성립한다.

**정리 4.9** 집합 $\mathbb{P}_n$을 $n$-집합 $[n]$ 위에서 정의된 순열의 전체 집합이라 하고, $\mathbb{S}_n$를 $[n]$ 위에서 정의된 1-1함수의 전체집합이라 정의할 때, 다음이 성립한다.

(1) $\mathbb{P}_n$에서 $\mathbb{S}_n$ 위로의 1-1 대응함수가 존재한다.

(2) $|\mathbb{P}_n| = |\mathbb{S}_n| = P(n, n) = n!$

마찬가지로 $n$-집합의 $k$-순열과 집합 $[k]$에서 $[n]$으로 가는 1-1 함수는 1-1대응한다. 따라서 정리 4.9 (2)와 같이 1-1함수의 집합의 농도에 관한 다음 명제를 얻는다.

정리 4.10 $n$-집합의 $k$-순열의 집합을 $\mathbb{P}_{n,k}$라 하고, $\mathbb{S}_{k,n}$을 $[k]$에서 $[n]$으로 가는 1-1 함수의 전체 집합이라 하자. 이 때 이들 농도에 관하 다음 등식이 성립한다.

$$|\mathbb{S}_{k,n}| = |\mathbb{P}_{n,k}| = P(n,k) = (n)_k$$

다음 절의 조합의 개념을 적용하면 $[k]$에서 $[n]$으로의 1-1함수 $f : [k] \to [n]$의 개수를 다른 각도에서 생각할 수 있다. 위의 함수 $f$는 다음과 같은 절차에 의하여 정할 수 있다.

(i) $[n]$에서 $k$-부분집합 $A$를 택한다.

(ii) $A$의 $k$개의 원소에 대한 $k$-순열을 구한다.

(iii) 이 순열의 $i$번째 항을 $f(i)$로 정의한다.

단계 (i)에 대한 경우의 수는 $\binom{n}{k}$이다.

단계 (ii)에 대한 경우의 수는 $k!$ 이다.

단계 (iii)에 대한 경우의 수는 한 가지다.

그러므로 $|\mathbb{S}_{k,n}|$은 곱의 법칙에 의해 $\binom{n}{k} \times k!$가 되어 이는 $|\mathbb{S}_{k,n}| = (n)_k$가 되어 정리 4.9 (2)을 확인할 수 있다.

# 연습문제 4.2

1 $T_1$이라는 작업을 처리하는 방법은 모두 10가지의 경우가 있고, $T_2$라는 작업은 모두 6가지의 처리방법이 존재한다. 이때 다음에 답하라.

(1) $T_2$를 처리한 후 $T_1$을 처리할 수 있는 모든 경우의 수를 구하라.

(2) $T_1$ 또는 $T_2$ 둘 중에 하나만을 처리하는 방법의 수를 구하라.

2 'CMS'라는 세 글자를 나열할 수 있는 방법을 사전식 나열법을 사용하여 나열하라.

3 김교수 강좌의 학생 8명을 세 팀으로 나누어 첫째 날에는 2명, 둘째 날에는 3명, 셋째 날에는 3명을 선택하여 순서를 정하여 구술 시험을 본다고 할 때, 학생들이 시험을 볼 수 있는 모든 경우의 수룰 구하라.

4 영어의 알파벳과 숫자를 포함하여 모두 네 자리로 만들 수 있는 은행 비밀 번호의 개수를 구하라.

5 'SMKNCGB'이라는 글자로 만들 수 있는 네 자리의 서로 다른 단어의 개수를 구하라.

6 $n \cdot {}_{n-1}P_{n-1} = {}_nP_n$ 임을 증명하라.

7 서로 다른 색의 구슬 7개를 가지고 만들 수 있는 서로 다른 목걸이의 개수를 구하라.

**8** 집합 $A=\{1,\ 2,\ \cdots,\ n\}$과 집합 $B=\{a_1,\ \cdots,\ a_n,\ \cdots,\ a_{n+k}\}$에 대하여 다음 물음에 답하라.

(1) 정의역을 $A$로 하고 공역을 $B$로 하는 함수의 개수를 구하라.

(2) 정의역을 $A$로 하고 공역을 $B$로 하는 일대일 함수의 개수를 구하라.

(3) $f(1)=a_1, f(2)=a_2$가 되는 $A$에서 $B$로의 함수 $f$의 개수를 구하라.

(4) $f(1)=a_1, f(2)=a_2$가 되는 $A$에서 $B$로의 일대일 함수 $f$의 개수를 구하라.

**9** 정육각형 모양의 금속판의 꼭짓점에는 1부터 6까지의 숫자가 적혀있다. 이 금속판에 꼭 맞는 정육각형 모양의 틀이 있고, 이 틀의 꼭짓점에도 $a_1, a_2, a_3, a_4, a_5, a_6$의 6개의 문자가 적혀있다고 하자. 이제 금속판을 틀에 끼웠을 때, 금속판의 꼭짓점 $n(1 \le n \le 6)$에 대하여 $f(n)=a_k(1 \le k \le 6)$로 정의되는 일대일 대응 $f$의 개수를 구하라.

**10** 임의의 $n$에 대한 포함 배제의 원칙(정리 4.5)을 수학적 귀납법을 통해 증명하라.

**11** 정리 2.16과 포함 배제의 원칙을 이용하여 120 이하의 소수의 개수를 구하라.

**12** 두 집합 $A, B$에 대하여 $A=[4], B=[6]$일 때, 다음 물음에 답하라.

(1) $A$에서 $B$로의 1-1함수 중 증가함수의 개수를 구하라.

(2) $A$에서 $B$로의 단조증가 함수의 개수를 구하라.

# 4.3 조 합

집합 $A$의 부분집합의 개수에 대하여 생각해 보자. 집합 $A$가 $n$-집합이라면, 집합 $A$의 부분집합의 개수는 그 부분집합에 들어갈 집합 $A$의 원소를 선택하는 방법의 수와 같다. 이때, 부분집합의 개수는 원소의 선택되는 순서와 상관없으며 어떤 원소가 선택되고, 또 어떤 원소가 선택되지 않았는가 하는 사실에 의해서만 결정될 뿐이다.

**예 제 4.3.1**

$\{a,\ b,\ c\}$의 부분집합의 개수는 $2^3=8$이다. 왜냐하면 각각의 원소에 대해 한 부분 집합이 이 원소를 포함하거나 그렇지 않거나 하는 두 가지 경우가 있기 때문이다 이때, 총 경우의 수는 $2^{\text{총 원소의 개수}}$이다.

**예 제 4.3.2**

500종류의 나물 비빔밥을 만들기 위해서 필요한 나물의 개수를 생각해 보자. 나물의 종류 전체 집합을 $A$라고 하면, 나물의 선택으로 만들어지는 비빔밥의 종류는 바로 집합 $A$의 부분집합이 된다. 이렇게 만들어지는 비빔밥이 모두 500종류가 되어야 하므로, 부분집합의 개수가 적어도 500개 이상이 되기 위한 최소의 나물의 가지 수는 바로 집합 $A$의 원소의 개수다. 집합 $A$의 원소의 개수를 $x$라고 하면 $2^x \geq 500$인 $x$를 구하면, $x \geq 8$이다. 따라서 500종류의 비빔밥를 만들기 위해서는 최소 8가지의 다른 종류의 나물이 필요하다.

집합 $A$를 $n$-집합이라고 하자. 이때, 집합 $A$의 부분집합 중 원소의 개수가 $r$개인 부분집합의 개수를 생각해보자. 부분집합은 서로 다른 원소의 개수에 좌우 될 뿐이며, 선택되는 순서는 고려 대상이 아니다. 그러므로 $n$개의 원소 중 $r$개를 선택할 수 있는 방법만 고려하면 원소의 개수가 $r$개인 집합 $A$의 부분집합의 개수를 구할 수 있다. 이는 다음과 같이 정의할 수 있다.

**정의 4.11** 집합 $A$를 $n$-집합이라고 할 때, 집합 $A$의 부분집합 중 원소의 개수가 $r$개인 부분집합을 $n$- 집합의 $r$- 조합이라고 한다. 이런 부분집합의 개수, 즉 $n$- 집합의 $r$- 조합 전체집합의 농도를 $C(n,\ r)$ 또는 $\binom{n}{r}$로 나타낸다.
(때로는 위의 $n$-집합 $[n]$의 $r$-조합 전체집합을 $\begin{bmatrix} n \\ r \end{bmatrix}$로 나타낸다.)

이때, $\binom{n}{r}$는 $n$-집합 $A$의 원소 중 $r$ 개를 뽑는 방법의 개수와 같다. $n$개의 원소 중 $r$의 원소를 선택해서 한 줄로 세우는 방법의 수는 $P(n,\ r)$이다. 그런데 집합의 경우에 $r$개의 원소가 선택되었다는 사실이 중요할 뿐, 선택되는 순서는 집합의 종류에 영향을 주지 않는다. 따라서 선택된 $r$개의 원소를 일렬로 나열한 것을 서로 다른 경우로 생각하여 얻은 $r!$개의 부분집합은 모두 같은 부분집합이 된다. 따라서 선택되는 순서에 따라 구분된 $P(n,\ r)$개의 부분집합 중 같은 $r$개의 원소를 섞어 나열한 $r!$개의 부분집합은 하나의 집합과 같으므로 다음과 같이 정리할 수 있다.

따름정리 4.12 0 또는 자연수인 $n$과 $r$에 대하여, 다음이 성립한다.

$$C(n, r) = \binom{n}{r} = \frac{P(n,\ r)}{r!} = \frac{n!}{r!\,(n-r)!}$$

정리 4.12에 의해 다음과 같은 따름 정리들을 얻을 수 있다.

따름정리 4.13 0 또는 자연수인 $n$과 $r$에 대하여, 다음이 성립한다.

$$P(n,\ r) = C(n,\ r) \times r! = C(n,\ r) \times P(r,\ r)$$

따름정리 4.14 0 또는 자연수인 $n$과 $r$에 대하여, 다음이 성립한다.

$$C(n,\ r) = \binom{n}{r} = \frac{n!}{r!\,(n-r)!} = \frac{(n)_r}{r!}$$

따름정리 4.15 0 또는 자연수인 $n$과 $r$에 대하여, 다음이 성립한다.

$$C(n,\ r) = C(n,\ n-r), \text{즉} \binom{n}{r} = \binom{n}{n-r}$$

| 증 명 | $C(n,\ r) = \dfrac{n!}{r!\,(n-r)!}$ 이므로, 다음이 성립한다.

$$C(n,\ r)=\frac{n!}{r!(n-r)!}=\frac{n!}{(n-r)![n-(n-r)]!}=\frac{n!}{(n-r)!r!}$$
$$=C(n,\ n-r)$$

순열 $P(n,\ r)$은 정리 4.8의 (1)과 같은 경계 조건을 만족시킨다. 이로부터 $C(n,\ r)$의 경계 조건을 생각해보자.

따름정리 4.16 0 또는 자연수인 $n$과 $r$에 대하여, $C(n,\ r)$는 다음 경계 조건을 만족시킨다.

$$\binom{n}{0}=1, \qquad \binom{0}{r}=\delta_{0,\ r}$$

| 증 명 | 정리 4.8의 (1)에 의하여, 다음을 얻는다.

$$\binom{n}{0}=\frac{P(n,\ 0)}{0!}=1$$

$r=0$이면, $C(0,\ 0)=1$이고, $r\neq 0$이면, 다음과 같다.

$$\binom{0}{r}=\frac{P(0,\ r)}{r!}=\frac{0}{r!}=0$$

따라서 다음이 성립한다.

$$\binom{0}{r}=\delta_{0,\ r}=\begin{cases}1, & r=0\\ 0, & r\neq 0\end{cases}$$

따름정리 4.17 **(파스칼의 삼각식)**

0 또는 자연수인 $n$과 $r$에 대하여, 다음이 성립한다.

$$\binom{n}{r}=\binom{n-1}{r-1}+\binom{n-1}{r}$$

| 증 명 | 다음 등식에 의하여 위의 정리는 성립한다.

$$\binom{n-1}{r-1}+\binom{n-1}{r}=\frac{(n-1)!}{(r-1)!(n-1-r+1)!}+\frac{(n-1)!}{r!(n-1-r)!}$$

$$=\frac{r(n-1)!}{r!(n-r)!}+\frac{(n-r)(n-1)!}{r!(n-r)!}$$

$$=\frac{(n-1)![r+(n-r)]}{r!(n-r)!}$$

$$=\frac{n!}{r!(n-r)!}$$

$$=\binom{n}{r}$$

따름정리 4.18 $n$과 $k$를 0 혹은 양의 정수라고 하면, 다음이 성립한다.

$$\binom{n}{0}+\binom{n+1}{1}+\binom{n+2}{2}+\cdots+\binom{n+k-1}{k-1}+\binom{n+k}{k}=\binom{n+k+1}{k}$$

| 증 명 | 정리 4.8에 의하여, $r=1, \cdots, k$ 일 때 $\binom{n+r+1}{r}$을 구하면 다음과 같다.

$$\begin{array}{rcccc}
 & \binom{n+2}{1} & = & \binom{n+1}{0} & + & \binom{n+1}{1} \\
 & \binom{n+3}{2} & = & \binom{n+2}{1} & + & \binom{n+1}{2} \\
 & \vdots & & \vdots & & \vdots \\
 & \binom{n+k}{k-1} & = & \binom{n+k-1}{k-2} & + & \binom{n+k-1}{k-1} \\
+\big) & \binom{n+k+1}{k} & = & \binom{n+k}{k-1} & + & \binom{n+k}{k} \\
\hline
 & ① & = & & ② &
\end{array}$$

각 식을 좌변끼리 우변끼리 더하여 등식 ① = ②을 얻는다. 여기서

$$①= \binom{n+k+1}{k}+\binom{n+k}{k-1}+\cdots+\binom{n+3}{2}+\binom{n+2}{1} \text{이고}$$

$$②= \binom{n+1}{0}+\binom{n+1}{1}+\binom{n+2}{1}+\binom{n+2}{2}+\cdots$$
$$+\binom{n+k-1}{k-2}+\binom{n+k-1}{k-1}+\binom{n+k}{k-1}+\binom{n+k}{k}$$

이를 정리하면, 다음을 얻는다.

$$\binom{n+k+1}{k}=\binom{n+1}{0}+\binom{n+1}{1}+\binom{n+2}{2}+\cdots+\binom{n-k-1}{k-1}+\binom{n+k}{k}$$

그런데 $\binom{n+1}{0}=1=\binom{n}{0}$ 이므로, 다음이 성립한다.

$$\binom{n+k+1}{k}=\binom{n}{0}+\binom{n+1}{1}+\binom{n+2}{2}-\cdots+\binom{n+k-1}{k-1}+\binom{n+k}{k}$$

항이 두 개인 다항식의 $n$제곱 $(a+b)^n$ 을 전개할 때, 각 항의 계수의 관계를 나타낸 것이 이항정리이다. 실제 $(a+b)^n$ 을 전개하면, 이는 $a$와 $b$를 중복을 허락하여 $n$개를 순서 없이 선택하는 것과 같다. 이때, 선택되는 문자의 개수별로 경우의 수를 정리하면, $b$를 기준으로 할 때, $b$가 0개일 경우, 1개일 경우, $\cdots$, $n$개일 경우를 모두 정하면, $(a+b)^n$의 각 항의 계수를 구할 수 있다. 이런 이항정리는 다음과 같이 나타낼 수 있다.

정리 4.19 **(이항정리, Binomial theorem)** $n \geq 0$에 대해, 다음이 성립한다.

$$(a+b)^n=\sum_{k=0}^{n} C(n,\ k)a^k b^{n-k}=\sum_{k=0}^{n}\binom{n}{k}a^k b^{n-k}$$

## ◆ 파스칼의 삼각형(Pascal's triangle)

$n$과 $r$의 값이 각각 0, 1, 2, $\cdots$ 와 같이 변할 때, $C(n,\ r)$의 값은 표 4.1과 같이 변한다. 위의 표의 각 행에서 0이 아닌 수만을 나열하면, 삼각형 모양이 되는

표 4.1 파스칼의 삼각형

| $n$ \ $r$ | 0 | 1 | 2 | 3 | 4 | … |
|---|---|---|---|---|---|---|
| **0** | 1 | 0 | 0 | 0 | 0 | … |
| **1** | 1 | 1 | 0 | 0 | 0 | … |
| **2** | 1 | 2 | 1 | 0 | 0 | … |
| **3** | 1 | 3 | 3 | 1 | 0 | … |
| **4** | 1 | 4 | 6 | 4 | 1 | … |
| **⋮** | ⋮ | ⋮ | ⋮ | ⋮ | ⋮ | ⋱ |

데, 이를 파스칼 삼각형이라고 한다. 이는 수 세기 전부터 인도나 중국 등의 수학자들도 알고 있었지만, 파스칼에 의해 소개되어 블레즈 파스칼(Blaise Pascal)의 이름을 따라 파스칼 삼각형이라고 부른다. 파스칼 삼각형은 이항계수를 삼각형 모양으로 나열한 것과 같다.

실제로 파스칼의 삼각형의 각 성분은 따름정리 4.17의 파스칼의 삼각식의 낮은 변수의 이웃한 두 조합수들을 적용하여 귀납법에 의해 높은 변수의 조합수로 구할 수 있음을 뜻한다. 예를 들어 위의 표에서 $C(3,2)+C(3,3)=3+1=4=C(4,3)$ 임을 알 수 있다. 파스칼의 삼각식의 조합수에 관한 하나의 점화식을 의미하고 있다.

특히 $a=b=1$일 때, 이항정리(정리 4.19)는 다음과 같은 따름정리로 표현된다.

**따름정리 4.20** $n \geq 0$에 대해, 다음이 성립한다.

$$\binom{n}{0}+\binom{n}{1}+\cdots+\binom{n}{n}=2^n$$

**예제 4.3.3**

1 이상의 정수 $n$과 $r$에 대하여 다음과 같은 항등식은 모두 이항정리를 통해 얻을 수 있다. 풀이는 연습 문제로 남긴다.

(1) $\binom{n}{0}-\binom{n}{1}+\binom{n}{2}+\cdots+(-1)^k\binom{n}{k}+\cdots+(-1)^n\binom{n}{n}=0$

(2) $\binom{r}{r}+\binom{r+1}{r}+\binom{r+2}{r}+\cdots+\binom{n}{r}=\binom{n+1}{r+1}$

(3) $\binom{n}{0}^2+\binom{n}{1}^2+\binom{n}{2}^2+\cdots+\binom{n}{n}^2=\binom{2n}{n}$

정리 4.21 **(Vandemonde의 정리)**

두 자연수 $n$과 $m$ 및 $0 \leq r \leq m+n$인 정수 $r$에 대하여, 다음이 성립한다.

$$\sum_{k=0}^{r}\binom{m}{k}\binom{n}{r-k}=\binom{m+n}{r}$$

| 증 명 | 서로 소인 두 집합 $A$와 $B$에 대하여, $|A|=m$, $|B|=n$이라고 하자. 그러면 두 집합이 서로 소이므로 $|A\cup B|=m+n$이다. 이제 원소의 개수가 $r$개인 $A\cup B$의 부분집합의 개수를 생각하면, 모두 $\binom{m+n}{r}$이다. 이렇게 만들어진 부분집합 중 하나를 $C$라고 하자. 그런데 이 부분집합 $C$의 원소들 중 집합 $A$의 원소와 집합 $B$의 원소를 구분하여 생각하면, 모두 집합의 $A$의 원소일 수도 있고, 하나의 원소가 집합 $B$의 원소일 수도 있고, 두 개의 원소가 집합 $B$의 원소일 수도 있고, 모두 집합 $B$의 원소일 수도 있다. 따라서 집합 $C$의 원소 중 집합 $B$의 원소의 개수를 $k$라고 하면, $k=0,\ 1,\ 2,\ \cdots,\ r$의 각 경우에 생길 수 있는 경우의 수를 생각하면, 다음과 같다.

$$\binom{m}{r}\binom{n}{0},\ \binom{m}{r-1}\binom{n}{1},\ \binom{m}{r-r}\binom{n}{2},\ \cdots,\ \binom{m}{1}\binom{n}{r-1},\ \binom{m}{0}\binom{n}{r}$$

따라서 합의법칙에 의해 원소의 $r$개수가 개인 의 부분집합의 개수는 $\sum_{k=0}^{r}\binom{m}{k}\binom{n}{r-k}$이고, 결국 다음이 성립한다.

$$\sum_{k=0}^{r}\binom{m}{k}\binom{n}{r-k}=\binom{m+n}{r}$$

**예 제 4.3.4**

두 자연수 $n$과 $m$ 및 $0 \leq r \leq m+n$인 정수 $r$에 대하여, 정리 4.21을 이용하면 다음이 성립함을 보일 수 있다. 자세한 과정은 연습 문제로 남긴다.

(1) $\sum_{k=0}^{m}\binom{m}{k}\binom{n}{r+k}=\binom{m+n}{m+r}$

(2) $\sum_{k=0}^{r}\binom{m-k}{r}\binom{n+k}{s}=\binom{m+n}{r+s}$

# 연습문제 4.3

**1** 서로 다른 맛 12가지를 제공하는 아이스크림 가게에서 3000원에 3개의 아이스크림을 선택할 수 있다고 할 때, 선택할 수 있는 모든 경우의 수를 구하라.

**2** 동전을 8번 던질 때, 앞면이 나오는 수와 뒷면이 나오는 수를 조사하여 관찰할 때, 일어날 수 있는 모든 경우의 수는 얼마인가? 그리고 이중에서 뒷면이 꼭 3번 나오는 경우의 수는 모두 몇 가지인가?

**3** 다음을 증명하라.

(1) $\displaystyle\sum_{k=0}^{m}\binom{m}{k}\binom{n}{r+k}=\binom{m+n}{m+r}$

(2) $\displaystyle\sum_{k=0}^{r}\binom{m-k}{r}\binom{n+k}{s}=\binom{m+n}{r+s}$

(3) $\binom{n}{0}-\binom{n}{1}+\binom{n}{2}+\cdots+(-1)^k\binom{n}{k}+\cdots+(-1)^n\binom{n}{n}=0$

(4) $\binom{r}{r}+\binom{r+1}{r}+\binom{r+2}{r}+\cdots+\binom{n}{r}=\binom{n+1}{r+1}$

(5) $\binom{n}{0}^2+\binom{n}{1}^2+\binom{n}{2}^2+\cdots+\binom{n}{n}^2=\binom{2n}{n}$

**4** 0과 1로 된 길이가 16인 이진 수열 중, 1의 개수가 6개인 이진 수열은 모두 몇 개인가?

**5** 다음 등식이 성립함을 보여라.

(1) $\sum_{r=0}^{n}\binom{n}{r}=2^n$

(2) $\sum_{r=0}^{n}(-1)^r\binom{n}{r}=0$

(3) $\sum_{i=n+1}^{2n+1}\binom{2n+1}{i}=\sum_{r=0}^{n}\binom{2n+1}{r}$

(4) $\binom{-n}{k}=(-1)^k\binom{n-k-1}{k}$

(5) $\sum_{j=0}^{s}(-1)^j\binom{i}{j}=\begin{cases}(-1)^s\binom{i-1}{s}, & i\geq 1\\ 1, & i=0\end{cases}$

**6** $A=[m]$, $B=[n]$이고 $m<n$일 때, 다음 물음에 답하라.

(1) 집합 $A$에서 $B$로의 함수 $f$ 중 위로의 함수(onto)의 개수를 구하라.

(2) 집합 $A$에서 $B$로의 함수 $f$ 중 순증가 함수의 개수를 구하라.

**7** 이항정리를 이용하여 다음을 전개하라.

(1) $(3x^3+2y)^4$

(2) $\left(x-\frac{x^2}{2}\right)^4$

**8** 다음 등이 성립함을 보여라.

(1) $\sum_{k=0}^{m}\binom{m}{k}\binom{n}{r+k}=\binom{m+n}{m+r}$

(2) $\sum_{k=0}^{r}\binom{m-k}{r}\binom{n+k}{s}=\binom{m+n}{r+s}$

# 4.4 중복 순열과 중복 조합

9개의 숫자가 있다. 우리는 5개의 숫자를 뽑아 5자리 숫자를 만들려고 한다. 단, 같은 숫자를 또 쓸 수 있다. 몇 가지 방법이 있는 지 생각해보자. 우선, 첫 번째 숫자를 선택하자. 가능한 경우는 9가지이다. 다음은 두 번째 숫자를 선택하자. 중복사용이 가능하므로 9가지 경우가 있다. 이렇게 계속하면 우리는 $9^5$개의 경우의 수를 구할 수 있다. 우리는 이것을 중복해서 $m$개에서 $r$개를 뽑아 일렬로 나열하는 중복 순열이라 하고 다음과 같이 나타낸다.

$$P^R(m,\ r) = m^r$$

이와 비슷하게 중복조합 $C^R(m,\ r)$도 정의할 수 있다. 중복조합은 다음의 정리 4.22와 같이 계산된다.

정리 4.22 $m$에서 중복을 허락하여 $r$을 순서에 상관없이 선택하여 뽑는 중복 조합은 다음과 같다.

$$C^R(m,\ r) = C(m+r-1,\ r)$$

| 증 명 | $m$개의 원소를 $\{a_1,\ a_2\ \cdots,\ a_m\}$이라 하고, 이 중 $r$개의 원소를 순서에 관계없이 중복을 허락하여 뽑는다고 하자. (중복이 허락되므로 $m$보다 $r$이 더 클 수도 있다.) 예를 들어, 5개의 전체 원소 중 7개의 원소를 중복을 허락하여 선택하는 경우를 생각해보자. 그 중 하나로 다음과 같은 예를 생각할 수 있다.

$$S_1 = a_1 a_1 a_1 a_2 a_4 a_5 a_5$$

위의 $S_1$에서 $a_1$은 세 번, $a_2$는 한 번, $a_3$는 없고, $a_4$는 한 번, 그리고 $a_5$는 두 번 선택되었다. 이것을 선택된 원소의 종류별로 |를 사용하여 나누어보면 다음과 같다.

$$\begin{aligned} S_1 &= a_1 a_1 a_1 a_2 a_4 a_5 a_5 \\ &= a_1 a_1 a_1 | a_2 | a_4 | a_5 a_5 \\ &= aaa|a|a|aa \end{aligned}$$

또 다른 예 $S_2 = a_1 a_1 a_2 a_3 a_4 a_4 a_5$를 생각해 보자. $S_2$의 경우는 $a_1$은 두 번, $a_2$, $a_3$는 각각 한 번, $a_4$는 두 번, $a_5$는 한 번 선택되었다. 역시 이를 종류별로 |를 이용하여 구분하면 아래와 같다.

$$S_2 = a_1 a_1 a_2 a_3 a_4 a_4 a_5$$

$$= a_1 a_1 | a_2 | a_3 | a_4 a_4 | a_5$$
$$= aa|a|a|aa|a$$

위에서와 같이 같은 원소들을 모아놓고 다른 종류의 원소들을 |로 구분하면, 문제는 가능한 총 4개의 |와 (총 원소가 5개이므로) 7개의 $a$ 중, 즉 11개의 위치 중 7곳을 선택하여 $a$를 배치하는 방법과 일치한다. 즉, $m-1+r$개의 위치 중에서 $a$를 놓기 의한 $r$개의 위치를 고르는 방법의 개수와 같다. 그러므로 $C(m+r-1,\ r)$개의 경우의 수가 존재한다.

**<참고>**

$C^R(m,\ r) = C(m+r-1,\ r) = C(m+r-1,\ m-1)$이므로, 위의 증명에서 반대로 $m-1$개의 막대기를 위한 위치를 고르는 방법을 고려해도 같은 결과를 얻는다. 여기서 **중복집합**(multiset)이란 한 원소가 중복되어 나타날 수 있는 원소들의 순서 없는 모음이다.

**예제 4.4.1**

다음은 집합과 중복집합의 예이다. 집합은 같은 원소는 한 번만 나타내지만, 중복 집합의 경우는 중복되는 회수만큼을 모두 표현한다.

집합 $A = \{a,\ b,\ c\}$

중복 집합 : $M = \{\{a,\ a,\ a,\ b,\ b,\ b,\ b,\ c,\ c,\ c,\ c\}\}$

만약 원소 $i$가 $k_i$번 반복된다면 $k_i$를 **중복도**(multiplicity)라 부르고 다음과 같이 나타낸다.

$$M = \left\{\left\{ \overbrace{1,\ 1,\ \cdots,\ 1}^{k_1}\ \overbrace{2,\ \cdots,\ 2}^{k_2}\ \overbrace{m,\ m,\ \cdots,\ m}^{k_m} \right\}\right\}$$

또는 $n$-집합에서 $M = (k_1,\ k_2,\ \cdots,\ k_m)$이라고 쓴다. 이때, $k_1 + k_2 + \cdots + k_m = n$이다. 예제 4.4.1의 중복집합 $M = (k_a, k_b, k_c) = (3,4,4)$이 된다. 이 대 $k_a + k_b + k_c = 11$이다.

## ◆ 중복 순열의 표시법

$k_1+k_2+\cdots+k_m=n$일 때, 중복 집합이 $M=(k_1, k_2, \cdots, k_m)$이라 하자. $M$의 순열의 총 개수를 $P(n; k_1, \cdots, k_m)$로 나타낸다.

정리 4.23 자연수 $n$에 대하여, 원소 $n$개 중에서 $k_1$개, $k_2$개, $\cdots$, $k_m$개의 원소가 각각 서로 같고, $k_1+k_2+\cdots+k_m=n$일 때, 이들 $n$개의 원소를 일렬로 늘어놓는 방법의 가짓수는 다음과 같다.

$$P(n; k_1, \cdots, k_m)=\frac{n!}{k_1!\,k_2!\,\cdots\,k_m!}$$

| 증 명 | 중복 집합 $M=(k_1, k_2, \cdots, k_m)$의 총 원소의 개수를 $n$이라고 하면, 중복 집합 $M$의 $n$개의 원소를 일렬로 나열하는 방법의 수가 $P(n; k_1, \cdots, k_m)$이고, 이는 구하려는 경우의 수와 같다. 이를 직접 계산해 보면, $n$개의 자리에 우선 $k_1$개의 자리를 선택하여 늘어놓는 방법은 $\binom{n}{k_1}$이고, 다시 $n-k_1$개의 자리에 $k_2$개의 자리를 선택하여 늘어놓는 방법은 $\binom{n-k_1}{k_2}$이다. 이와 같이, $k_1$부터 $k_m$까지 자리를 선택하여 늘어놓는 방법은 다음과 같다.

$$\binom{n}{k_1}\binom{n-k_1}{k_2}\cdots\binom{n-k_1-\cdots-k_{m-1}}{k_m}$$

$$=\frac{n!}{k_1!(n-k_1)!}\cdot\frac{(n-k_1)!}{k_2!(n-k_1-k_2)!}\cdot\cdots\cdot\frac{(n-k_1-\cdots-k_{m-1})!}{k_m!(n-k_1-\cdots-k_m)!}$$

$$=\frac{n!}{k_1!k_2!\cdots k_m!}$$

따름정리 4.24 서로 다른 $n$개의 원소를 서로 구별이 되는 $k$개의 상자에 각각 $k_1$개, $k_2$개, $\cdots$, $k_m$개씩 분배하는 방법의 가짓수는 다음과 같다.

$$\frac{n!}{k_1!\,k_2!\,\cdots\,k_m!}$$

정리 4.23을 이용하면, 다음과 같이 $n$개의 원소를 $k_1$개, $\cdots$, $k_m$개씩 분배할 수 있는 경우의 수도 구할 수 있다.

**예제 4.4.2**

(1) 사과 7개를 2개, 2개, 3개씩 따로 봉지에 담는 방법의 수는 모두 $\frac{7!}{2!2!3!}=210$ 가지의 경우가 있다.

(2) 임원 4명이 각각 총무 2명, 회장 1명, 부회장 1명을 뽑는 방법의 수는 모두 $\frac{4!}{2!1!1!}=12$ 가지의 경우가 있다.

**예제 4.4.3**

7명의 학생이 있다고 하자. 3명을 첫 번째 방에 4명을 두 번째 방에 배당하는 방법을 구해 보자. 답은 $C(7;3,\ 4)$이다. 첫 번째 방에 들어 갈 학생은 $C(7,\ 3)$이고 두 번째 방에 들어갈 학생은 $C(4,\ 4)$이다. 그러므로 곱셈법칙에 의해 다음을 얻는다.

$$C(7;3,\ 4)=C(7,\ 3)\times C(4,\ 4)=\frac{7!}{3!4!}\frac{4!}{4!0!}=\frac{7!}{3!4!}$$

정리 4.23과 이항정리의 증명을 이용하면 다음과 같이 $k$개의 서로 다른 문자에 대한 전개식의 각 항의 계수도 계산할 수 있다.

**따름정리 4.25**

**(다항정리, multinomial theorem)**

양의 정수 $n$과 서로 다른 $k$개의 문자 $x_1,\ x_2,\ \cdots\ x_k$에 대하여, 다음이 성립한다.

$$(x_1+\cdots+x_k)^n=\sum_{\substack{0\le n_1,\ \cdots,\ n_k\le n\\ n_1+\cdots+n_k=n}}\frac{n!}{n_1!\cdots n_k!}x_1^{n_1}\cdots x_k^{n_k}$$

| 증 명 | $(x_1+\cdots+x_k)^n$을 전개했을 때, 덧셈의 각 항은 모두 $n$차의 동차항이다. 즉 임의의 항 $x_1^{n_1}\cdots x_k^{n_k}$에 대하여 $0\le n_1\le\cdots\le n_k\le n$, $n_1+\cdots+n_k=n$이 성립한다. 따라서 $(x_1+\cdots+x_k)^n$을 전개한 결과는 $0\le n_1,\cdots,n_k\le n$, $n_1+\cdots+n_k=n$를 만족하는 모든 $x_1^{n_1}\cdots x_k^{n_k}$을 더한 것과 같다. 한편 따름정리 4.23에 의하여 $(x_1+\cdots+x_k)^n$을 전

개한 각각의 덧셈의 항 $x_1^{n_1} \cdots x_k^{n_k}$ 은 $\frac{n!}{n_1! \cdots n_k!}$ 개가 존재한다. 따라서, $x_1^{n_1} \cdots x_k^{n_k}$ 항의 계수는 $\frac{n!}{n_1! \cdots n_k!}$ 이므로 다음이 성립한다.

$$(x_1 + \cdots + x_k)^n = \sum_{\substack{0 \le n_1, \cdots, n_k \le n \\ n_1 + \cdots + n_k = n}} \frac{n!}{n_1! \cdots n_k!} x_1^{n_1} \cdots x_k^{n_k}$$

## ◆ 카탈란 수(Catalan number)

3.4절에서는 점화식으로 정의된 **카탈란 수열** $\{C_n\}$의 일반항을 정리 3.5에서 생성함수를 통하여 다음과 같이 도출하였다.

$$C_n = \frac{1}{n+1}\binom{2n}{n}$$

이제 자연수 $n$에 대응하는 $n$번째 항 $C_n$을 $n$-카탈란 수($n$-Catalan number)로 부르기로 하자. 다음 정리는 두 문자에 대한 중복순열에 특수한 조건을 반영한 값이 $n$- 카탈란 수와 일치함을 보여주고 있다. 따라서 때로는 저자의 기호에 따라 카탈란 수의 정의를 정리 4.26을 만족하는 방법의 개수로 정의하기도 한다.

이 정리에 관하여 두 가지의 다른 관점을 가진 증명을 각기 다음과 같이 제시하고자 한다.

(i) 중복순열의 적용: 주어진 제약을 감안하여 격자의 최단경로를 직접 세기

(ii) 카탈란 수열의 점화식 유도: 경로의 개수에 관한 이웃한 항 간의 귀납적 관계식 유도

**정리 4.26** $n$- 카탈란 수를 $C_n$이라 하자. 자연수 $n$에 대하여 단위길이가 1인 직교좌표평면 위에서 다음 조건을 만족하는 $(0,0)$부터 $(n,n)$까지 도달하는 최단경로의 개수를 $D_n$이라 하자.

(i) 한번에 $x$축 방향과 $y$축 방향 중 한 방향으로 1씩 움직인다.

(ii) 해당 경로는 직선 $y=x$을 넘어서지 않는다.

이 때 $D_n = C_n$이다.

| 증 명 1 | (중복순열의 적용)

$(0,0)$에서 $(n,n)$까지의 모든 최단경로에서 직선 $y=x$를 넘어서는 경로를 제외하여 $D_n = C_n$임을 보이자.

① 우선, $(0,0)$에서부터 $x$축 방향과 $y$축 방향으로 1만큼 나아가는 것을 각각 $X, Y$라 한다면, $(0,0)$에서 $(n,n)$까지의 최단경로는 $X$와 $Y$를 각각 $n$개씩 나열한 것과 일대일대응 하므로, 전체 최단경로의 개수는 $\binom{2n}{n}$이다.

그림 4.2

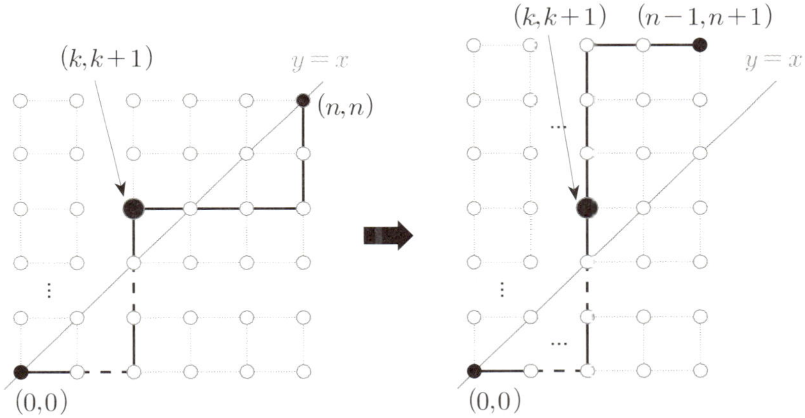


② $(0,0)$에서 $(n,n)$까지의 최단경로 중 직선 $y=x$를 넘어서는 경로가 있다면 이 경로는 반드시 $y=x+1$위의 점을 지날 것이므로, 그 점을 $(k,k+1)$이라 하자. 선택한 경로는 $(k,k+1)$부터 $(n,n)$까지 $x$축 방향으로 $n-k$번, $y$축 방향으로 $n-k-1$번 더 나아가야한다. $(k,k+1)$부터의 경로를 직선 $y=x+1$에 대칭이동하면, $(k,k+1)$부터 $x$축 방향으로 $n-k-1$번, $y$축 방향으로 $n-k$번 나아가는 경로가 되므로 이 경로는 $(0,0)$에서부터 $(n-1,n+1)$까지의 최단경로가 될 것이다. 즉 $(0,0)$에서부터 $(n,n)$까지의 최단경로는 $(0,0)$에서부터 $(n-1,n+1)$까지의 최단경로와 일대일대응 한다. 이 경로의 개수는 같다.

$$\frac{((n-1)+(n+1))!}{(n-1)!(n+1)!} = \frac{(2n)!}{(n-1)!(n+1)!}$$

그러므로, 구하고자 하는 경우의 수는 다음과 같다.

$$\binom{2n}{n} - \frac{(2n)!}{(n-1)!(n+1)!} = \frac{(2n)!}{(n)!(n)!} - \frac{(2n)!}{(n-1)!(n+1)!} = \frac{1}{n+1}\binom{2n}{n}$$

따라서 $D_n = C_n$ 이다.

| 증 명 2 | (2) 점화식과 생성함수를 이용하는 방법

그림 4.3

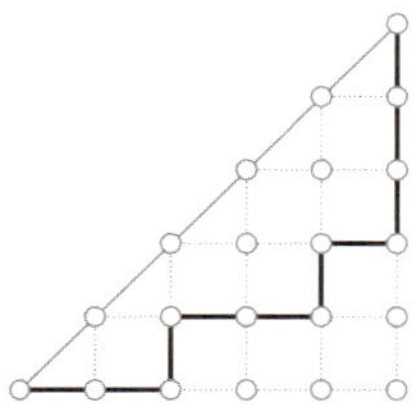

그림 4.4

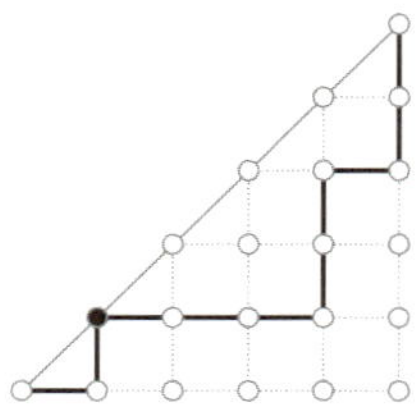

그림 4.5

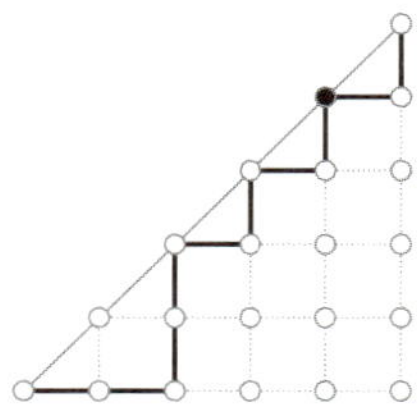

그림 4.3 ① $y=x$ **선상의 점을 지나지 않는 경우**

그림 4.4 **②-1** $y=x$ **선상의 점 중** $(k,k)$**을 가장 나중에 지나는 경우(여기서** $k \neq n-1$**)**

그림 4.5 **②-2** $y=x$ **선상의 점 중** $(n-1,n-1)$**을 가장 나중에 지나는 경우**

구하고자 하는 경우의 수를 $D_n$이라 하고 $D_n = C_n$ 임을 보인다.
$(0,0)$에서 $(n,n)$까지의 경로 중 직선 $y=x$를 넘어서지 않는 최단경로는 $(n,n)$을 제외한 직선 $y=x$ 위의 점을 지나지 않거나 반드시 한 개 이상 지난다.

① 우선 $(n,n)$을 제외한 직선 $y=x$ 위의 점을 지나지 않는 경로는 $(1,0)$에서 $(n,n-1)$까지의 경로 중 직선 $y=x-1$을 넘어서지 않는 최단경로와 일대일 대응하므로 이러한 경로의 개수는 주어진 조건에 의해 $D_{n-1}$ 이다.

② 직선 $y=x$ 위의 점을 지나지 않거나 반드시 한 개 이상 지나는 경로에 대하여 가장 나중에 지난 직선 $y=x$ 위의 점을 $(k,k)$라고 하자.

②-1: $k \neq n-1$인 경우
경로는 $(0,0)$부터 $(k,k)$의 경로 중 직선 $y=x$ 위의 점을 넘어서지 않는 경로와 $(k,k)$부터 $(n,n)$까지 $(k+1,k)$부터 $(n,n-1)$까지의 경로 중 직선 $y=x-1$을 넘어서지 않는 경로로 나눌 수 있다. 전자와 후자의 경우의 수는 각각 $D_k$, $D_{n-k-1}$이므로 위의 경우의 수는 곱의 법칙에 의하여 모든 $i=1, \cdots, n-2$에 대해 $D_k \cdot D_{n-k-1}$이다.

②-2: $k=n-1$인 경우
$(n-1,n-1)$에서 $(n,n)$까지 조건에 맞는 경로의 경우의 수는 1이므로, 이 경로는 $D_{n-1}$이다.

위의 세 가지의 경우로부터 다음이 성립한다.

$$D_n = \sum_{k=1}^{n-2} D_k \cdot D_{n-k-1} + 2D_{n-1}$$

여기서 $D_0 = 1$이므로 다음을 얻는다.

$$D_n = \sum_{k=1}^{n-2} D_k \cdot D_{n-k-1} + 2D_0 \cdot D_{n-1} = \sum_{k=0}^{n-1} D_k \cdot D_{n-k-1}$$

정리 3.5에 의하여 위의 점화식의 일반항은 카탈란 수이므로 명제는 성립한다.

밝혀진 바에 따르면 카탈란 수는 피보나치 수와 함께 자연을 표현하는 기본적인 수로 알려져있다. 다음 정리는 정리 4.26 외에도 다양한 이산모델 위에서 나타나는 $n$-카탈란 수의 다른 해석을 보여주고 있다. 이에 대한 증명은 정리 4.26의 각 최단경로와 세고자 하는 대상이 일대일 대응 관계에 있다는 것을 보여주는 것으로 충분하다.(자세한 증명은 연습문제로 남긴다.)

정리 4.27 자연수 $n$에 대하여 다음의 경우의 수는 모두 카탈란 수이다.

(1) 모든 $k = 1, \cdots, 2n$에 대하여 $a_1 + \cdots + a_k \geq 0$을 만족하면서 $n$개의 '+1'과 $n$개의 '-1'로 이루어진 수열 $\{a_k\}_{k \in [2n]}$의 개수

(2) 볼록 $(n+2)$각형을 서로 교차하지 않게 대각선을 그어 모두 삼각형으로 분해하는 방법의 개수

(3) 등간격으로 있는 원주 위에 $2n$개의 점에 두 점씩 $n$개의 선분을 서로 교차하지 않고 그릴 수 있는 방법의 개수

(4) $n$개의 정사각형 행렬을 결합법칙을 이용하여 곱셈연산을 할 수 있는 전체 방법의 개수

# 연 습 문 제 4.4

1 파란 공 8개, 흰 공 10개, 노란 공 5개, 모두 23개의 공을 서로 다른 40개의 상자에 넣되 각 상자에 많아야 1개가 들어가도록 넣는 방법의 수를 구하라.

2 구별되지 않는 공 10개를 3개의 상자에 넣는 방법의 수를 구하라.

3 10원짜리, 50원짜리, 100원짜리 세 종류의 동전이 있다. 이런 동전 중에서 10개를 택하여 수집품을 만들 수 있는 방법의 수를 모두 구하라.

4 다음 식을 전개하라.

(1) $(2x+3y-z)^3$　　(2) $(2x-y+3z)^3$

5 미지수 $x, y, z$에 대한 일차 방정식 $x+y+z=8$에 대하여 다음 물음에 답하라.

(1) 주어진 일차 방정식의 해 중에서 $x, y, z$가 모두 음이 아닌 정수인 해 전체의 개수를 구하라.

(2) 주어진 일차 방정식의 해 중에서 $x, y, z$가 모두 양의 정수인 해 전체의 개수를 구하라.

6 통장 비밀번호는 0~9로 이루어진 4자리 수이다. 그런데 보안상의 이유로 연속한 네 수와 동일한 네 수의 반복은 피하도록 한다. 여기서 연속한 네 수에는 7890, 8901, 9012도 포함된다. 이때, 가능한 비밀번호의 개수를 구하라.

7 $A=[m]$, $B=[n]$이고 $m<n$일 때, 집합 $A$에서 $B$로의 함수 $f$ 중 단조증가 함수의 개수를 구하라.

8 $n$개의 정사각형 행렬을 결합법칙을 이용하여 곱셈연산을 할 수 있는 전체 방법의 개수는 $n$-카탈란 수 $C_n$ 임을 증명하라.

9 볼록 $(n+2)$각형을 서로 교차하지 않게 대각선을 그어 모두 삼각형으로 분해하는 방법의 개수는 $n$-카탈란 수 $C_n$ 임을 증명하라.

# 4.5 분배와 점유

공들을 바구니에 분배하여 넣는 방법에 관한 문제는 셈을 다루는 이산수학과 조합수학에서 점유의 문제(Occupancy problem)로 불리는 중요한 분야이다. 여기서 분배방법의 분류는 "공들이 구별 가능한지"또는 "바구니들이 구별 가능한지"에 따라 나뉜다. 이 절에서는 이런 분배와 점유의 문제에 대해서 알아보자.

## ◆ 제 2 스털링 수(Stirling number of the second kind)

두 자연수 $n$과 $k$에 대하여 서로 구별되는 $n$개의 물건을 순서 없는 $k$개의 바구니에 넣는 경우를 생각하자. 이때, 빈 바구니가 생기지 않도록 분배하는 방법의 수를 $S(n,\ k)$로 나타내고, 이 수 $S(n,\ k)$를 제 2 스털링 수(Stirling number of the second kind)라고 한다. 서로 구별되는 $n$개의 물건을 구별이 불가능한 0개의 바구니에 넣는 경우는 실제로 넣을 바구니가 존재하지 않는 경우이므로 분배는 불가능하다. 따라서 $S(n,\ 0)=0$으로 정하는 것이 타당할 것이다.

위의 모델에서 $n$개의 공을 $n$-집합 $A$로 생각하고 $k$개의 바구니를 $k$개의 부분집합으로 생각하면 $S(n,\ k)$에 대한 집합론적 관점에서의 개념으로 치환할 수 있다. $A$를 공집합이 아닌 $k$개의 부분집합 $A_1, \cdots, A_k$로 이루어진 분할의 개수를 생각해 보자. 이 때, $A$의 원소들은 모두 구별되어있고, 분할의 정의에 따라 $\bigcup_{i=1}^{k} A_i = A$이고 $A_i \cap A_j = \varnothing\,(i \neq j)$을 만족하면 되므로 $k$개의 부분집합을 서로 구별하지 않는다. 따라서 구별되는 $n$개를 구별되지 않는 $k$개의 묶음으로 분할하면서 묶음에는 적어도 하나 이상의 원소가 있어야 한다는 점에 있어서 위의 공과 바구니로 정의된 $S(n,\ k)$와 동일하다는 것을 알 수 있다. 이러한 $S(n,\ k)$를 수학적으로 잘 정의(well defined)하면 다음과 같다.

**정의 4.28** $n$-집합 $A$가 공집합이 아닌 $k$개의 부분집합 $A_1, \cdots, A_k$로 분할되었을 때, 이를 $n$-집합 $A$의 $k$-분할이라 한다. $S(n,k)$란 $A$에서의 $k$-분할의 개수로 정의한다. 여기서, $S(n,\ 0)=0$, $S(0,0)=1$로 정의한다. 이 때 $S(n,k)$를 제 2 스털링 수(Stirling number of the second kind)라 한다.

**예 제 4.5.1**

$A=\{a,b,c\}$ 일 때, 집합 $A$를 서로 다른 두 개의 집합으로 이루어진 분할은 다음과 같이 세 가지 뿐이다.

$$\text{(i) } P_1:\{a\},\ \{b,c\},\quad \text{(ii) } P_2:\{b\},\ \{a,c\},\quad \text{(iii) } P_3:\{c\},\ \{a,b\}$$

따라서 $S(3,2)=3$ 이다.

**예 제 4.5.2**

"공과 바구니"의 개념을 빌어 $k=1,2,3$에서의 $S(n,k)$를 구해보자.
자연수 $n$과 $k\le n$인 자연수 $k$에 대하여, 구별이 되는 $n$개의 공을 구별되지 않는 $k$개의 바구니에 빈 바구니가 생기지 않게 넣는 경우의 수를 구하면 이것은 $S(n,k)$이다. 이때, 자연수 $n$은 $k$개의 각 바구니에 들어갈 공의 개수의 합이다. 즉, 합이 $n$인 $k$개의 자연수 $\{a_1,\ \cdots,\ a_k\}$의 모든 경우와 각 경우에 대한 $k$개의 각 바구니에 $a_j$ $(j=1,\ \cdots,\ k)$개의 공을 뽑는 조합의 수를 함께 생각하면 $S(n,k)$을 구할 수 있다.

(1) $S(3,\ 1):1,2,3$ 이 적힌 공 세 개를 1개의 바구니에 넣는 방법의 수를 생각해보자. 우선, 3을 하나의 자연수로 나타내면 3뿐이므로 바구니 하나에 들어갈 공의 개수는 3이다. 따라서 $S(3,\ 1)=\binom{3}{3}=1$이다.

(2) $S(3,\ 2):1,2,3$ 이 적힌 공 세 개를 구별되지 않는 바구니 두 개에 빈 바구니가 없게 넣는 방법을 생각해 보자. 3을 두 개의 자연수의 합으로 나타낼 수 있는 방법은 $1+2$가 있다. 각 바구니에 담을 공의 수는 1개와 2개이므로, $S(3,\ 2)=\binom{3}{1}\binom{2}{2}=3$이다.

(3) $S(3,\ 3):1,2,3$ 이 적힌 공 세 개를 구별되지 않는 바구니 세 개에 빈 바구니가 없게 넣는 방법을 생각해 보자. 3을 세 개의 자연수의 합으로 나타내는 방법은 $1+1+1$이다. 각 바구니에 들어갈 공의 수는 1개씩이므로 $\binom{3}{1}\binom{2}{1}\binom{1}{1}=6$이지만, 바구니는 구별이 되지 않으므로 3! 로 나누면 결국 $S(3,\ 3)=\frac{1}{3!}\binom{3}{1}\binom{2}{1}\binom{1}{1}=1$이다.

(4) 같은 방법으로 $S(4,1)=1$, $S(4,2)=7$, $S(4,3)=6$, $S(4,4)=1$임을 알 수 있다.(연습문제 8번)

(5) 조합의 수에 관한 파스칼의 삼각형과 마찬가지로 제 2 스털링 수에 대한 다음과 같은 (1) ~ (4)의 내용은 아래의 표로 정리될 수 있다.

표 4.6 **제 2 스털링 수의 삼각형**

| $n$ \ $k$ | 1 | 2 | 3 | 4 | … |
|---|---|---|---|---|---|
| **1** | 1 | | | | |
| **2** | 1 | 1 | | | |
| **3** | 1 | 3 | 1 | | |
| **4** | 1 | 7 | 6 | 1 | |
| **⋮** | | | | | ⋱ |

아래의 등식은 조합수의 점화식으로 파스칼의 삼각식(따름정리 4.17)을 들 수 있는 것처럼 아래의 정리 4.29는 제 2 스털링 수에 대한 점화식으로 간주할 수 있다. 이를 이용하면 표 4.6의 빈칸을 귀납적으로 모두 채워나갈 수 있을 것이다. 하지만 점화식의 존재에도 불구하고 제 2 스털링 수에 대한 일반항은 아직까지 알려지지 않고 있다. 표 4.6는 파스칼의 삼각형과 같은 맥락으로 제 2 스털링 수의 삼각형이라 부른다.

정리 4.29 자연수 $n$과 $1 \le k \le n$ 에 대하여 다음이 성립한다.

(1) $S(n,k) = S(n-1,k-1) + kS(n-1,k)$

(2) $S(n,k) = \sum_{j=0}^{n} \binom{n-1}{j} S(j,k-1)$

| 증 명 | (1) $\Omega(n,k)$를 집합 $[n]$의 모든 $k$-분할들의 집합이라 하자. 이 때,

$\Omega_1 = \{n\}$ 부분(part)으로 갖는 $k$-분할들의 집합

$\Omega_2 = \{n\}$ 을 부분으로 갖지 않는 $k$-분할들의 집합

이라 하면, $\Omega(n,k) = \Omega_1 \cup \Omega_2$ 이고 $\Omega_1 \cap \Omega_2 \ne \varnothing$ 이다. 따라서

$$S(n,k) = |\Omega(n,k)| = |\Omega_1| + |\Omega_2|$$

이다. 정리 4.8의 증명과 유사한 논지에 의하여

$$|\Omega_1| = S(n-1, k-1),\ |\Omega_2| = kS(n-1, k)$$

임을 쉽게 알 수 있다. 따라서 다음이 성립한다.

$$S(n,k) = S(n-1, k-1) + kS(n-1, k)$$

(2) (연습문제 8)

## 여러 가지 경우의 분배와 점유

**예 제 4.5.3**

1, 2가 적힌 공 2개와 3개의 바구니 $A$, $B$, $C$가 있다. 그러면 공의 구별 여부와 바구니의 구별 여부에 따라 아래와 같이 크게 4가지로 나누어 그 방법을 생각할 수 있다.

(1) 공과 바구니가 모두 구별 가능한 경우 :
다음과 같이 공을 세 개의 바구니에 담는 경우가 생긴 다.

표 4.7 **구별 가능한 두 개의 공과 바구니**

| 배분 | 1 | 2 | 3 | 4 | 5 | 6 | 7 | 8 | 9 |
|---|---|---|---|---|---|---|---|---|---|
| $A$ | 1, 2 | | | 1 | 1 | | 2 | 2 | |
| $B$ | | 1, 2 | | 2 | | 1 | 1 | | 2 |
| $C$ | | | 1, 2 | | 2 | 2 | | 1 | 1 |

(2) 공은 구별 불가능하고, 바구니는 구별 가능한 경우 :

표 4.8 **공은 구별 불가능, 바구니는 구별 가능**

| 배분 | 1 | 2 | 3 | 4 | 5 | 6 |
|---|---|---|---|---|---|---|
| $A$ | 1 1 | | | 1 | 1 | |
| $B$ | | 1 1 | | 1 | | 1 |
| $C$ | | | 1 1 | | 1 | 1 |

공의 구별이 불가능하므로 두 개의 공은 하나로 생각해서 1번 공과 2번 공이 서로 같다고 하자. 그러면 다음과 같은 경우를 얻을 수 있다.

(3) 공은 구별 가능하지만, 바구니는 구별 불가능한 경우:
어느 바구니에 공을 넣던 바구니의 구별이 불가능하므로 같은 바구니로 생각할 수 있다. 따라서 표 4.7에서 방법 1, 2, 3은 같은 경우가 되고 방법 4, …, 9도 같은 경우가 되어 2가지 방법만이 남는다.

(4) 공, 바구니 모두 구별 불가능한 경우:
표 4.4에서 방법 1, 2, 3은 같은 경우가 되고, 방법 4, 5, 6도 같은 경우가 되어 2가지 방법만이 남는다. 또한 바구니가 비어도 되는 경우, 즉 바구니에 공이 하나도 들어가지 않는 경우를 허용할 것인가에 따라 두 가지의 고려할 경우가 더 생긴다.

예제 4.5.3와 같은 내용을 일반화하여 $n$개의 물건을 $k$개의 바구니에 나누어 담는 방법의 수는 공의 구별 여부, 바구니의 구별 여부, 그리고 빈 바구니의 허용 여부에 따라 다음과 같은 내용으로 정리할 수 있다.

정리 4.30 공과 바구니의 구별 여부에 따라 주어지는 각 경우의 수는 표 4.9를 따른다.

표 4.9 **정리 4.30**

| | 공이 구별 가능한가? | 바구니가 구별 가능한가? | 바구니가 비어도 괜찮은가? | $n$ 개의 공을 $k$ 개의 바구니에 넣는 방법의 개수 |
|---|---|---|---|---|
| | | Case 1 | | |
| 1a | 예 | 예 | 예 | $k^n$ |
| 1b | 예 | 예 | 아니오 | $k!\,S(n,\ k)$ |
| | | Case 2 | | |
| 2a | 아니오 | 예 | 예 | $C^R(k,\ n) = C(k+n-1,\ n)$ |
| 2b | 아니오 | 예 | 아니오 | $C(n-1,\ k-1)$ |
| | | Case 3 | | |
| 3a | 예 | 아니오 | 예 | $S(n,\ 1)+\ \cdots\ +S(n,\ k)$ |
| 3b | 예 | 아니오 | 아니오 | $S(n,\ k)$ |
| | | Case 4 | | |
| 4a | 아니오 | 아니오 | 예 | $n$을 1개, 2개, ⋯, $k$개의 자연수의 합으로 나타낼 수 있는 각각의 방법의 수의 합 $=p(n)$ (정의 4.31 참조) |
| 4b | 아니오 | 아니오 | 아니오 | $n$을 $k$개의 자연수의 합으로 표현할 수 있는 방법의 수 $=p(n,k)$ (정의 4.31 참조) |

| 증 명 | (1a) 각각의 공에 대해 $k$개의 선택 가능한 방법이 있기 때문에 곱셈 법칙에 의해 성립한다.

(1b) 바구니가 구별되지 않는다고 하면 방법의 수는 두 번째 스털링 수인 $S(n,\ k)$와 같다. 하지만, 바구니가 구별되기 때문에 각 바구니에 담는 순서를 생각하면 각 분배마다 $k!$ 만큼의 경우가 더 생긴다. 따라서 총 경우의 수는 $k!\,S(n,\ k)$이다.

(2a) $n$개의 구별 불가능한 공을 $k$개의 구별 가능한 바구니에 넣는 방법의 수는 $k$개의 바구니를 중복을 허용하여 $n$개 뽑는 방법의 수와 같다. 따라서 총 경우의 수는 $C^R(k,\ n)$이다.

(2b) 바구니가 비어 있을 수 없으므로 공 하나씩을 먼저 각 바구니에 배정을 하고 남아 있는 $n-k$개의 구별 불가능한 공을 $k$개의 바구니에 넣는 방법의 수이다. (2a)에 의해 그 방법의 수는 다음과 같다.

$$C(k+(n-k)-1,\ n-k) = C(n-1,\ n-k) = C(n-1,\ k-1)$$

(3a) $n$개의 구별가능한 공을 $k$개의 똑같은 바구니에 분배하되 빈 바구니의 개수에 따라 각 경

우로 다시 나누어 경우를 구한다. 즉, 빈 바구니가 하나도 없게 하는 방법, 바구니 하나만 비게 하는 방법, 바구니 두 개만 비게 하는 방법, …등으로 나누어 경우를 계산하면, 덧셈법칙에 의해 다음을 얻는다.

$$S(n,\ k)+S(n,\ k-1)+\ \cdots\ +S(n,\ 2)+S(n,\ 1)$$

여기서 $S(n,\ k-i)$는 $i$개의 바구니는 빈 채로 두고, $k-j$개의 바구니는 빈 바구니 없이 $n$개의 구별되는 공을 분배하는 방법을 말한다.

(3b) 빈 바구니 없이 구별되지 않는 바구니에 구별되는 공 $n$ 개를 나누어 담는 방법이므로 $S(n,\ k)$가 된다.

(4a) 빈 바구니를 허용하면서 $n$개의 구별 불가능한 공을 $k$개의 구별 불가능한 바구니에 분배하는 방법은 빈 바구니가 없다면 $n$을 정확히 $k$개의 자연수의 합으로 나타낼 수 있는 방법의 수와 같고, 빈 바구니가 하나 있다면, $n$을 정확히 $k-1$개의 자연수의 합으로 나타낼 수 있는 방법의 수와 같다. 이와 같이 빈 바구니의 수를 늘려가면서 모든 경우를 구하면, 빈 바구니를 허용하면서 $n$개의 구별 불가능한 공을 $k$개의 구별 불가능한 바구니에 분배하는 방법은 $n$을 $k$개 혹은 $k$보다 작은 개수의 자연수의 합으로 나타낼 수 있는 모든 경우의 합이 된다.

(4b) 빈 바구니 없이 $n$개의 구별 불가능한 공을 $k$개의 구별 불가능한 바구니에 분배하는 방법의 수는 $n$을 정확히 $k$개의 자연수의 합으로 나타내는 방법의 수와 같다.

**예 제 4.5.4**

1부터 4까지의 번호가 쓰여 있는 공 4개를 바구니 $A$, $B$, $C$, 3개에 넣는 방법을 생각하면, 빈 바구니가 없는 경우는 $3!S(4,\ 3)=6\cdot 6=36$이 되지만, 빈 바구니가 있어도 되는 경우라면 $3^4=81$가 된다.

**예 제 4.5.5**

구별되지 않는 공 4개를 바구니 $A$, $B$, $C$, 세 개에 담는 방법의 수는 빈 바구니가 없는 경우라면, 일단 공을 바구니에 하나씩 담고, 나머지를 다시 바구니에 담아야 하므로 $C(3,\ 2)=3$이므로 모두 3가지이다. 빈 바구니를 허용한다고 하면, 총 경우의 수는 $C(3+4-1,\ 4)=C(6,\ 4)=15$가지이다.

**예 제 4.5.6**

1부터 4까지의 번호가 쓰여 있는 공 4개를 구별이 되지 않는 바구니 세 개에 넣는 방법을 생각하자. 빈 바구니가 없는 경우는 각 바구니에 들어갈 공의 수는 4를 3개의 자연수의 합으로 나타낼 수 있는 방법의 수와 같으므로, 각 바구니엔 1개, 1개, 2개씩 공을 담아야 한다. 따라서 $S(4,\ 3)=\binom{4}{1}\binom{3}{1}\binom{2}{2}\frac{1}{2!}=6$ 이므로 6가지이다. 만일 빈 바구니가 있어도 된다면, 각 바구니에 들어갈 공의 수는 $S(4,\ 1)$, $S(4,\ 2)$, $S(4,\ 3)$의 합과 같으므로, 다음과 같이 모두 14가지이다.

$$S(4,\ 1)+S(4,\ 2)+S(4,\ 3)=1+7+6=14$$

**예 제 4.5.7**

똑같은 모양과 크기의 공 4개를 구별이 되지 않는 바구니 세 개에 넣는 방법을 생각하자. 빈 바구니가 없는 경우는 4를 정확하게 3개의 자연수의 합으로 표현할 수 있는 방법의 수와 같으므로, 4=1+1+3의 경우밖에 없기 때문에 1가지이다. 그런데 빈 바구니가 있어도 된다면, 1개 바구니에 모두 담는 경우, 2개 바구니에 나누어 담는 경우, 3개에 나누어 담는 경우로 각각 생각할 수 있고, 따라서 4를 1개의 자연수, 2개의 자연수의 합, 3개의 자연수의 합으로 나타낼 수 있으므로, 4=4=1+3=2+2=1+1+2와 같이 4가지이다. 따라서 빈 바구니가 있어도 되는 경우는 모두 4가지의 방법이 있다.

## ◆ 자연수의 분할 수(partition number)

분배와 점유의 문제는 결국 공의 개수를 바구니의 개수만큼으로 나눌 수 있는가 하는 문제와도 관련된다. 이것은 바로 자연수 $n$을 $n$보다 작은 자연수들의 합으로 나타내는 방법의 수를 생각하는 것과 같은 문제이다.

정의 4.31 자연수 $n$의 **분할(partition)**이란, 모두 더하면 $n$이 되는 자연수들의 집합을 말하고, 자연수 $n$의 분할의 개수를 $p(n)$으로 나타낸다. 그리고 자연수 $n$을 $k$개의 자연수의 합으로 나타낼 수 있는 분할의 개수는 $p(n,\ k)$로 나타낸다.

**예 제 4.5.8**

$n=5$ 이라 하면 다음과 같은 5의 분할이 존재한다.

$$\{1,\ 1,\ 1,\ 1,\ 1\},\ \{1,\ 1,\ 1,\ 2\},\ \{1,\ 2,\ 2\},\ \{1,\ 1,\ 3\},\ \{2,\ 3\},\ \{1,\ 4\},\ \{5\}$$

따라서 $p(5)=7$ 이다. 그리고 이때 $p(5,\ 1)=1$, $p(5,\ 2)=2$, $p(5,\ 3)=2$, $p(5,\ 4)=1$, $p(5,\ 5)=1$ 이다.

**정리 4.32** 두 자연수 $n$과 $k$에 대하여, 다음 등식이 성립한다.

(1) $p(n,\ 0)=0$, $p(n,\ 1)=1$, $p(n,\ n)=1$

(2) $k>n$ 이면, $p(n,\ k)=0$ 이다.

(3) $\sum_{k=1}^{n} p(n,\ k)=p(n)$

**| 증 명 |**

(1) 정의에 의해 $p(n,\ 0)=0$ 이고, $n$을 하나의 자연수로 나타내는 방법은 $n$ 밖에 없고, $n$을 $n$개의 자연수로 나타내는 방법은 $\sum_{k=1}^{n} 1$ 밖에 없으므로 각각 $p(n,\ 1)=1$, $p(n,\ n)=1$ 이다.

(2) $k>n$ 이면, $\sum_{k=1}^{n} 1>n$ 이므로 $n$을 $k$개의 자연수의 합으로 나타낼 수 있는 방법은 없다. 따라서 $p(n,\ k)=0$ 이다.

(3) 분할의 정의에 의해 자명하다.

**표 4.10 분할 수의 삼각형**

| $p(n)$ | $n$ \ $k$ | 1 | 2 | 3 | 4 | 5 | 6 | ⋯ |
|---|---|---|---|---|---|---|---|---|
| 1 | 1 | 1 | | | | | | |
| 2 | 2 | 1 | 1 | | | | | |
| 3 | 3 | 1 | 1 | 1 | | | | |
| 5 | 4 | 1 | 2 | 1 | 1 | | | |
| 7 | 5 | 1 | 2 | 2 | 1 | 1 | | |
| 11 | 6 | 1 | 3 | 3 | 2 | 1 | 1 | |
| ⋮ | ⋮ | | | | | | | ⋱ |

위의 표 4.10 주어진 $n$과 $k$에 대한 $p(n,k)$를 테이블로 나열한 것이다. 정리 4.32 (3)에 주어진 점화식으로부터 표의 공란이 귀납적으로 채워 질 수 있다. 정리 4.29의 제 2 스털링 수의 점화식을 그것의 삼각식이라 부르는 같은 맥락에서 아래의 정리 4.33은 분할수의 삼각 점화식이라 할 수 있다.

**정리 4.33** 2 이상의 자연수 $n$과 $1 \le k \le n$인 자연수 $k$에 대하여 다음이 성립한다.

(1) $p(n,\ k) = p(n-1,\ k-1) + p(n-k,\ k)$

(2) $p(n,\ k) = p(n-k,\ 1) + p(n-k,\ 2) + \cdots + p(n-k,\ k)$

**| 증 명 |** (1) $p(n-1,\ k-1)$은 $n-1$을 $k-1$개의 자연수의 합으로 표현하는 방법의 수이다. 이런 방법 중 하나를 $n-1 = n_1 + n_2 + \cdots + n_{k-1}$이라 하자. 그러면 $n = 1 + n_1 + \cdots + n_{k-1}$이므로 $n$을 $k$개의 자연수의 합으로 표현하는 방법 중에 하나가 된다. 그런데 이 방법은 반드시 1을 사용하여 나머지 $k-1$개의 자연수의 합으로 $n$을 표현하는 방법과 같다. 이제 $p(n-k,\ k)$를 생각하면, 이것은 $n-k$를 $k$개의 자연수의 합으로 표현하는 방법의 수이다. 이런 방법 중 하나를 $n-k = n_1 + \cdots + n_k$라고 하자. 그러면 다음과 같이 나타낼 수 있다.

$$n = k + n_1 + \cdots + n_k = (n_1 + 1) + \cdots + (n_k + 1)$$

그러므로 이것은 $n$을 2이상의 자연수 $k$개의 합으로 나타내는 방법과 같다. 따라서 $n$을 자연수의 합으로 나타낼 때, 1을 사용하는가의 여부에 따라 구분할 수 있고, 각각의 경우의 수가 $p(n-1,\ k-1)$, $p(n-k,\ k)$이므로 다음이 성립한다.

$$p(n,\ k) = p(n-1,\ k-1) + p(n-k,\ k)$$

(2) (1)의 결과에서 다음을 얻는다.

$$\begin{aligned}
p(n,\ k) &= p(n-1,\ k-1) + p(n-k,\ k) \\
p(n-1,\ k-1) &= p(n-1,\ k-1) \\
&= p(n-2,\ k-2) + p(n-k,\ k-1), \\
p(n-2,\ k-2) &= p(n-3,\ k-3) + p(n-k,\ k-2) \\
&\ \ \vdots \\
p(n-(k-1),\ k-(k-1)) &= p(n-k,\ 0) + p(n-k,\ 1) = p(n-k,\ 1)
\end{aligned}$$

그러므로 양변을 각각 더하여 소거하면 다음 결과를 얻는다.

$$p(n,\ k)=p(n-k,\ 1)+p(n-k,\ 2)+\ \cdots\ +p(n-k,\ k)$$

## ◆ $(x)_k$ 에 의한 $x^n$ 의 전개와 제 2 스털링 수

자연수 변수 $n$과 $k$에 대하여 $(n)_k=n(n-1)\cdots(n-k+1)$로 4.2절에서 정의된 바 있다. 여기서는 $n$에 대한 falling factorial을 미지수 $x$로 일반화하여 정의하기로 한다. 즉 $(x)_k=x(x-1)\cdots(x-k+1)$이다. 임의의 자연수 $n$에 대하여 $x^n$과 $\sum_{k=1}^{n}a_k(x)_k$들은 모두 $n$차 다항식이므로 $x^n=\sum_{k=1}^{n}a_k(x)_k$을 만족하는 $a_k$가 항상 존재한다는 것을 알 수 있다. 다시 말해서, $x^n$은 $(x)_k$에 대하여 합으로 전개될 수 있음을 의미한다. 여기서 우리는, $x^n$의 이러한 전개에 대한 계수 $a_k$ $(1\le k\le n)$에 주목한다.

**예제 4.5.9**

다음 등식이 성립한다.

(1) $x=(x)_1$

(2) $x^2=x+(x-1)=(x)_1+(x)_2$

(3) $x^3=x+3x(x-1)+x(x-1)(x-2)=(x)_1+3(x)_2+(x)_3$

위의 예제 4.5.9에서와 같이 $x^n$은 $(x)_k$의 합으로 전개될 수 있고, 이 때 각각의 $k$에 대한 $(x)_k$ 항의 계수가 $S(n,k)$가 될 수 있다는 것을 귀납적으로 추론 할 수 있다. 실제로 예제 4.5.9 (3)의 $x^3=(x)_1+3(x)_2+(x)_3$은 $S(3,1)(x)_3+S(3,2)(x)_2+S(3,3)(x)_3$이 됨을 관찰할 수 있다. 이제 이러한 추론을 수학적 귀납법에 의해 증명하면 다음과 같은 명제를 얻는다.

정리 4.34 양의 정수 $k$에 대하여 다음 등식이 성립한다.

$$x^n = \sum_{k=1}^{n} S(n,k)(x)_k$$

| 증 명 | $n$에 대해 수학적 귀납법을 적용하도록 하자.

먼저 $x=(x)_1$이고 $S(1,1)=1$이므로 $n=1$일 때 명제는 성립한다.

이제 $n \geq 1$일 때, $x^n = \sum_{k=1}^{n} S(n,k)(x)_k$라 가정하자. 그러면

$$\begin{aligned} & x^{n+1} \\ = \ & x(x^n) \\ = \ & x\sum_{k=1}^{n} S(n,k)(x)_k \quad = \sum_{k=1}^{n} S(n,k)(x)_k\, x \\ = \ & \sum_{k=1}^{n} S(n,k)(x)_k\{(x-k)+k\} \\ = \ & \sum_{k=1}^{n} S(n,k)(x)_k(x-k) + \sum_{k=1}^{n} S(n,k)(x)_k\, k \\ = \ & \sum_{k=1}^{n} S(n,k)(x)_{k+1} + \sum_{k=1}^{n} kS(n,k)(x)_k \end{aligned}$$

이고,

$\sum_{k=1}^{n} S(n,k)(x)_{k+1} = \sum_{j=2}^{n+1} S(n,j-1)(x)_j$ 이다. 또한 정의 4.28과 정리 4.29에 의하여

$$kS(n,k) = S(n+1,k) - S(n,k-1) \qquad (1 \leq k \leq n)$$

$$S(n,n)=1,\ S(k,0)=0,\ S(n+1,n+1)=1$$

이므로 다음 등식이 성립한다.

$$\begin{aligned} & x^{n+1} \\ = \ & \sum_{j=2}^{n+1} S(n,j-1)(x)_j + \sum_{k=1}^{n}\{S(n+1,k)-S(n,k-1)\}(x)_k \\ = \ & \sum_{j=2}^{n+1} S(n,j-1)(x)_j + \sum_{k=1}^{n} S(n+1,k)(x)_k - \sum_{k=1}^{n} S(n,k-1)(x)_k \end{aligned}$$

$$
\begin{aligned}
&= \sum_{k=1}^{n} S(n+1,k)(x)_k + \sum_{j=2}^{n+1} S(n,j-1)(x)_j - \sum_{k=1}^{n} S(n,k-1)(x)_k \\
&= \sum_{k=1}^{n} S(n+1,k)(x)_k + S(n,n)(x)_{n+1} - S(n,0)(x)_1 \\
&= \sum_{k=1}^{n} S(n+1,k)(x)_k + (x)_{n+1} \\
&= \sum_{k=1}^{n+1} S(n+1,k)(x)_k
\end{aligned}
$$

따라서 명제가 성립함을 알 수 있다.

## ◆ $x^n$ 에 의한 $(x)_n$ 의 전개와 제 1 스털링 수

위와 같이 $(x)_k = x(x-1)\cdots(x-k+1)$ 으로 정의하자. 이 때, $(x)_k$는 그 우변을 전개하면 $x$에 대한 $k$차 다항식 전개로 표현된다는 것을 알 수 있다. 여기서 우리는 전개된 다항식의 $x^k$항의 계수에 주목하기로 한다. 다음 예제를 통하여 이러한 계수가 무엇인지 추정해보기로 하자.

**예 제 4.5.10**

다음 등식이 성립한다.

(1) $(x)_1 = x$

(2) $(x)_2 = x(x-1) = -x + x^2$

(3) $(x)_3 = x(x-1)(x-2) = 2x - 3x^2 + x^3$

위의 $(x)_n$ 에 대한 다항식 전개에서 $x^k$ 항의 계수를 아래와 같이 명명하기로 한다.

**정의 4.35** 다항식 $(x)_n$을 $x$에 관하여 전개했을 때 $x^k$항의 계수를 $s(n,k)$라 하고 이것을 제 1 스털링 수(Stirling number of the first kind)라 한다.

즉,

$$\begin{aligned}(x)_n &= x(x-1)(x-2)\cdots(x-(n-1))\\ &= s(n,0)+s(n,1)x+s(n,2)x^2+\cdots s(n,n)x^n\end{aligned}$$

제 1 스털링 수는 다음과 같은 경계값을 갖는다.

정리 4.36 자연수 $n$과 $k$에 대하여 다음이 성립한다.

(1) $s(n,0)=0, s(n,n)=1$

(2) $k>n$이면 $s(n,k)=0$

| 증 명 | 정의 4.35에 따라 다음 등식이 성립한다.

$$\sum_{k=0}^{n} s(n,k)x^k = x(x-1)(x-2)\cdots(x-(n-1))$$

식의 양 변을 비교하면 $s(n,0)=0$, $s(n,n)=1$임을 알 수 있다. 또한 $k>n$에 대하여 $s(n,k)=0$이다.

아래의 등식은 정리 4.29의 제 2 스털링 수에 대한 점화식과 같이 제 1 스털링 수의 점화식을 제시하고 있다. 이를 이용하여 표 4.11 제 1 스털링 수에 관한 테이블을 귀납적으로 채워나갈 수 있다. 이러한 테이블은 파스칼의 삼각형과 같은 맥락으로 제 1 스털링 수의 삼각형이라 부른다.

정리 4.37 2 이상의 정수 $n$과 $1\le k\le n$을 만족하는 정수 $k$에 대하여 다음이 성립한다.

$$s(n,k)=s(n-1,k-1)-(n-1)s(n-1,k)$$

| 증 명 | 정리 4.36에 의하여 $n\ge 2$일 때,

$$s(n-1,0)=0,\ \ s(n-1,n)=0,\ \ (x)_n=(x)_{n-1}(x-(n-1))$$

이므로 다음 등식이 성립한다.

$$\begin{aligned}
&\sum_{i=1}^{n} s(n,k)x^k \\
=\ & (x)_n = \{x-(n-1)\}(x)_{n-1} \\
=\ & \{x-(n-1)\}\sum_{k=1}^{n-1} s(n-1,k)x^k \\
=\ & \sum_{k=0}^{n-1} s(n-1,k)x^{k+1} - \sum_{k=0}^{n-1}(n-1)s(n-1,k)x^k \\
=\ & \sum_{i=1}^{n} s(n-1,i-1)x^i - \sum_{k=0}^{n-1}(n-1)s(n-1,k)x^k \\
=\ & \sum_{k=1}^{n} s(n-1,k-1)x^k - \sum_{k=1}^{n-1}(n-1)s(n-1,k)x^k \\
=\ & \sum_{k=1}^{n} s(n-1,k-1)x^k - \sum_{k=1}^{n}(n-1)s(n-1,k)x^k \\
=\ & \sum_{k=1}^{n}\{s(n-1,k-1)-(n-1)s(n-1,k)\}x^k
\end{aligned}$$

즉,

$$\sum_{i=1}^{n} s(n,k)x^k = \sum_{k=1}^{n}\{s(n-1,k-1)-(n-1)s(n-1,k)\}x^k$$

이고, $x$에 관한 동차항의 계수 비교를 통해 정리가 성립함을 알 수 있다.

**예 제 4.5.11**

정리 4.37을 통해 다음 제 1 스털링 수에 관한 테이블을 귀납적으로 채워나갈 수 있다.

표 4.11 **제 1 스털링 수의 삼각형**

| $n$ \ $k$ | 1 | 2 | 3 | 4 | 5 | … |
|---|---|---|---|---|---|---|
| **1** | 1 | | | | | |
| **2** | -1 | 1 | | | | |
| **3** | 2 | -3 | 1 | | | |
| **4** | -6 | 11 | -6 | 1 | | |
| **5** | 24 | -50 | 35 | -10 | 1 | |
| **⋮** | | | | | | ⋱ |

출처 : https://en.wikipedia.org/wiki/Stirling_numbers_of_the_first_kind

정리 4.37의 점화식에도 불구하고 제 1 스털링 수의 일반항은 아직까지 알려지지 않고 있다. 알려진 제 1 스털링 수에 대한 정확한 자료와 테이블은 참고문헌 [15]를 참조한다.

# 연 습 문 제 4.5

1 외국에서 오는 바이어 6명을 세 대의 자동차에 나누어 태워 회사까지 데리고 가려고 할 때, 누구와 함께 타고 가는가를 고려하여 나누어 타고 가는 총 방법의 수를 구하라.

2 회사의 중역 5명을 데리고 3개의 회의실에 나누어서 회의를 하려고 할 때, 3개의 회의실에서 5명이 회의할 수 있는 모든 경우의 수를 구하라. 단, 각 회의실엔 5명이 모두 들어갈 수 있으며, 5명은 같은 시간에 반드시 회의를 해야 한다.

3 구별이 되지 않는 버스 5대를 구별이 되지 않는 3 군데의 차고에 나누어 주차할 때, 다음 물음에 답하라.

(1) 각 차고에 적어도 한 대의 버스가 주차되도록 할 때, 주차 할 수 있는 모든 경우의 수를 구하라.

(2) 빈 차고가 있어도 되면, 주차할 수 있는 모든 경우의 수를 구하라.

4 집합 $A=\{a_1,\ a_2,\ \cdots,\ a_{10}\}$를 공집합이 아닌 5개의 부분집합으로 나눌 수 있는 경우의 수를 구하라.

5 자연수 6의 분할을 모두 구하라.

6 $n=5$이고 $k=3$일 때, $p(n,\ k)=p(n-k,\ 1)+p(n-k,\ 2)+\ \cdots\ +p(n-k,\ k)$가 성립함을 보여라.

**7** (1) 선형 방정식 $x+y+z=14$를 만족시키는 음이 아닌 정수해 $x,\ y,\ z \le 7$을 모두 구하라.

(2) 선형 방정식 $x+y+z=14$에서 $x$가 홀수이고, $2 \le y \le 5$이고, $z$가 소수인 음이 아닌 정수해의 개수를 구하라.

**8** $S(4,1)=1, S(4,2)=7, S(4,3)=6, S(4,4)=1$ 임을 보여라.

**9** 자연수 $n$과 $0 \le k \le n$에 대하여 다음이 성립함을 증명하라.

$$S(n,k)=\sum_{j=0}^{n}\binom{n-1}{j}S(j,k-1)$$

# 5 그래프 이론

그래프 이론은 유명한 쾨니히스베르크(Königsberg)의 다리 문제로부터 시작되었다고 할 수 있다. 그림 5.1과 같이 강 한가운데에 두 개의 섬 $A$와 $D$가 있고 $A$는 양쪽 $B$와 $C$ 지역에 각각 두개의 다리로 연결되어 있으며, 다른 섬 $D$는 $B$와 $C$ 지역 및 $\widehat{A}$섬에 각각 한 개씩의 다리로 연결되어 있다. 문제(한 붓 그리기 문제)는 다음과 같다. '한 지역에서 출발하여 이 지역의 다리를 모두 그리고 단 한 번씩 건널 수 있는 산책로가 있겠는가?' 1736년에 오일러(Leonhard Euler)는 이런 산책로가 존재하지 않는다는 사실을 증명하였다. 이후, 1800년대에 드모르간은 4가지 색만 있으면 어떠한 지도도 나라가 구별되게 색칠할 수 있다는 소위 4색 문제에 관한 가설(Four Color Map Conjecture)을 세웠다. 이 가설은 1976년 컴퓨터를 이용하여 애펠(Appel)과 해켄(Haken)이 증명하였다.

그래프 이론은 20세기부터 통신, 네트워킹, 데이터 처리 등 많은 현실적인 문제 및 컴퓨터 공학에서 없어서는 안 될 유용한 모델링 도구가 되었다. 또한 부호 이론, 디자인 이론, 포셋 이론(Partially ordered set) 등의 광범위한 수학의 타 분야와 밀접한 관계를 갖고 발전하고 있다. 그래프 이론은 최근 디지털 정보화의 시대적 기류 속에서 더욱 그 가치와 유용성을 인정받고 있는 중이다.

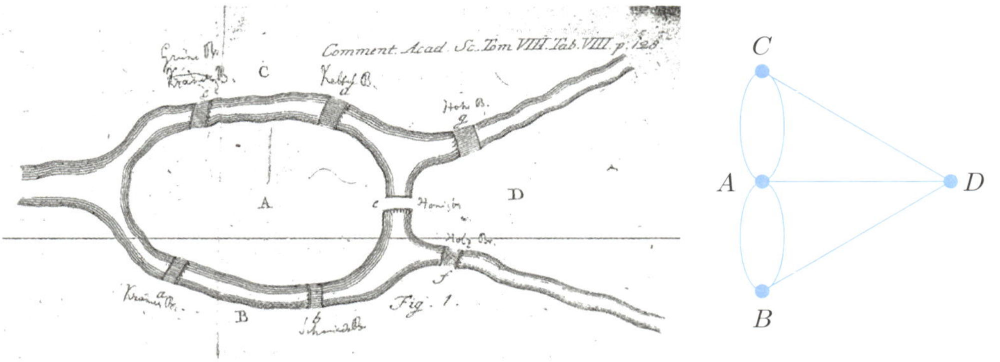


그림 5.1 **오일러의 원논문:** The solution to the problem with the geometry of position, Commentartt Petersburg Imperial Academy of Sciences 8, pp. 128-140 (1741)

## 램지이론

램지 이론은 1930년 26세의 나이로 병사한 영국의 수학자 **램지(Frank Plumpton Ramsey**, 1903~1930)의 이름으로부터 유래한다. 램지는 러셀, 무어, 비트겐슈스타인, 케인즈 등 수학, 철학, 경제학의 분야의 거장들에게서 사사 받았고 스승으로부터 찬사를 한 몸에 받은 천재였다. 그는 수학뿐만 아니라 철학과 경제학을 연구하기도 했다. 20세기의 대표적인 철학자 비트겐슈타인은 수학을 경멸했지만 초월적 실제성을 추구해온 램지만은 진정한 수학자라고 극찬을 하였으며, 케인즈의 지도하에 쓴 조세와 저축에 관한 논문은 아직도 경제학에서 인용되며 고전으로 취급받고 있다. 램지 이론은 램지가 남긴 8쪽의 논문을 헝가리 수학자 **에어디쉬(Paul Erdos**, 1913~1996)가 명실상부한 수학의 한 분야로 구축하게 된다. 고전적 램지 문제는 다음과 같은 파티문제로 예시될 수 있다.

> "파티에 손님을 초청하고자 할 때, 손님 중 서로 서로 안면이 있는 $s$명의 그룹이 있거나 서로 일면식도 없는 $t$명의 그룹이 반드시 존재하기 위해서는 최소한 몇 명의 손님을 파티에 초청하여야 되는가?"

이 문제의 해답이 되는 최소의 초대 손님의 수를 $R(s,\ t)$라고 표시한다. 앞서 소개한 예는 $R(3,\ 3)=6$임을 보여주고 있다. 램지의 수는 이 절에서 공부할 그래프 이론을 빌어 설명할 수 있다. 손님을 점으로 정의하고 두 손님이 서로 아는 사이면 이를 두 점을 잇는 선으로 표시하게 되면 파티는 하나의 그래프로 모델링될 수 있으며, 위에서 소개한 램지의 수는 다음과 같이 재정의 될 수 있다.

> "$n$개의 점으로 이루어진 임의의 그래프 $g$가 $k_s$나 $\overline{K}_t$를 부분 그래프로 갖게 되는 최소 정수 $r(=R(s,\ t))$을 구하라."

여기서 $K_s$는 $s$개의 점으로 이루어진 완전그래프로 불리며, 이는 그래프 내의 모든 서로 다른 두 점이 $K_s$의 선의 집합의 원소가 된다. 단, $K_1$이란 1개의 점과 0개의 선으로 이루어진 그래프를 뜻한다. 또한 $\overline{K}_t$란 $t$개의 점집합과 공집합인 선집합으로 이루어진 그래프를 뜻한다.
일반적으로 $R(s,\ t)$를 구하는 문제는 난제 중에 난제로 알려져 있다. 예를 들어 컴퓨터를 이용하여 $R(3,\ 3)$을 구하려고 하면, 6점으로 이루어질 수 있는 32,768개의 그래프 각각에 관하여 $K_3$ 혹은 $\overline{K}_3$가 존재하는지 여부를 확인해야 한다.
현재, $s=3$일 때, $R(3,\ 3)=6$, $R(3,\ 4)=9$, $R(3,\ 5)=14$, $R(3,\ 6)=18$, $R(3,\ 7)=23$, $R(3,\ 8)=28$, $R(3,\ 9)=36$과 $s=4$인 경우 $R(4,\ 4)=18$인 경우 만이 수학적 논증으로 밝혀진 상태이며, $R(4,\ 5)=25$는 1993년에 110대의 컴퓨터를 동원해 전자계산으로 증명 없이 확인되었다. 그 외의 경우에 관해서 정확한 램지의 수가 밝혀져 있지 않으며, 다만 그 범위만이 알려져 있을 뿐이다. 예를 들어, $R(5,\ 5)$에 대하여 $43 \leq R(5,\ 5) \leq 49$만이 알려져 있을 뿐이다.이미 작고한 에어디쉬는 $R(5,\ 5)$의 범위를 줄이거나 정확한 값을 구해내는 데 비록 소액이지만 현상금까지 걸었으나 그 어느 누구도 이 현상금을 탈 수 없었다. 야심있는 수학도의 도전을 세상은 기다리고 있다.

# 5.1 그래프의 정의와 표현법

먼저 그래프를 다음과 같이 집합으로 정의한다.

정의 5.1　그래프 $G$는 유한 **꼭짓점**의 집합 $V$와 $V$의 2-집합(2-set: $V$에 속하는 두 원소로 이루어진 집합)으로 이루어진 모서리 집합 $E$의 순서쌍 $G=(V,\ E)$으로 정의된다. 이때, $V$의 원소를 **'꼭짓점(vertex)'** 혹은 **'점(point)'**라 부르며 E의 원소인 2-집합을 **'모서리(edge)'** 혹은 **'선(line)'**이라 명명한다. 또한 주어진 그래프 $G$의 꼭짓점 집합을 $V(G)$라고 표시하고 그래프 $G$의 모서리 집합을 $E(G)$로 표시한다.

그래프는 보통 평면 위에 꼭짓점을 늘어놓고 한 모서리에 속하는 두 꼭짓점을 선분으로 이어 표현할 수 있는데 이를 '그래프 다이어그램'혹은 단순히 '그래프'라고 부르기도 한다. 다음은, 위의 집합에 의해 정의된 그래프를 다이어그램으로 표현한 예를 보여 준다.

**예 제 5.1.1**

다음과 같이 그래프 $G$가 정의되었다고 하자.

$$V=V(G)=\{v_1,\ v_2,\ \cdots,\ v_8\}$$

$$\begin{aligned} E&=E(G)\\ &=\{\{v_1v_4\},\ \{v_1v_5\},\{v_2v_3\},\ \{v_2v_5\},\ \{v_2v_7\},\{v_3v_6\},\ \{v_4v_6\},\ \{v_4v_7\},\ \{v_7v_8\}\}\end{aligned}$$

이 그래프 $G$는 다음과 같이 그림 5.2의 다이어그램으로 표현할 수 있다.

그림 5.2 **그래프 모델**

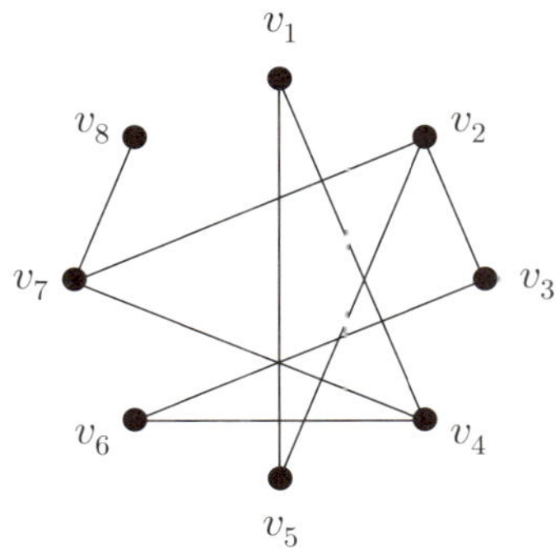

**참 고** 그래프 $G$는 점집합 $V$와 $V$의 2-집합들의 집합 $E$으로 정의되므로, 모든 $e \in E$는 적당한 $v, w \in G$에 대하여 $e = \{v, w\}$으로 표현된다. 따라서 예제 5.1.1에서 보듯이 $E$는 많은 집합 기호가 겹쳐진 채로 복잡하게 나타내어지고 있다. 이러한 기호의 비경제성과 복잡성을 해소하기 위하여 앞으로는 혼선이 없다면 $e \in E$를 $\{v, w\}$ 대신에 $vw$로 단순하게 표시하기로 한다. 예를 들어 예제 5.1.1의 $E(G)$는 다음과 같다.

$$\{v_1v_4, v_1v_5, v_2v_3, v_2v_5, v_2v_7, v_3v_6, v_4v_6, v_4v_7, v_7v_8\}$$

하나의 그래프는 실생활에서 대상과 대상간의 관계를 담아 낼 수 있는 모델로 가시화 될 수 있다. 위의 예제 5.1.1의 $G$에서 꼭지점을 8명의 사람이라 가정하고 이들 속에서 있을 수 있는 친구 관계를 모서리로 생각할 수 있다. 물론, 친구가 아닌 두 사람은 선분으로 표현하지 않고 있다. 이러한 관점에서  예제 5.1.1의 그래프 $G$는 8명으로 이루어진 사람들의 집합 속의 친구 관계를 한 눈에 볼 수 있는 유용한 다이어그램이 된다. 아래 예제는 그래프로 모델화되어 실생활 속에서 사용되고 있는 단적인 예를 보여주고 있다.

**예 제 5.1.2** 다음은 그래프의 이용 사례로서 지하철 노선도를 들 수 있다. 여기서 꼭짓점집합은 역의 집합이며 두 역이 지하철 노선으로 연결된 직전 역이거나 직후 역인 경우 이러한 두 역은 선으로 연결되어 있으며 특히 노선이 같으면 동일 색상의 선임을 유의하자.

그림 5.3 **서울 지하철 노선지도**

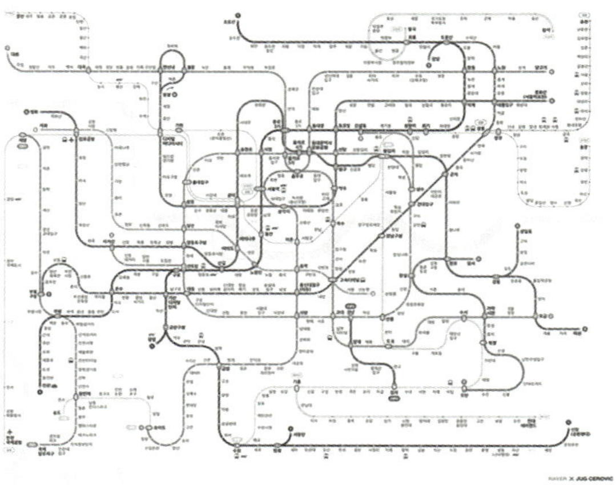

그래프는 이산적 대상(discrete objects)에 대한 모델링에 용이하므로, 네트워크 등을 다루는 정보과학 분야, 회로 등을 다루는 전자 공학, 효과적인 알고리즘을 연구하는 컴퓨터 공학 등, 다양한 공학 분야를 비롯하여 조직의 효율을 다루는 경영학과 금융/경제 분야 및 마인드맵 등으로 표현/이용이 가능한 심리학, 정치학 등의 사회과학 분야에 폭넓게 응용되고 있다.

## ◆ 그래프 개념의 확장

이제 위의 그래프의 개념을 일반화하여 더 다양한 종류의 확장된 그래프를 정의해보도록 하자.

정의 5.2 다중그래프(multi-graph) $G=(V,\ E)$는 점집합 $V$와, $V$의 **2-중복집합**(2-multi-set)을 원소로 하는 적당한 **중복집합(multi-set)** $E$의 순서쌍으로 정의된다. 즉, 중복그래프 $G$의 $E$는 같은 선을 중복해서 원소로 가질 수 있음을 뜻한다. 이때, 같은 선이 두 번 나타날 때 그 선을 **이중선(double edge)**라고 하고, 같은 선이 세 번 반복해서 나타나면 삼중선(triple edge)이라고 한다. 또한 $v\in V(G)$에 대하여 $vv\in E(G)$이면 이러한 $vv$를 $G$에서의 $v$의 **루프(loop)**라 한다. (다중)그래프 $G$의 어떤 선에도 포함되지 않는 꼭짓점 $v\in V(G)$를 **고립점(isolated point)**이라 한다.

그림 5.4

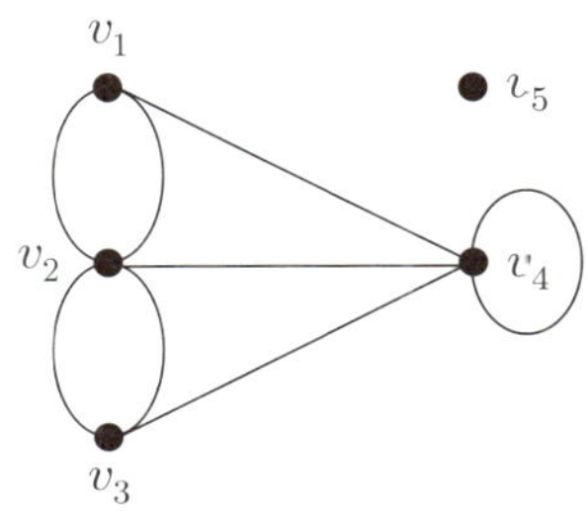

**예 제 5.1.3**

그림 5.4에 주어진 그래프 $G$는 다중 그래프이다. 여기서 $v_1v_2 \in E(G)$는 삼중선이고 $v_2v_3 \in E(G)$는 이중선이며, 따라서 이 두 모서리는 모두 다중선에 해당한다. 또한 $v_4v_4 \in E(G)$는 루프이며, 꼭짓점 $v_5 \in V(G)$는 $G$에서의 고립점이다.

**예 제 5.1.4**

다중그래프는 그래프의 개념을 확대하여 일반 그래프가 모델링 할 수 있는 대상보다 더욱 다양한 대상에 대한 모델링을 가능하게 한다. 이에 대해 몇 가지 예를 들면 다음과 같다.

(1) 점집합을 도시들로 설정하고 선집합을 도시와 도시를 잇는 고속도로라 하자. 이 때, 서울과 청주를 연결하는 중부고속도로와 경부고속도로의 두 고속도로는 서울, 청주로 표시되는 이중선으로 생각할 수 있다. 100번 고속도로(서울 외곽순환 고속도로)는 이 그래프에서의 서울, 서울이라는 루프로 생각될 수 있을 것이다.

그림 5.5 **주요 도시 간 고속도로 다중그래프**

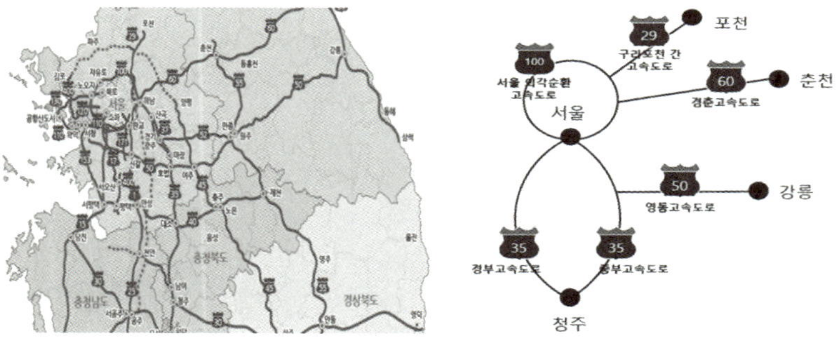


(2) 점집합을 각 도시에 존재하는 데이터 센터라 하고 이들 센터에 깔려 있는 전산회로를 선들의 집합이라고 정하고 이를 그래프로 모델링하면 이 그래프는 데이터 센터 사이의 전산망을 나타내는 하나의 다중그래프가 된다. 왜냐하면 두 데이터 센터사이에는 각기 다른 루트의 통신회로가 확보되어 있어 다중선이 존재할 수 있다. 더욱이 각 데이터 센터는 자가 진단이나 백업을 위해 자기 자신에서 자기 자신으로 보내는 내부 회로를 갖추고 있기 때문에 이러한 자가진단용 백업 회로는 루프로 표현될 수 있을 것이다.

정의 5.2의 다중그래프의 정의에 따르면 정의 5.1에서 정의된 그래프는 루프나 중복선이 없는 단순한(simple) 다중그래프라고 할 수 있을 것이다. 그런 의미에서 정의 5.1의 그래프를 **단순그래프**(simple graph)라 부른다. 하지만 관례에 따라, 이 책에서 별다른 언급 없을 때에는

'단순그래프'를 '그래프'라 쓰기로 하자.

## ◆ 방향그래프

그래프의 선을 '도로'라 생각하면, 도로는 항상 양방통행로가 아니며 '일방통행로'가 있을 수 있다. 따라서 그래프의 선을 단순한 두 점으로 된 집합이라 정의하지 말고 출발점을 먼저 쓰고 도착점을 다음에 써서 순서쌍으로 나타낸다면 선의 방향까지도 나타낼 수 있는 확장된 개념의 그래프를 정의 할 수 있을 것이다. 이것을 방향그래프라고 부르며 자세한 정의는 다음과 같다.

정의 5.3 방향그래프 $G=(V,\ A)$는 $V$를 유한 집합이라고 하고 $A$를 $V$의 두 점으로 이루어진 순서쌍(order pair)의 집합이라 하자. 이 때, 방향그래프 $G$는 $V$와 $A$로 이루어진 순서쌍 $(V, A)$로 정의된다. 여기서, $A$의 원소인 순서쌍 $(u, v)$를 '$\boldsymbol{uv}$**-유향선분(arc)**'라 부르며 이를 $\overrightarrow{uv}$로 표시하고 $A$를 $G$의 유향선분집합이라고 한다. 주어진 방향그래프 $G$의 점의 집합을 $V(G)$라고 표현하기도 하며, 그 유향선분집합을 $A(G)$라 표시한다.

그림 5.6 **다중방향그래프**

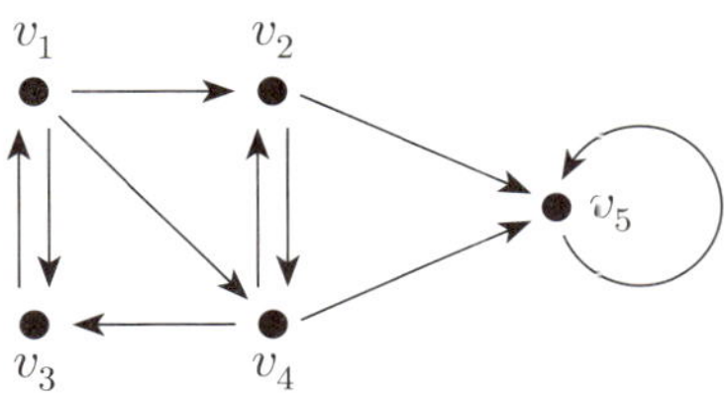


방향그래프는 그림 5.6에서 보듯이 방향선(arc)이 일반 그래프의 선(edge)을 대신하고 있다. 이러한 방향그래프에 방향선의 반복을 허용하는 다중성과 방향선의 범주에 같은 점의 반복을 허용하면, 즉 루프를 허용할 수 있으며, 이러한 확장된 개념의 그래프를 다중 방향그래프(multi-directed graph)라고 부른다.

**예 제 5.1.5**

**(라운드-로빈 토너먼트 그래프; Round-Robin Tournaments)**

라운드-로빈 토너먼트란, 토너먼트에 참여하는 각 팀이 다른 모든 팀과 각각 한 번씩만 시합을 가지는 게임의 법칙을 의미한다.(단, 각 게임은 승자와 패자를 반드시 가린다.)
라운드-로빈 토너먼트는 다음과 같이 정의되는 단순방향그래프 $T$로 모델링 될 수 있다.

(1) $V(T)$ : 시합에 참여하는 모든 팀들의 집합
(2) $A(T)$ : $u$와 $v$의 게임에서 $u$가 승자가 되면 $\overrightarrow{uv} \in A(T)$

위의 그래프는 단순방향그래프가 된다. 왜냐하면, 각 쌍의 팀은 한 번씩만 게임을 하고 반드시 승패가 가려지므로 한 번의 게임의 결과는 하나의 방향선을 만든다. 즉 모든 선이 방향선이고 다중선과 루프가 존재하지 않는다.
다음의 그림 5.7은 다섯 팀으로 치러진 라운드-로빈 토너먼트 결과 그래프이다.

그림 5.7

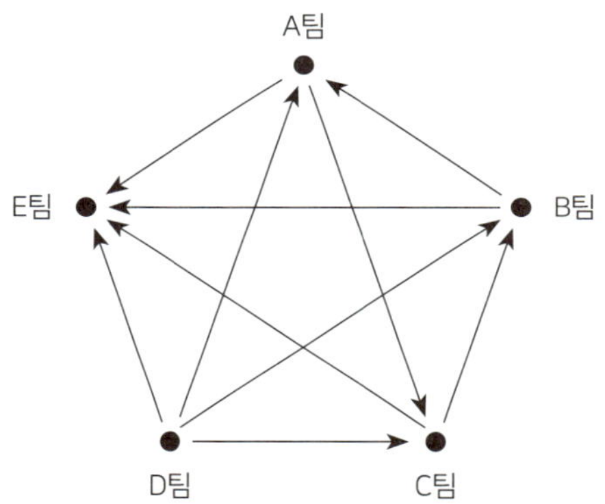


여기서 D 팀은 전승을 하였고 E 팀은 전패를 하였음을 알 수 있다. 물론 우승 팀은 D 팀이다.

이와 같이 그래프는 주어진 구조에 적합하도록 개념의 확장을 통해 거의 모든 이산적 구조의 모델링을 가능하게 한다. 이렇듯 그래프가 가지는 범용성이야 말로 그래프의 강점을 의미하며, 다양한 구조에 가장 많이 응용되고 있는 이산구조로 알려져 있다. 특히 다음절에서 설명하고 있는 그래프의 행렬표현은 그래프라는 이산구조를 컴퓨터가 이해할 수 있는 데이터 형식으로 번역이 가능하게 함으로서, 다양한 정보화시대의 문제들을 컴퓨터를 이용한 해답의 도출이 용이하게 하였다. 이러한 그래프야말로 현대와 미래의 다양한 문제를 해결할 수 있는 기

본적이고도 이상적인 이산구조임이 분명하다고 할 것이다.

다음의 표는 확장되어 정의할 수 있는 그래프의 여러 타입을 보여준다. 각 타입의 그래프에 대한 정의는 표의 선의 방향성과 다중성 그리고 루프의 존재성에 따른다.

| 명칭 | 단순그래프<br>simple ~ | 다중그래프<br>multi ~ | 방향그래프<br>directed ~ | 방향다중그래프<br>dir. mult. ~ | 혼합그래프<br>mixed ~ |
|---|---|---|---|---|---|
| 모서리 | 2-set | 2-set | arc(유향선) | arc | arc or 2-set |
| 다중성 | 불허용 | 허용 | 허용 | 허용 | 허용 |
| 루프 | 불허용 | 허용 | 불허용 | 허용 | 허용 |

# 연습문제 5.1

**1** 아래 그림이 나타내는 그래프에 대하여 다음 물음에 답하라.

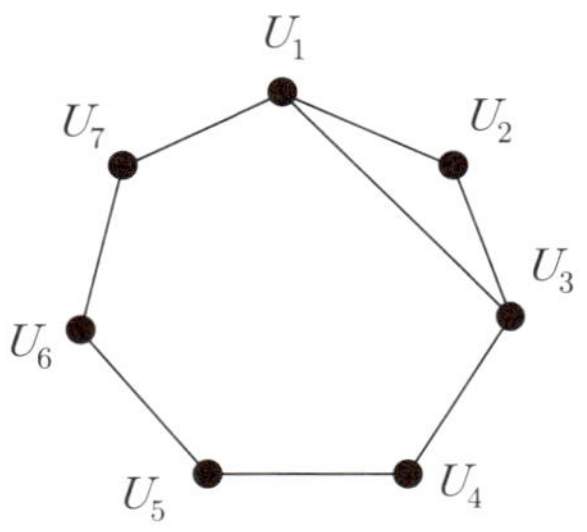


$G$

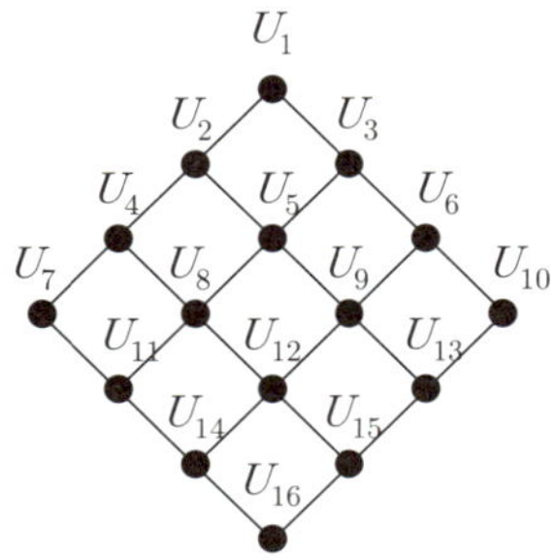


$H$

(1) 그래프 $G$의 위수와 크기를 구하라.

(2) $G$의 점의 집합 $V(G)$와 모서리의 집합 $E(G)$를 모두 나열하지 말고 조건제시법으로 표현하라.

**2** 아래 주어진 점의 집합($V(G)$)와 모서리의 집합( $E(G)$)를 가진 그래프를 그려라.

(1) $V(G)=\{v_1,\ v_2,\ v_3,\ v_4,\ v_5\}$
$E(G)=\{v_1v_3,\ v_1v_4,\ v_2v_4,\ v_2v_5,\ v_3v_5\}$

(2) $V(G)=\{v_1,\ v_2,\ v_3,\ v_4,\ v_5,\ v_6,\ v_7\}$
$E(G)=\{v_1v_2,\ v_1v_6,\ v_1v_7,\ v_2v_3,\ v_2v_7,\ v_3v_4,\ v_3v_7,\ v_4v_5,\ v_4v_7,\ v_5v_6,\ v_5v_7,\ v_6v_7\}$

**3** 위수가 $n$ 인 모든 그래프는 많아야 $\binom{n}{2}$ 이하의 선을 가지고 있음을 보여라.

**4** 네 개의 선과 네 개의 점으로 구성된 그래프를 모두 그려라.

**5** $G$를 $n$개의 점과 $l$개의 선으로 구성된 그래프라고 하자. $G$의 각점의 차수가 $k$ 또는 $k+1$이면, 그래프 $G$에서 차수가 $k$인 점의 개수는 $(k+1)n-2l$임을 보여라.

**6** 다섯 개의 점을 가진 그래프를 다이그램으로 그릴 수 있는 알고리듬을 제시하라.

# 5.2 그래프의 행렬 표현과 기본 변수들의 성질

## ◆ 기본용어

그래프이론에서 다루는 용어들은 대개 그 개념이 일치하는 일상용어를 빌어 쓰고 있다. 좀 지루하지만 먼저 용어별 수학적 정의를 다루고 익숙해질 수 있도록 다음의 예시된 그래프에 있어서 각 변수를 정의에 따라 구해보자.

정의 5.4 주어진 그래프 $G$에 대하여 다음과 같이 용어를 정의한다.

(1) 그래프 $G$에서 $|V(G)| = n$을 $G$의 **위수(order)**라 하고 $|E(G)| = m$을 $G$의 크기(size)라고 한다. 이 때, 이 그래프 $G$를 $(m,n)$그래프라고 한다.

(2) $u,v \in V(G)$에 대하여 $uv \in E(G)$이면 $u$와 $v$가 **'이웃'**($u$ is **adjacent** to $v$)에 있다 혹은 $u$는 $v$와 연결되어 있다고 한다. 두 선 $e,f \in E(G)$가 한 꼭짓점을 공유하면 $e$와 $f$가 '만난다'(혹은 '이웃하다')($e$ and $f$ are adjacent)라고 말한다. 만약 어떤 점 $x$에 대하여 $e = vx$이면 점 $x$가 선 $e$ **'위에 있다'**($u$ is **incident** to $e$) 혹은 선 $e$가 점 $x$ '위에 있다'(incident)라고 말한다.

(3) $v \in V(G)$에 대하여 $N(v)$를 $v$의 **이웃집합(neighborhoods)**이라 하고 다음과 같이 정의한다.

$$N(v) = \{x \in V(G) \mid vx \in E(G)\}$$

이 때, $u \in N(v)$를 $v$의 이웃점(a neighbor of $v$)이라 한다.
같은 방식으로 $\overline{N(v)}$를 $v$의 **탈이웃집합(anti-neighborhoods)**라 하고 다음과 같이 정의한다.

$$\overline{N(v)} = \{x \in V(G) - \{v\} \mid vx \not\in E(G)\} = V(G) - (N(v) \cup \{v\})$$

(4) $v \in V(G)$에 대하여 $\deg v$를 $v$의 차수(degree of $v$)라 하고, 이는 $v$와 이웃하고 있는 선의 개수를 의미한다. 즉, $\deg v = |N(v)|$으로 정의된다.

(5) $v \in V(G)$에 대하여 $\deg v$가 짝수이면 **짝수점(even vertex)**이라 하고, 홀수이면 **홀수점(odd vertex)**이라 한다. 또한 $\deg v = 0$이면 이 점을 **고립점(isolated vertex)**이라 하고, $\deg v = 1$이면 **끝점(end-vertex, leaf)**이라 한다.

(6) $\Delta(G) = \max\{\deg v \mid v \in V(G)\}, \delta(G) = \min\{\deg v \mid v \in V(G)\}$로 정의하고 이를 각각 그래프 $G$의 **최대차수**, **최소차수**로 부른다.

**예 제 5.2.1**

그림 5.8과 같이 그래프 $G$가 주어졌다고 하자. 이 때, 정의 5.4에서 정의된 각종 용어를 순서에 따라 적용하여 구해보기로 한다.

그림 5.8

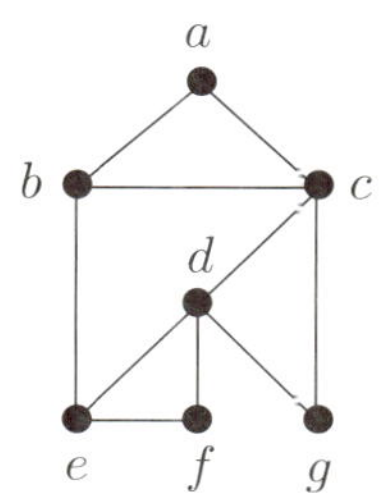


(1) $G$의 위수는 7이고 크기는 8이므로 $G$는 (7,8) 그래프다.

(2) $a$는 $c$, $b$와 이웃이다.($a$ is adjacent to $b$ and $c$)
$fd$는 $bd$는 만난다.($fd$ is adjacent to $bd$)
$d$는 $gd$ 위에 있다.($d$ is incident to $gd$)

(3) $N(d) = \{b, f, e, g\}$, 이고 $\overline{N(d)} = \{a, c\}$이다.

(4) $\deg d = |N(d)| = |\{b, f, e, g\}| = 4$

(5) $G$의 짝수점 집합 $= V_e = \{a, b, d, e, g\}$
$G$의 홀수점 집합 $= V_o = \{c, f\}$
여기서 $V(G) = V_e \cup V_o$이고 $V_e \cap V_o = \varnothing$이다. 즉 $V_e$와 $V_o$는 $V(G)$를 분할한다.
또한, 이 그래프에는 고립점도 끝점도 없다.

(6) $\deg a = \deg e = \deg g = 2$, $\deg b = \deg d = 4$, $\deg c = \deg f = 3$이므로 다음이 성립한다.

$$\Delta(G) = \max\{\deg v \mid v \in V(G)\} = 4$$
$$\delta(G) = \min\{\deg v \mid v \in V(G)\} = 2$$

**예 제 5.2.2**

그림 5.2에서 주어진 그래프 $G$에서 살펴보자.

(1) 두 점 $v_2$와 $v_7$는 서로 이웃하고 있으며, 선 $v_2v_7$과 $v_2v_3$은 점 $v_2$에서 만난다. 또한 $v_2v_7$

은 $v_2$ 위에 있으며 동시에 $v_2$ 는 $v_2v_7$ 위에 있다.

(2) $v_2$ 의 이웃은 $N(v_2)=\{v_3,\ v_5,\ v_7\}$이며 따라서 $\deg v_2=|N(v_2)|=3$ 이다.

(3) $v_1$ 과 $v_4$ 는 짝수점이고 나머지는 모두 홀수점이며 이들 홀수점의 차수는 모두 1이므로 이들은 모두 끝점이다. 마지막으로 이 그래프는 고립점을 갖지 않으며 $\Delta(G)=3, \delta(G)=1$ 임을 알 수 있다.

## ◆ 그래프의 행렬표현

다중이거나 방향을 포함한 넓은 의미의 모든 그래프는 행렬로 표현할 수 있다. 따라서 일반적으로 그래프를 나타낼 수 있는 표현법으로는 점집합과 선집합의 순서쌍을 이용하여 집합으로 정의하는 방법과 다이어그램으로 그려서 표현하는 법, 마지막으로 행렬로 나타내는 세 가지 방법이 있다. 앞의 두 가지 표현법은 앞 절에서 제시하였고 여기서는 그래프의 행렬표현에 관하여 알아보도록 하자.

정의 5.5 그래프 $G=(V,E)$가 $V=\{v_1,\ v_2,\ \ldots,\ v_n\}$을 갖는다 하자. 그래프 $G$를 표현하는 $n\times n$ 행렬 $A(G)$는 다음과 같이 정의된다.

$$A(G)=(a_{ij})=\begin{cases}1, & v_iv_j\in E\\ 0, & v_iv_j\notin E\end{cases}$$

이때, 행렬 $A(G)$를 그래프 $G$의 이웃 표현 행렬 혹은 인접 행렬(adjacent matrix)이라고 한다.

**예 제 5.2.3** 다음 다이어그램으로 주어진 그래프 $G=(V,\ E)$의 인접 행렬을 구하면 다이어그램 우측의 행렬과 같다.

그림 5.9 $G=(V, E)$

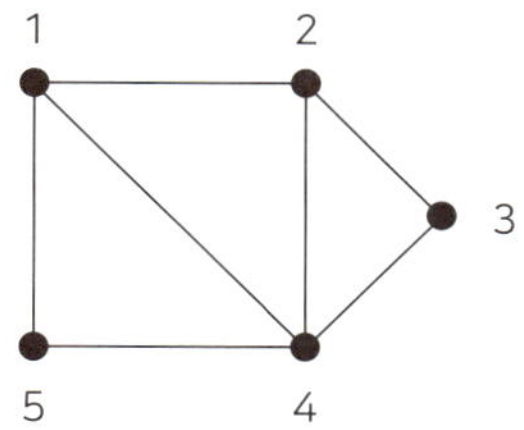


$A(G)$

| | 1 | 2 | 3 | 4 | 5 |
|---|---|---|---|---|---|
| **1** | 0 | 1 | 0 | 1 | 1 |
| **2** | 1 | 0 | 1 | 0 | 0 |
| **3** | 0 | 1 | 0 | 1 | 0 |
| **4** | 0 | 0 | 1 | 0 | 1 |
| **5** | 1 | 0 | 0 | 1 | 0 |

그래프 $G$의 집합 표현은 다음과 같다.

$$V(G)=\{1,\ 2,\ 3,\ 4,\ 5\},$$
$$E(G)=\{\{1,\ 2\},\ \{2,\ 3\},\ \{3,\ 4\},\ \{4,\ 5\},\ \{1,\ 5\}\}$$

이런 그래프의 인접 행렬은 루프와 여러 개의 선을 가지고 있을 뿐만 아니라 선의 방향과 선의 길이를 가지고 있는 확장된 다중그래프를 표현하고자 할 때 편리하게 사용할 수 있다. 다중방향그래프의 인접행렬은 엄밀한 수학적 정의를 하지 않더라도 다음 예제와 같이 직관적으로 자연스럽게 만들 수 있음을 볼 수 있다.

**예 제 5.2.4**

다중방향그래프 $G$가 그림 5.10의 다이어그램과 같이 주어졌을 때 인접 행렬을 구하면 다음과 같다.

그림 5.10

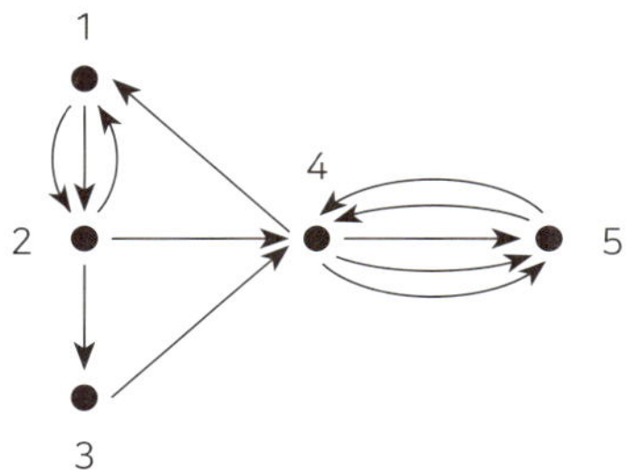


$A(G)$

| | 1 | 2 | 3 | 4 | 5 |
|---|---|---|---|---|---|
| **1** | 0 | 2 | 0 | 1 | 1 |
| **2** | 1 | 0 | 1 | 1 | 0 |
| **3** | 0 | 0 | 0 | 1 | 0 |
| **4** | 1 | 0 | 1 | 0 | 3 |
| **5** | 1 | 0 | 0 | 2 | 0 |

예를 들어, $a_{4\,5}=3$이고 $a_{5\,4}=2$라고 표시한 이유는 다중방향그래프 $G$에서 유향선분 $\overrightarrow{4\ 5}$가 3개 존재하고 유향선분 $\overrightarrow{5\ 4}$가 2개 존재하기 때문이다.

이제 기본적인 변수들에 관한 그래프의 개수를 세는 문제 즉 카운팅 문제에 관하여 알아보도록 하자.

정리 5.6 (1) 위수가 $n$인 점집합 $V$ 위에서 정의될 수 있는 그래프의 총 개수는 다음과 같다.

$$2^{\binom{n}{2}}=2^{\frac{n(n-1)}{2}}$$

(2) 위수가 $n$인 점집합 $V$ 위에서 정의될 수 있는 크기가 $m$인($m$개의 모서리를 갖는) 그래프의 총 개수는 $\binom{\binom{n}{2}}{m}$이다.

(3) 점집합이 $V=\{v_1,\ v_2,\ \cdots,\ v_n\}$인 그래프의 이웃 표현 행렬이 $A=(a_{ij})_{n\times n}$으로 주어졌다면, $\deg v_i=\sum_{j=1}^{n}a_{ij}$가 성립한다.

(4) 점집합이 $V=\{v_1,\ v_2,\ \cdots,\ v_n\}$이고 크기가 $m$인 그래프의 이웃 표현 행렬이 $A=(a_{ij})_{n\times n}$라 할 때, 다음이 성립한다.

$$\sum_{i=1}^{n}\deg v_i=2m=\sum_{i,\ j=1}^{n}a_{ij}$$

| 증 명 | (1) 주어진 $n$개의 점집합을 갖는 임의의 그래프 $G$에서는 $N=\binom{n}{2}$개의 포함 가능한 모서리가 있다. 즉 임의의 그래프 $G$는 이들 선택 가능한 선이 $E(G)$에 각각 포함되는지 여부에 따라 결정된다. 다시 말해서, $N$개의 존재 가능한 선이 그래프에 포함되거나 포함되지 않는 두 가지 경우가 있음을 알 수 있다. 즉, 구하는 그래프의 총 개수는 $2^N$이다.

(2) 구하는 각각의 그래프의 크기는 $m$이고 $V$ 위에서 존재 가능한 선의 총 개수는 $N=\binom{n}{2}$이므로, 구하는 그래프의 총 개수는 $N$개의 선 가운데 $m$개의 선을 뽑는 경우의 수가 된다.

(3) $a_{ij}=1$은 $v_i$와 $v_j$가 이웃함을 의미한다. 그러므로 고정된 $i$에 대한 $a_{ij}$를 $j=1,\ \cdots,\ n$

에 관하여 모두 합하면 이것은 $v_i$와 이웃한 $v_j$의 개수, 즉 $\deg v_i$를 의미한다.

(4) 집합 $I$를 다음과 같은 순서쌍의 집합으로 정의하자.

$$I = \{(v, e) : v \in e, v \in V(G), e \in E(G)\}$$

이제 $I$의 크기 즉 $|I|$을 다음 두 가지 방법으로 센다.

(i) 임의의 점 $v_i$에 대하여 $v_i$를 포함한 선의 개수는 $\deg v_i$이고 서로다른 $v_i$는 $n$개가 존재하므로 집합 $I$에 속하는 순서쌍의 개수는 다음과 같다.

$$|I| = \sum_{i=1}^{n} \deg v_i$$

(ii) 하나의 선 $e$는 두 개의 점으로 이루어져 있으므로 주어진 $e$에 대한 서로 다른 순서쌍의 개수는 2개가 된다. 그런데 서로 다른 선의 총 개수는 $|E| = m$이므로 $I$에 속하는 순서쌍의 총 개수는 다음과 같다.

$$|I| = 2|E| = 2m$$

(i) 과 (ii) 에 의하여 $\sum_{i=1}^{n} \deg v_i = 2m$이 성립한다.

한 편, $G$의 이웃 표현 행렬에서 보면 $a_{ij} = 1$은 $v_i$와 $v_j$가 만나는 선이 있음을 의미하고 $a_{ij} = a_{ji}$이므로 $\sum_{i,\ j=1}^{n} a_{ij}$는 $v_i$와 $v_j$가 만나는 선을 두 번씩 세었음을 뜻한다. 따라서 $2m = \sum_{i,\ j=1}^{n} a_{ij}$이므로 원하는 관계식은 성립한다.

다음 정리 5.7은 임의의 그래프에서 성립하여야 하는 차수와 점의 개수에 대한 기본적인 성질을 다루고 있다.

정리 5.7 (1) 임의의 그래프 $G$의 홀수점의 개수는 짝수 개다.
(2) 위수가 2 이상인 모든 그래프 $G$는 적어도 2개 이상의 차수가 같은 점을 갖는다.

| 증 명 | (1) 그래프 $G$의 크기 즉 선의 개수를 $m$이라 하자. $V_o$를 $G$의 홀수점 집합이라 하고 $V_e$를 $G$의 짝수점집합이라 하면, $V$의 모든 점은 홀수점이거나 짝수점 둘 중 하나이므로, $V$는 $V_o$와 $V_e$으로 분할된다. 따라서 정리 5.6 (4)에 의하여 다음이 성립한다.

$$2m = \sum_{v \in V} \deg v = \sum_{v \in V_e} \deg v + \sum_{v \in V_o} \deg v$$

여기서 좌변의 $2m$ 은 짝수이고 우변의 $\sum_{v \in V_e} \deg v$ 또한 짝수이므로 $\sum_{v \in V_o} \deg v$ 는 짝수가 된다. 여기서 $\sum_{v \in V_o} \deg v$ 는 홀수인 $\deg v$ 을 $|V_o|$번 더한 것이 짝수가 되어야 하므로 $|V_o|$ 은 짝수가 되어야 한다. 즉, 홀수점의 개수 $|V_o|$ 은 짝수이다.

(2) 2 이상의 위수 $n$ 을 갖는 그래프 $G$ 에서 모든 점의 차수가 각각 다르다고 가정하자. 이때 $D(G) = \{\deg(v) \mid v \in G\}$ 라 하면 $|D(G)| = n$ 이다. 한편 임의의 $v \in V(G)$ 에 대하여 $0 \leq \deg(v) \leq n-1$ 이므로 차수함수 $\deg : V(G) \to \{0, 1, \cdots, n-1\}$ 는 일대일대응함수가 된다. 따라서 $\deg(v_1) = 0$ 과 $\deg(v_2) = n-1$ 를 만족하는 서로 다른 점 $v_1$ 과 $v_2$ 가 동시에 존재한다. 하지만 $\deg(v_2) = n-1$ 이면 $v_1v_2 \in E(G)$ 이므로 $\deg(v_1) = 0$ 임에 모순이다. 마찬가지로 $\deg(v_1) = 0$ 일 때에도 $\deg(v_2) = n-1$ 을 만족하는 $v_2$ 가 존재한다는 가정에 모순이다. 따라서 $\deg(v_1) = 0$ 과 $\deg(v_2) = n-1$ 를 만족하는 서로 다른 점 $v_1$ 과 $v_2$ 는 동시에 존재 할 수 없으므로 모순이다.

# 연습문제 5.2

**1** 아래 인접 행렬로 주어진 두 그래프를 각각 그려라.

| | 1 | 2 | 3 | 4 | 5 | 6 |
|---|---|---|---|---|---|---|
| 1 | 0 | 1 | 1 | 1 | 1 | 1 |
| 2 | 1 | 0 | 1 | 1 | 1 | 1 |
| 3 | 1 | 1 | 0 | 1 | 1 | 1 |
| 4 | 1 | 1 | 1 | 0 | 1 | 1 |
| 5 | 1 | 1 | 1 | 1 | 0 | 1 |
| 6 | 1 | 1 | 1 | 1 | 1 | 0 |

| | 1 | 2 | 3 | 4 | 5 | 6 | 7 | 8 |
|---|---|---|---|---|---|---|---|---|
| 1 | 0 | 1 | 1 | 0 | 1 | 0 | 0 | 0 |
| 2 | 1 | 0 | 0 | 1 | 0 | 1 | 0 | 0 |
| 3 | 1 | 0 | 0 | 1 | 0 | 0 | 1 | 0 |
| 4 | 0 | 1 | 1 | 0 | 0 | 0 | 0 | 1 |
| 5 | 1 | 0 | 0 | 0 | 0 | 1 | 1 | 0 |
| 6 | 0 | 1 | 0 | 0 | 1 | 0 | 0 | 1 |
| 7 | 0 | 0 | 1 | 0 | 1 | 0 | 0 | 1 |
| 8 | 0 | 0 | 0 | 1 | 0 | 1 | 1 | 0 |

**2** 아래 그래프의 인접 행렬을 구하라.

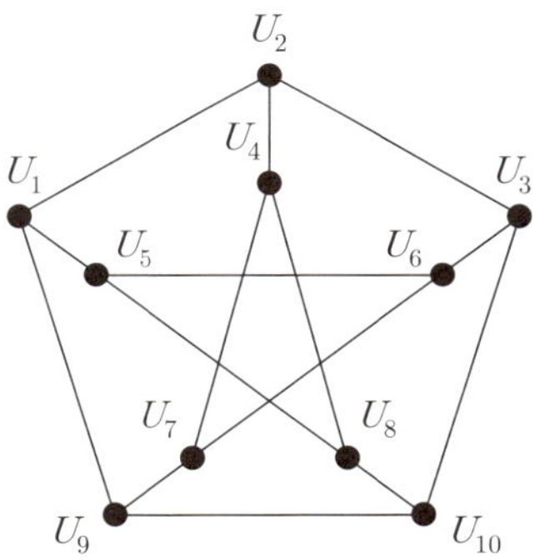


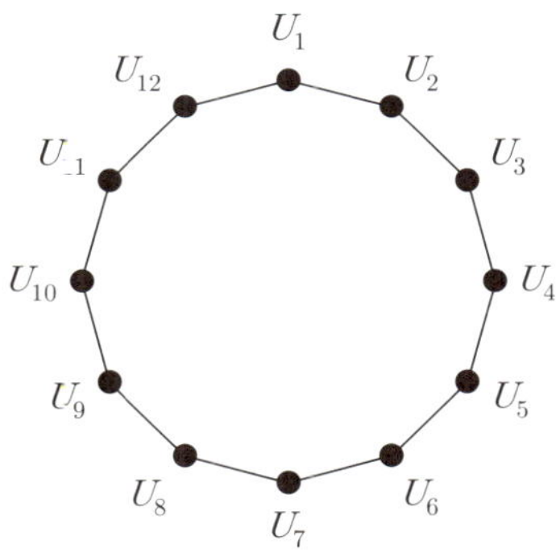

**3** 아래 다중그래프의 인접 행렬을 구하라.

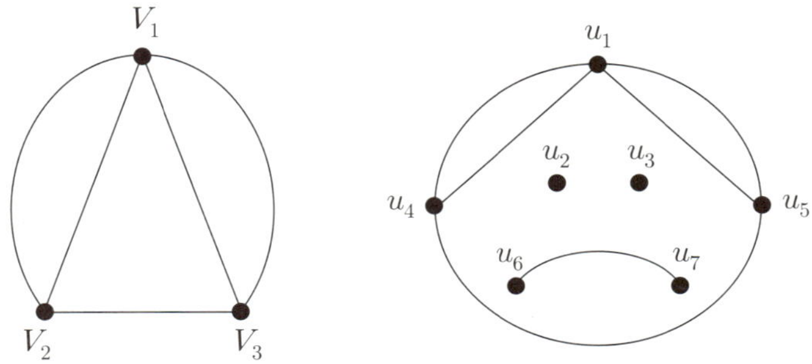


**4** $V=\{1,2,3,4,5\}$를 점집합으로 하고 크기가 9인 그래프의 개수를 구하라. 또한 이들 그래프를 모두 그려라.

**5** 점 3개로 이루어진 그래프의 인접행렬을 각각 제시하라.

**6** 다음은 점 4개로 이루어진 그래프 두 개의 인접 행렬이다. 두 그래프 "본질적으로 같은 그래프"라고 할 수 있겠는가? 다이어그램을 그려서 추정하라.
여기서 "두 그래프가 본질적으로 같다"라는 것은 무엇을 의미하는 것일까 생각해 보자.

| | 1 | 2 | 3 | 4 |
|---|---|---|---|---|
| 1 | 0 | 1 | 0 | 1 |
| 2 | 1 | 0 | 1 | 0 |
| 3 | 0 | 1 | 0 | 1 |
| 4 | 1 | 0 | 1 | 0 |

| | 1 | 2 | 3 | 4 |
|---|---|---|---|---|
| 1 | 0 | 1 | 1 | 0 |
| 2 | 1 | 0 | 0 | 1 |
| 3 | 1 | 0 | 0 | 1 |
| 4 | 0 | 1 | 1 | 0 |

# 5.3 그래프의 동형과 부분 그래프

## ◆ 동형그래프의 정의와 의미

이 절에서는 두 그래프의 번호 매기는 방법과 아울러 다른 번호 매김을 가지고 있으나 구조가 같음을 의미 하는 '동형'에 관하여 알아본다. 또한 주어진 그래프에 관하여 생각할 수 있는 부분 구조, 즉 각종 부분그래프들에 관하여 알아본다.

정의 5.8　두 그래프 $G$와 $H$에 대하여 함수 $f: V(G) \rightarrow V(H)$가 다음 두 조건을 만족할 때, 이 함수 $f$를 $G$에서 $H$로의 **동형사상(isomorphism)**이라고 한다.

(i) $f: V(G) \rightarrow V(H)$는 1-1 대응함수

(ii) $uv \in E(G) \iff f(u)f(v) \in E(H)$

두 그래프 $G$와 $H$ 사이에 하나 이상의 동형사상 $f$가 존재할 때, '$G$는 $H$와 **동형**이다'($G$ is isomorphic to $H$)라 하고 $G \cong_f H$ (혹은 간단히 $G \cong H$)라 표기한다.

실제로 그래프 $G$와 $H$가 어떤 $V(G)$와 $V(H)$ 위에서 정의되었는지에 상관없이, 이들 두 그래프가 같은 '구조'를 가지고 있는가에 대한 질문은 매우 보편적이다. 예를 들면, $\{x, y, z\}$ 위에서 정의된 삼각형 그래프는 $\{1, 2, 3\}$ 위에서 정의된 삼각형 그래프와 동일한 구조를 가지고 있기 때문에 이 두 그래프를 본질적으로 같은 그래프라 말할 수 있을 것이다.

이렇듯 두 그래프가 '본질적'으로 같음을 의미하는 수학적 용어가 바로 '동형'인 것이다. 위의 정의 5.8은 문학적 표현인 '본질적으로 같다'라는 문장을 엄밀하게 수학적으로 분석하여 두 그래프 사이에서 모서리를 모서리로 보존하는 1-1 대응함수의 존재성으로 정의하고 있다.

**예제 5.3.1**

그림 5.11의 두 그래프 $G_1$과 $G_2$는 동형이다. 왼편의 그림과 같이 함수 $f: \{1, 2, 3, 4\} \rightarrow \{a, b, c, d\}$를 정의하면 $f$는 일대일 대응이고 $G_1$의 선 $1\ 3, 2\ 4, 1\ 4, 2\ 3 \in E(G_1)$에 대한 함수 $f$의 상(image) $f(i\ j)$는 각기 $G_2$의 선 $ab, cd, ad, bc \in E(G_2)$로 대응되어 $G_2$에서 선을 이룬다. 그러므로 위의 함수 $f$는 동형 사상이며, 따라서 $G_1 \cong G_2$ 이다.

그림 5.11 **동형인 두 그래프**

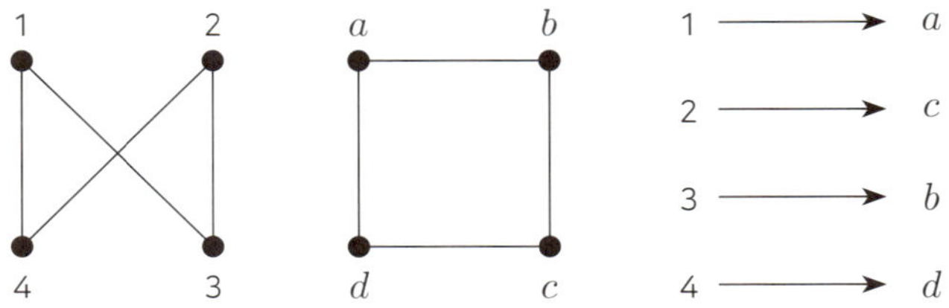


**예 제 5.3.2**

그림 5.12에서 제시된 다음 세 그래프에 관한 동형에 관하여 살펴보자.

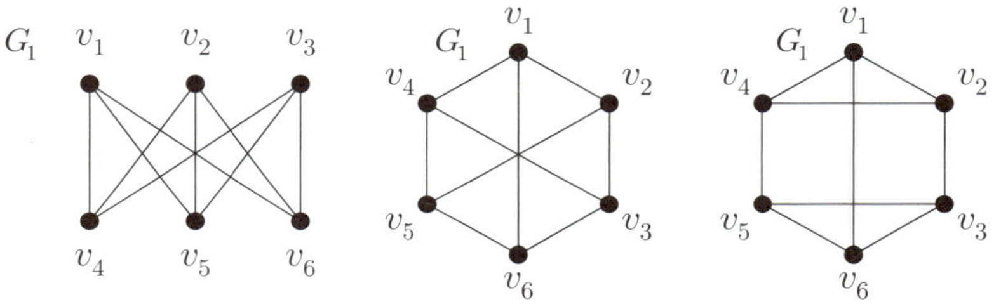


(1) $G_1 \cong G_2$ :
다음과 같이 함수 $\phi : \{v_1, \cdots, v_6\} \rightarrow \{v_1, \cdots, v_6\}$를 정의하자.

$$\phi(v_1) = v_1,\ \phi(v_2) = v_3,\ \phi(v_3) = v_5,\ \phi(v_4) = v_2,\ \phi(v_5) = v_4,\ \phi(v_6) = v_6$$

그러면, 함수 $\phi$는 1-1대응함수이고, $v_iv_j \in E(G_1)$에 대하여 $\phi(v_i)\phi(v_j) \in E(G_2)$임을 쉽게 확인할 수 있다. 따라서 $\phi$는 동형사상이고 $G_1 \cong_\phi G_2$ 임을 알 수 있다.

(2) $G_1 \ncong G_3$ :
두 그래프는 모두 6개의 점 위에 정의되어 있고 각각의 점의 차수(degree)가 모두 3으로 같다. 하지만 두 그래프 사이에는 동형함수가 존재하지 않는다. 이것을 증명하기는 쉽지 않다. 왜냐하면 6개의 원소로 이루어진 집합사이의 1-1대응함수의 개수는 6! 개이고 각 경우마다 정의 5.8의 (ii)이 성립하지 않음을 보여야 하기 때문이다.
하지만 두 그래프의 다이어그램을 관찰하면 두 그래프가 동형이 아니라는 점을 쉽게 추정할 수 있다. 만약 두 그래프가 동형이라면 두 그래프의 연결구조는 정의 5.8 (ii)에 의하여 정확히 같아야 할 것이다. 하지만 그래프 $G_3$는 삼각형의 구조를 포함하고 있는 반면, $G_2$는 삼각형구조를 가지지 못하고 있음을 볼 수 있다. 따라서 두 그래프 사이의 1-1대응함수 각각은 정의 5.8 (ii)가 성립하지 않을 것이라고 추정할 수 있다.

**예 제 5.3.3**

다음 그림 5.13의 각 열에서 보여주는 두 그래프는 서로 동형이다.

그림 5.13 **동형인 그래프**

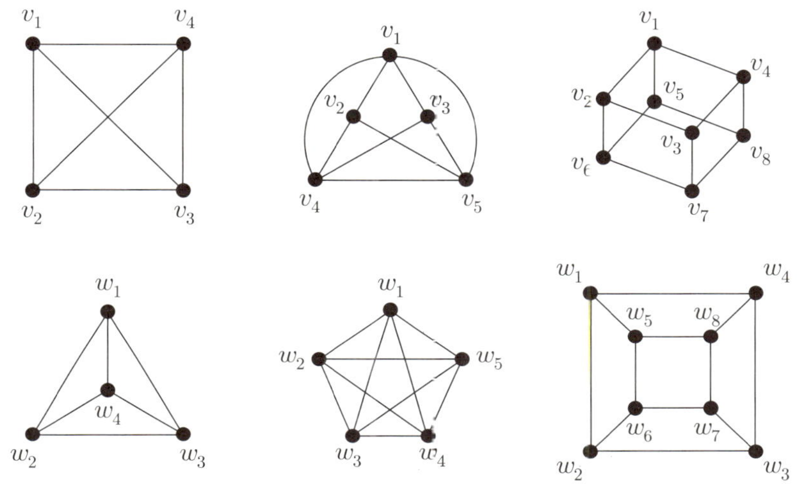


두 그래프 사이의 동형관계에 관한 정의 5.8의 내용은 다중/방향그래프의 동형관계로 쉽게 일반화 될 수 있을 것이다. 다중그래프의 경우 동형사상은 모서리를 보존하는 것 외에도 중복선의 개수도 보존해야 할 것이다. 또한 방향 그래프 사이의 동형함수는 그래프에서의 모서리 대신에 방향선을 보존해야 하므로 출발점과 도착점을 보존시키는 1-1대응함수로 정의되어야 할 것이다. 이에 관한 공리적 정의는 생략하고 연습문제로 숙달하기로 하자.

## ◆ 번호없는 그래프

정리 5.9 $\mathbb{G}_n$을 $V=[n]=\{1,2,\cdots,n\}$ 위에서 정의된 모든 그래프의 집합이라 할 때, $\mathbb{G}_n$ 위에서 정의된 동형관계 $\cong$은 동치관계이다.

| 증 명 | (i) $G\in\mathbb{G}_n$에 대하여 $e(v)=v$로 정의 되는 항등함수 $e:[n]\to[n]$는 $G$에서 $G$로의 동형사상이다. 따라서 $G\cong G$

(ii) $G, H \in G_n$에 대하여 $G \cong H$라 가정하자. 그러면 $G \cong_f H$이 되는 동형사상 $f : [n] \to [n]$가 존재한다. 여기서 $f$는 1-1 대응함수이므로 $f^{-1}$가 항상 존재하고 $f^{-1}$은 또한 $H$에서 $G$로의 동형사상이 된다. 따라서 $H \cong_{f^{-1}} G$이다, 즉 $H \cong G$임을 보였다.

(iii) $G, H, D \in G_n$에 대하여 $G \cong H$이고 $H \cong D$라 가정하자. 그러면 $G \cong_f H$이고 $H \cong_g D$가 되게하는 동형사상 $f$와 $g$가 각각 존재한다. $f$와 $g$는 1-1 대응함수이기 때문에 합성함수 $g \circ f$도 1-1 대응함수이다.
한편, $f$가 $G$에서 $H$로의 동형사상이므로 $uv \in E(G)$이면 $f(u)f(v) \in E(H)$이 성립하고, 또한 $g$가 $H$에서 $D$로의 동형사상이고 $f(u)f(v) \in E(H)$이므로 $g(f(u))g(f(v)) \in E(D)$가 성립한다. 따라서 $g \circ f$는 $G$에서 $D$로의 동형사상이다. 즉 $G \cong_{g \circ f} D$.

정리 1.18과 정리 5.9에 의하면 $\mathbb{G}_n$ 위에서 정의된 동형관계는 동치관계이기 때문에 이에 관한 동치류를 얻게 된다. 즉, $1 \le \alpha \le n$인 적당한 정수 $\alpha$가 존재하여 $\mathbb{G}_n$ 위에서 정의된 동치관계 $\cong$에 의해서 생성된 동치류 $\overline{G_1}, \cdots, \overline{G_\alpha}$이 존재하여 $\mathbb{G}_n$을 분할한다. 즉,

(i) $\overline{G_i} = \{G \in \mathbb{G}_n | G \cong G_i\}$

(ii) $\mathbb{G}_n = \bigcup_{k=1}^{\alpha} \overline{G_k}$

(iii) $i \neq j$인 $i, j \in [\alpha]$에 대하여 $\overline{G_i} \cap \overline{G_j} = \varnothing$

이러한 사실은 다시 말하자면, 점집합을 $[n]$으로 하는 그래프들은 동형관계 $\cong$으로부터 주어지는 $\alpha$개의 동치류들로 구별하여 분류할 수 있음을 의미하고 있다. 또한 이들 $\alpha$개의 동치류들은 그래프 $G_1, \cdots, G_\alpha$으로서 대표되고 있다. 즉, 동치류 $\overline{G_i}$에 속해 있는 그래프들은 점들에게 번호 매김에 상관없이 같은 유형의 그래프로 분류할 수 있다는 사실을 알 수 있다. 이렇듯 점의 이름 즉 1부터 $n$ 사이의 번호매김에 상관없이 주어진 위수에 대해 동형인 그래프의 동치류를 하나의 유형으로 같게 볼 수 있게 하는 그래프를 '**번호없는 그래프(unlabeled graph)**'라고 부르기로 한다.

그래프이론에서 아직 풀리지 않은 난제로서 주어진 위수 $n$에 대하여 번호 없는 그래프의 개수 구하는 문제를 들 수 있다. 위의 기술한 내용의 관점에서 다시 말하자면, 동형관계에 의

한 동치류들로 $\mathbb{G}_n$ 분할하였을 때, 동치류의 개수 즉 $\alpha$를 구하는 문제는 쉽지 않은 난제임을 뜻한다.

다음 예제를 통하여 세 점 즉 $\{1,2,3\}$ 위에서 정의된 그래프의 집합에 대한 동치류에 의한 분할을 구함으로서 위수가 3인 번호없는 그래프의 개수를 구해 보도록 하자. 또한 위수가 3인 번호없는 그래프와 (번호있는)그래프 사이의 관계에 관해서 살펴보기로 하자.

**예 제 5.3.4**

위수 3을 갖는 번호 없는 그래프를 추정하면 다음 표와 같다.

표 5.14 **위수 3을 갖는 번호없는 그래프**

| 선의 개수 | 번호 없는 그래프 | 번호 있는 그래프 | | | | 비고 |
|---|---|---|---|---|---|---|
| | | 그래프 | | | 개수 | |
| $\lvert E\rvert=0$ |  | | 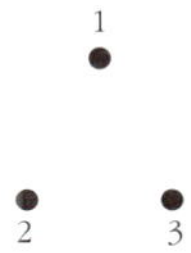 | | $\binom{3}{0}=1$ | 크기가 1인 동치류 |
| $\lvert E\rvert=1$ |  | 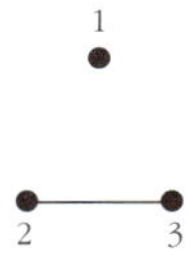 | 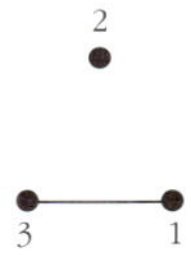 | 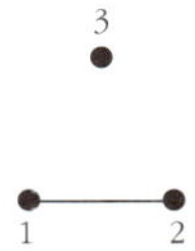 | $\binom{3}{1}=3$ | $\binom{3}{2}$ |
| $\lvert E\rvert=2$ |  |  |  |  | $\binom{3}{2}=3$ | $\binom{3}{2}$ |
| $\lvert E\rvert=3$ |  | | 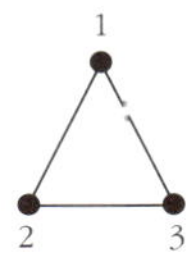 | | $\binom{3}{3}=1$ | 크기가 1인 동치류 |
| 총 개수 | 4 | 1 + 3 + 3 + 1 = 8 | | | | $2^{\binom{3}{2}}=8$ |

(1) 모서리의 개수에 따른 번호없는 그래프의 개수 추정:
모서리의 개수에 따른 번호없는 그래프를 모두를 추정하면 각 경우 마다 1개씩 총 4가지임을 추정 할 수 있다.

(2) 번호없는 그래프의 추정개수의 검증:
정리 5.6 (1)에 의해 위수가 3인 그래프는 총 8가지 있음을 알고 있다. 한편 주어진 모서리 개수에 따라 추정된 번호없는 그래프 각각에 번호를 붙여 서로 동형인 번호있는 그래프를 생성한다. 모서리 개수 별로 생성된 번호없는 그래프 각각에서 도출된 번호있는 그래프들의 개수를 모두 더하면 우리가 원하는 총 그래프의 개수 8과 일치함을 볼 수 있다. 따라서 위수가 3인 번호 없는 그래프의 개수는 위의 4가지가 된다.

**예 제 5.3.5**

그래프 $G$가 $(n,\ m)$그래프라면 $n \geq 1$이고 $0 \leq m \leq \binom{n}{2}$를 만족시킨다.

(1) $(1,\ 0)$그래프는 오직 하나만 존재하고 따라서 그것의 동치류의 크기는 1이다. 이러한 $(1,\ 0)$그래프를 **자명한 그래프(trivial graph)**라 하고, $n \geq 2$이면 $(m,\ n)$그래프는 **비자명한 그래프(non-trivial graph)**이다.

(2) $\left(n,\ \binom{n}{2}\right)$-그래프 또한 오직 하나만 존재하고 따라서 그것의 동치류의 크기도 1이다. 이러한 유형의 그래프를 완전그래프(complete graph of order n)라고 한다.

**예 제 5.3.6**

그림 5.15는 위수가 4인 번호 없는 그래프의 다이어그램을 크기(선의 개수)에 따라 세로로 나열하고 있다. 하지만 제시된 번호 없는 그래프가 존재 가능한 번호없는 그래프 전부인지에 관해서는 예제 5.3.4와 같은 방법으로 검증해야 할 것이다.
실제로 표 5,15-1은 정리 5.6 (1)과 (2)에 의해서 알려진 그래프의 개수와 제시된 선의 개수를 가진 번호없는 그래프로부터 생성되는 그래프의 개수의 합을 비교함으로서 제시된 11개의 번호없는 그래프가 전부임을 보여주고 있다.

그림 5.15 **위수가 4인 모든 번호 없는 그래프**

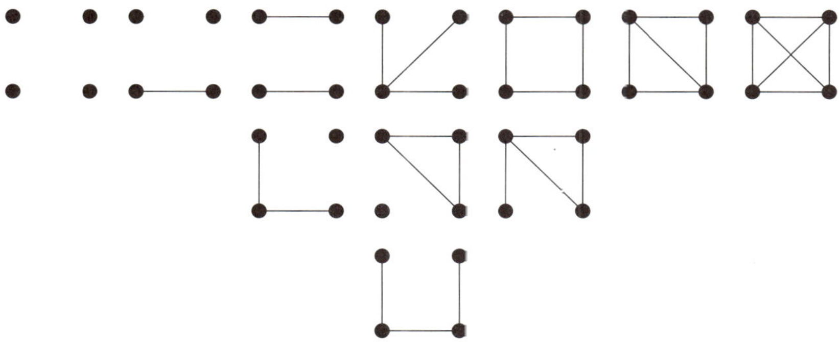

위수 4을 갖는 번호 없는 그래프를 추정하면 다음 표와 같다.

표 5.15-1 **위수 4을 갖는 번호없는 그래프**

| 선의 개수 | 번호 없는 그래프 | 번호 있는 그래프: 그래프 | 번호 있는 그래프: 개수 | 비고 |
|---|---|---|---|---|
| $\lvert E\rvert=0$ |  | 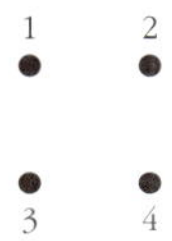 | 크기가 1인 동치류 | $\binom{6}{0}=1$ |
| $\lvert E\rvert=1$ | 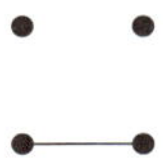 | 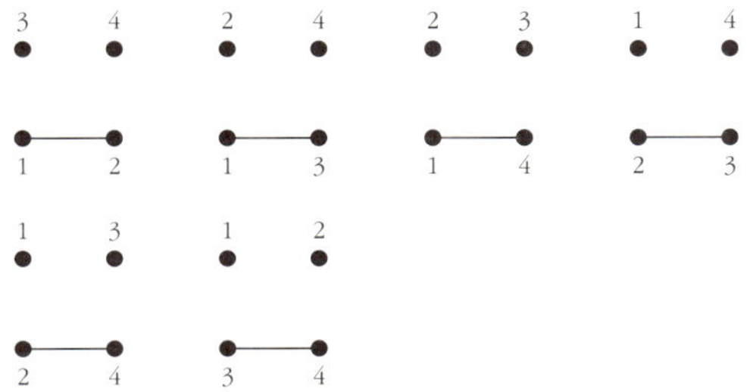 | $\binom{4}{2}=6$ | $\binom{6}{1}=6$ |
| $\lvert E\rvert=2$ |  | 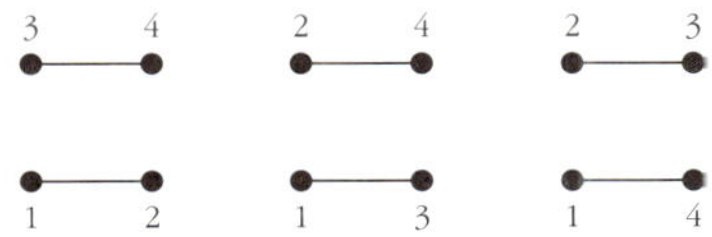 | $\frac{\binom{4}{2}}{2}=3$ | $\binom{6}{2}=15$ |
| |  | 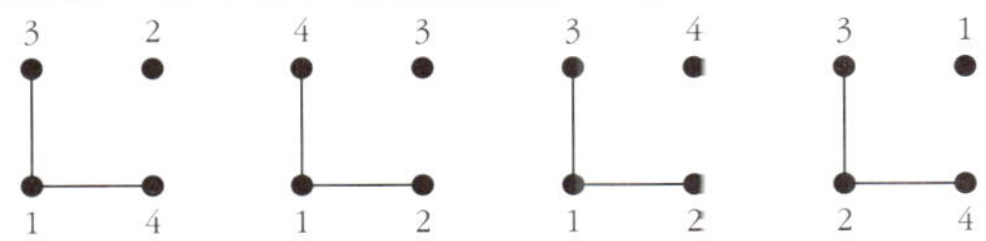 | $4\times\binom{3}{2}=12$ | |

| | | | | |
|---|---|---|---|---|
| | | 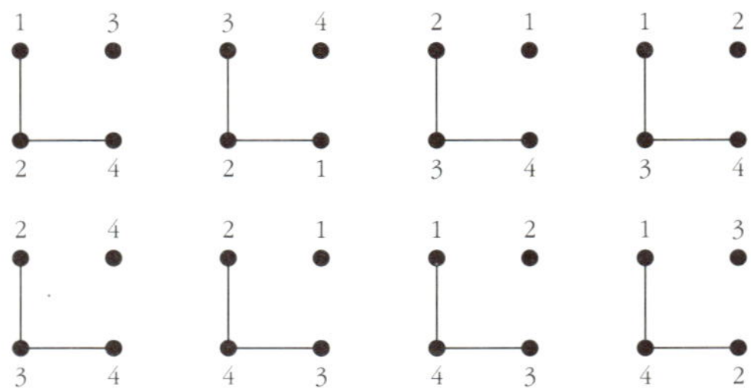 | | |
| $\lvert E \rvert = 3$ | 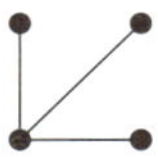 | 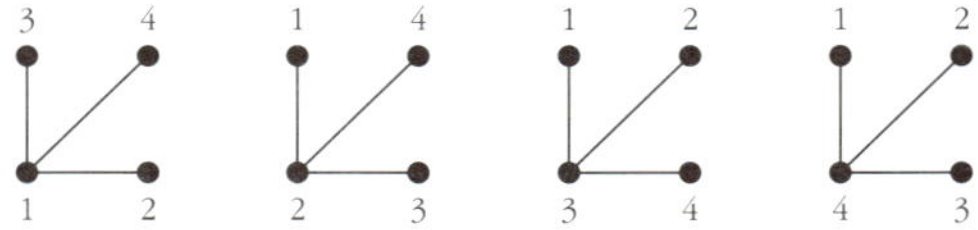 | $\binom{4}{1}=4$ | $\binom{6}{3}=20$ |
| |  | 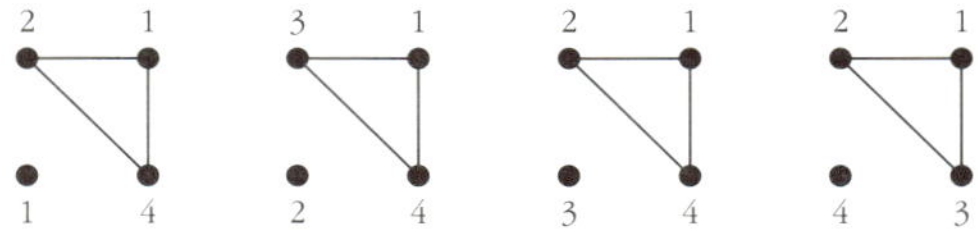 | $\binom{4}{1}=4$ | |
| | 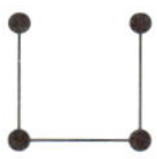 | 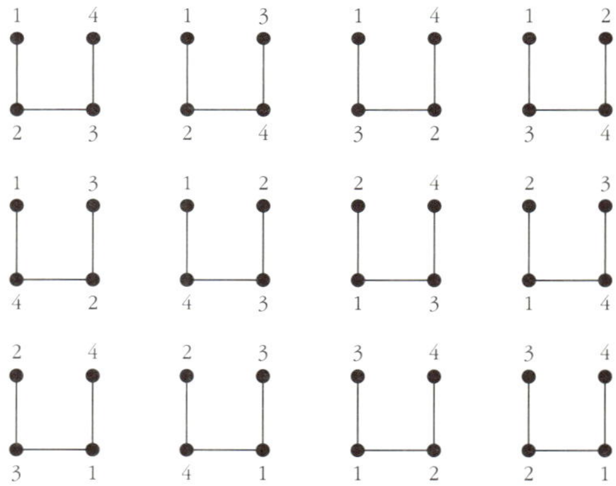 | $\frac{4!}{2}=12$ | |
| $\lvert E \rvert = 4$ | 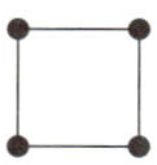 | 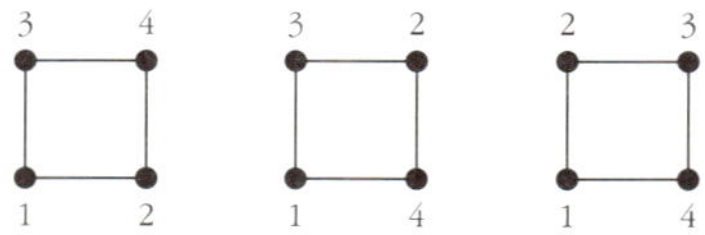 | $\frac{4!}{4\times 2}=3$ | $\binom{6}{4}=15$ |
| | 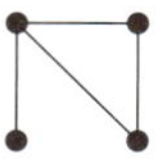 | 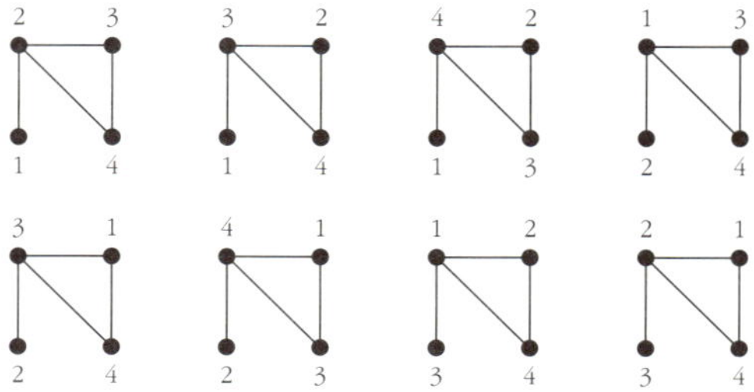 | $4\times 3=12$ | |

| | | | | |
|---|---|---|---|---|
| | | 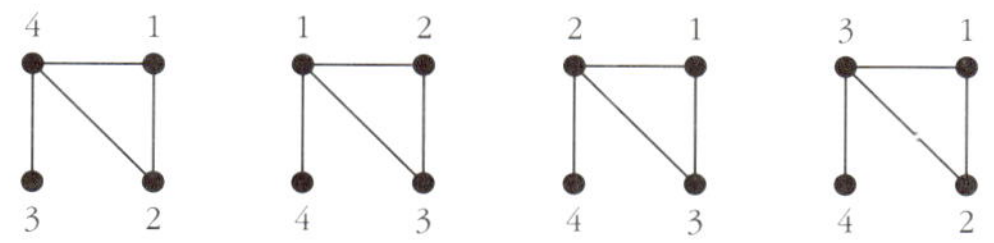 | | |
| $\|E\|=5$ | 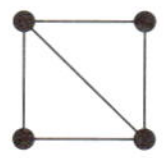 | 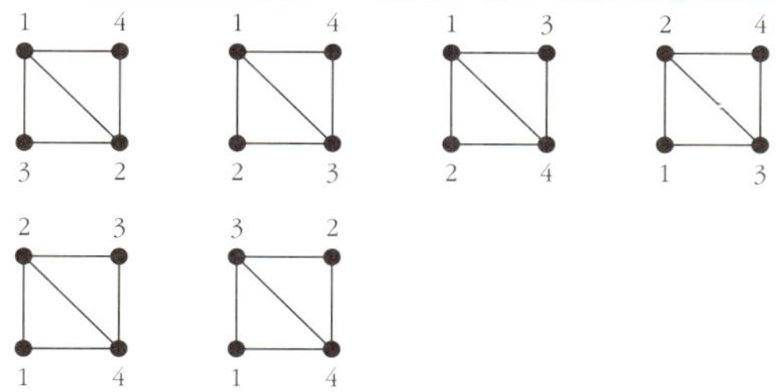 | $\binom{4}{2}=6$ | $\binom{6}{5}=6$ |
| $\|E\|=6$ |  | 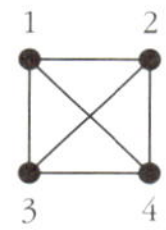 | 크기가 1인 동치류 | $\binom{6}{6}=1$ |
| 총 개수 | 11 | 1 + 6 + 15 + 20 + 15 + 6 + 1 = 64 | | $2^{\binom{4}{2}}=64$ |

〈참고〉 아래 정의 5.10를 인용하면 $n$ 개의 꼭지점의 집합 $V$에서 정의된 그래프는 일반성을 잃지 않고 그들의 꼭짓점집합을 번호붙임 $V=[n]=\{1,2,\ \cdots\ ,n\}$ 으로 생각해도 무방하다는 것을 말해주고 있다. 일반성을 잃지 않고, 별도의 언급이 없을 시에는 $n$ 개의 꼭지점을 가지고 있는 그래프의 꼭지점집합 $V$를 $\{1,2,\ \cdots\ ,n\}$ 으로 통일해 사용하기로 한다.

**정의 5.10** $G$를 $n$개의 꼭지점의 집합 $V$에서 정의된 그래프라고 하자. 이 때, $V$에서 $[n]=\{1,2,\ \cdots\ ,n\}$ 위로의 1-1대응함수 $f$를 그래프 $G$의 번호 붙임(labelling)이라고 한다. 또한 $f$가 그래프 $G$의 번호 붙임이라고 할 때, $v\in V(G)$에 대하여 $f(v)$를 $v$의 번호(the label of $v$ with respect to a labelling $f$ of $G$)라 부르기로 하자.

일반적으로 주어진 위수에 대한 번호없는 그래프의 개수에 대한 점화식이나 일반항 등의 공식은 알려져있지 않다. 현재까지 알려진 번호없는 그래프의 개수는 난제로 알려져있다. $a(n)$을 위수 $n$에 따른 번호없는 그래프의 개수라 하자. 다음 표는 현재까지 알려진 $a(n)$의 값을 소개하고 있다.([13] : http://oeis.org/A000088/list 참조)

표 5.16 번호없는 그래프의 개수

| 위수 | $a(n)$ |
|---|---|
| 0 | 1 |
| 1 | 1 |
| 2 | 2 |
| 3 | 4 |
| 4 | 11 |
| 5 | 34 |
| 6 | 156 |
| 7 | 1044 |
| 8 | 12346 |
| 9 | 274668 |
| 10 | 12005168 |
| 11 | 1018997864 |
| 12 | 165091172592 |
| 13 | 50502031367952 |
| 14 | 29054155657235488 |
| 15 | 31426485969804308768 |
| 16 | 64001015704527557894928 |
| 17 | 245935864153532932683719776 |
| 18 | 1787577725145611700547878190848 |
| 19 | 24637809253125004524383007491432768 |

## ◆ 차수수열(degree sequence)과 동형관계(isomorphism)

정의 5.11 $G$를 위수가 $n$인 그래프라 하자. $G$의 각 점의 차수를 큰 것부터 차례로 늘어놓으면 길이가 $n$인 수열인 $d_G = \langle d_i \rangle$ $(i = 1, \cdots, n)$을 생성하게 되는데, 이 때 이 수열 $d_G$를 그래프 $G$의 **차수수열**(degree sequence)이라 정의한다.

**예 제 5.3.7** 그림 5.17에서 각 점에서의 차수를 구하면 다음과 같다.

그림 5.17

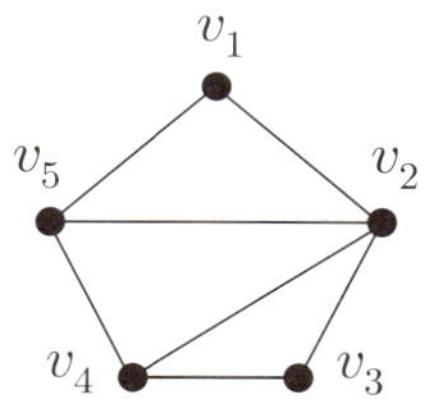


$\deg v =$
$i = 1 \longrightarrow 2$
$2 \longrightarrow 4$
$3 \longrightarrow 2$
$4 \longrightarrow 3$
$5 \longrightarrow 3$

따라서 그래프 $G$의 차수수열 $d_G$는 $\langle 4, 3, 3, 2, 2 \rangle$임을 알 수 있다.

동형인 두 그래프는 동형사상에 의하여 두 점간의 모서리관계를 보존하고 있다. 따라서 다음 정리와 같이 두 동형관계를 가지는 그래프는 동일한 차수수열을 가짐을 쉽게 알 수 있다.

**정리 5.12** 위수가 $n$인 두 그래프 $G$와 $H$가 동형이고 함수 $f : V(G) \to V(H)$를 동형사상이라 할 때, 다음 사실이 성립한다.

(1) 각각의 $v \in V(G)$에 관하여 $\deg v = \deg f(v)$

(2) $d_G = d_H$

반면에, 정리 5.12의 역은 항상 성립하는 것이 아니다. 다음 예제는 이 사실을 보여주는 가장 간단한 예이다.

**예 제 5.3.8** 아래 그림 5.18에서 주어진 5개의 점으로 이루어진 두 그래프 $G$와 $H$의 차수수열은 다음과 같다.

그림 5.18

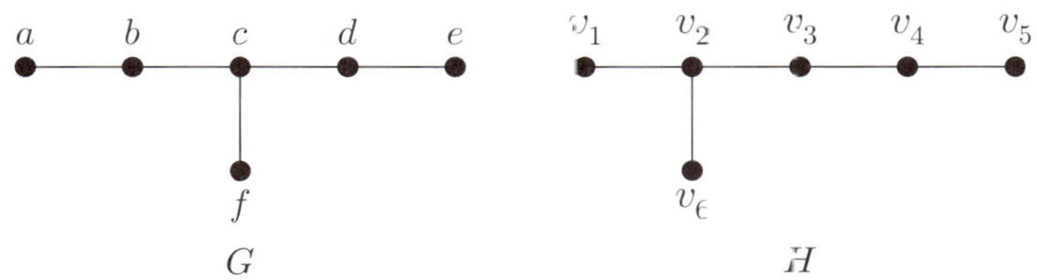

$$d_G = \langle 3,\ 2,\ 2,\ 1,\ 1, 1 \rangle = d_H$$

하지만 이 두 그래프는 동형이 아님을 다음과 같이 증명할 수 있다.

<증명> 만약 두 그래프가 동형이라면 동형사상 $\phi$가 존재하여 모든 $v \in V(G)$에 대하여 $\deg v = \deg \phi(v)$로 차수를 보존한다. 그런데 차수가 3인 $G$의 점은 $c$가 유일하고, $H$에서도 차수가 3인 점은 $v_2$가 유일하다. 따라서 $\phi$가 동형사상이라면 $\phi(c) = v_2$가 성립해야 한다. 또한 $\phi$는 동형사상이므로 $c$의 이웃집합 $N(c) = \{b, d, f\}$에 속하는 점들의 차수수열과 $\phi(c) = v_2$의 이웃집합 $N(\phi(c)) = N(v_2) = \{\phi(b), \phi(d), \phi(f)\} = \{v_1, v_3, v_6\}$에 속하는 점들의 차수 수열은 일치해야 할 것이다.(정리 5.12) 하지만 두 차수수열은 각각 $\langle 2,2,1 \rangle$과 $\langle 2,1,1 \rangle$로서 서로 다르다는 모순을 볼 수 있다. 따라서 $\phi$는 동형사상이 아니다. 즉, $G \not\cong H$이다.

위의 예제는 두 그래프가 차수수열이 같더라도 동형을 보장받지 못한다는 점을 보여주고 있다. 현재까지 두 그래프의 동형을 보장하는 판별조건은 밝혀지지 않고 있다. 다시 말해서 위수가 같은 두 그래프가 동형인지 아닌지를 판별할 마땅한 방법이 없는 실정이다. 위의 예제도 차수수열도 이러한 판별법으로는 부적합함을 거듭 확인해 주고 있는 것이다.

하지만 정리 5.12의 대우명제를 적용하면 주어진 두 그래프가 동형이 아님을 판별할 수 있는 충분조건을 얻을 수 있다.

**따름정리 5.13** 위수가 $n$인 두 그래프 $G$와 $H$에 대하여 각각의 차수수열이 같지 않으면, 즉 $d_G \neq d_H$이면 두 그래프는 동형이 아니다.

**예제 5.3.9** 그림 5.19에 주어진 두 그래프는 차수 수열이 일치하지 않으므로 따름정리 5.13에 의하여 동형이 아니다.

그림 5.19

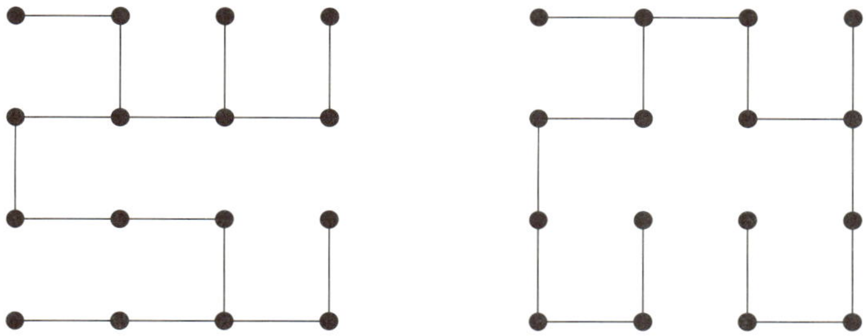

3,3,3,2,2,2,2,2,2,2,2,2,1,1,1,1,1　　3,3,2,2,2,2,2,2,2,2,2,2,1,1,1,1

**예 제 5.3.10**

분자식은 같지만 서로 다른 물리적/화학적 성질을 갖는 분자들을 이성질체(isomer)라고 한다. 이러한 분자식은 원자들의 결합을 모서리로 한 분자모형으로 나타내면 이것은 그래프가 된다. 이렇게 그래프로 표현된 이성질체의 두 분자모델은 차수수열은 같지만 동형이 아닌 두 그래프라고도 생각할 수 있다. 다음은 $C_4H_{10}$의 분자식을 갖는 이성질체로 부탄(butan)과 이소부탄(isobutan)를 예시한다. 두 이성질체는 동일한 차수수열 <4,4,4,4,1,1,1,1,1,1,1,1,1,1>을 갖는다.

그림 5.20 **이성질체**

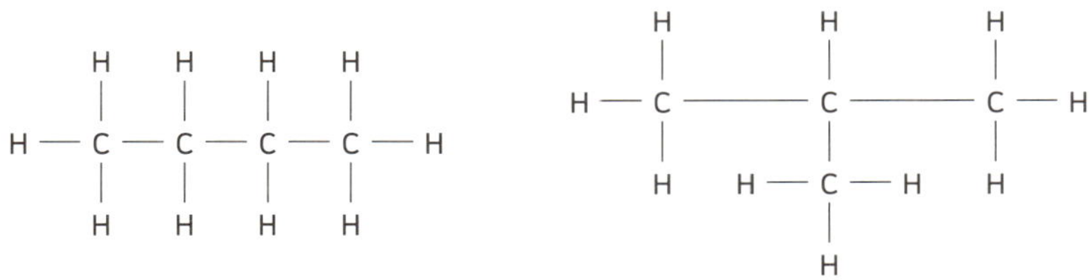

butan　　isobutan

부탄은 캔으로 포장되어서 시판되고 연료용 부탄가스이고 이소부탄은 대체 냉각제로 에어컨에 쓰이고 있다.

## ◆ 생성부분그래프(induced subgraph)/확장부분그래프(spanning subgraph)

벡터공간이나 군(group), 환(ring) 등과 같은 대수구조에서 부분공간, 부분군, 부분환 등의 부분구조가 각각 정의되는 것과 마찬가지로, 그래프라는 이산구조에서도 주어진 그래프에 대한 여러 의미를 가진 부분그래프들이 다음과 같이 정의된다.

정의 5.14 (1) **부분 그래프(subgraph) :**
주어진 그래프 $G$에 대하여 다음 두 조건을 만족하는 그래프 $H$를 $G$의 부분그래프(subgraph)라 하고 $H \leq G$로 표시한다.

(i) $V(H) \subseteq V(G)$
(ii) $E(H) \subseteq E(G)$

(2) **확장 부분그래프(spanning subgraph) :**
그래프 $G$의 부분그래프 $H$가 $V(H) = V(G)$를 만족시키면 $H$를 $G$의 확장 부분그래프라 한다.

(3) **(점)생성 부분그래프(induced subgraph) :**
$U \subseteq V(G)$에 대하여 다음 조건에 의하여 정의되는 그래프 $G$의 부분그래프 $G_U$ (혹은 $\langle U \rangle_G$로 표기)를 '$U$에 의해 생성된 **생성 부분그래프**'(**induced subgraph** of $G$ by $U$)라고 정의한다.

(i) $V(G_U) = U \subseteq V(G)$
(ii) $E(G_U) = \{xy \in E(G) \mid x,\ y \in U\} \subseteq E(G)$,
즉, $E(G_U)$는 $G$의 선들 중에서 집합 $U$ 위에 정의된 선들을 모두 모은 집합.

또한, 그래프 $G$의 한 부분그래프 $H$가 $V(H)$의 부분 집합 $U$에 의해 생성되었으면, 즉 $H = G_U$이면 $H$를 (점)생성 부분그래프라 한다.

(4) **(선)생성 부분그래프(induced subgraph by some edges):**
$\mathbb{W} \subseteq E(G)$에 대하여 다음 조건에 의하여 정의되는 $G$의 부분그래프 $G_{\mathbb{W}}$를 $\mathbb{W}$에 의해 생성된 $G$의 **생성부분그래프(induced subgraph** of $G$ by $\mathbb{W}$)라 정의한다.

(i) $V(G_{\mathbb{W}}) = \bigcup_{xy \in \mathbb{W}} \{x, y\} \subseteq V(G)$

(ii) $E(G_{\mathbb{W}}) = \mathbb{W} \subseteq E(G)$

즉, $G_{\mathbb{W}}$란, $\mathbb{W}(\subseteq E(G))$를 선집합으로 하고, 이 선들의 각 끝점들의 합집합을 점집합으로 하는 $G$의 부분그래프를 뜻한다.
또한, 그래프 $G$의 한 부분그래프 $H$가 $E(G)$의 부분집합 $\mathbb{X}$에 의해 생성되었으면, 즉 $H = G_{\mathbb{X}}$이면, $H$를 $\mathbb{X}$에 의한 $G$의 (선)생성 부분그래프라 한다.

**예 제 5.3.11**

아래 그림 5.21에 제시된 그래프 $G$의 부분그래프 $H, J, K$에 관하여 살펴보자.

(1) $V(G) = V(H)$이고 $E(H) \subseteq E(G)$이므로 $H$는 $G$의 확장부분그래프다.

(2) $V(J) \subseteq V(G)$이고 $E(J)$는 $V(J)$ 위에서 생길 수 있는 $G$의 모든 선들의 집합이므로 $J$는 $G$의 점생성부분그래프다.

(3) $E(K) \subseteq E(G)$이고 $V(K)$는 $K$의 선들과 만나는 $G$의 모든 점들의 집합이므로 $K$는 $G$의 선생성부분그래프다.

그림 5.21 **그래프 $G$의 각 종류의 부분그래프**

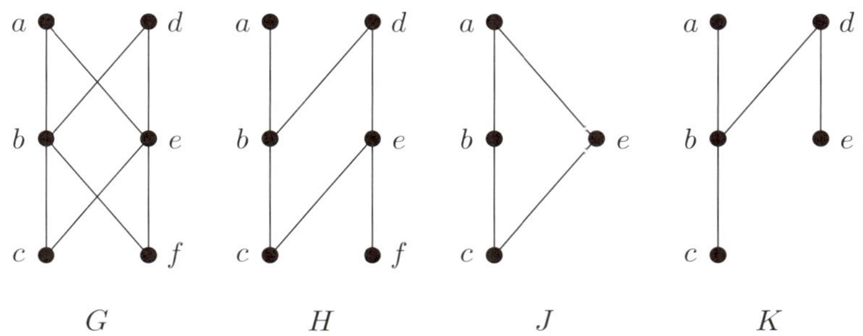


일반적으로 생성부분그래프는 이를 생성하는 집합의 종류가 점집합인가 선집합인가에 따라 점생성과 선생성으로 자연스럽게 분류되므로 일반적으로 '점'과 '선'을 빼고 생성부분그래프라 쓰기로 한다. 또한 특별히 언급이 없는 경우 생성부분그래프는 관례적으로 점생성부분그래프를 의미한다.

## ◆ 주어진 그래프들로부터 얻어지는 생성/확장그래프

주어진 그래프들로부터 얻을 수 있는 여 그래프, 점 제거 그래프, 합 그래프, 더하기 그래프, 곱하기 그래프 등을 다음과 같이 정의한다.

정의 5.15 (1) $G$의 여그래프(the complement graph of $G$ :

그래프 $G$의 여그래프 $\overline{G}$는 $V(\overline{G}) = V(G)$이고 $xy \in E(\overline{G}) \Leftrightarrow xy \notin E(G)$을 만족시키는 그래프를 뜻한다. 또한 $G = \overline{G}$인 그래프를 자기 여 그래프(self-complement)라 한다.

(2) 점/선-제거그래프(vertex-deleted graph) :

주어진 그래프 $G$와 점 $v \in V(G)$에 대하여 $G - v$란, 점 $v$와 $v$를 지나는 모든 선을 $G$에서 제거시켜 얻은 그래프이다. 또 선 $e \in E(G)$에 대하여 $G - e$란, $G$의 선집합에서 $e$만을(양 끝점은 제거하지 않는다) 제거하여 얻은 그래프를 뜻한다.

이를 일반화하여, $U \subseteq V(G)$에 대하여 $G - U$란, $G$에서 $U$에 속하는 모든 점과 그 각점들을 지나는 모든 선을 제거시켜 얻은 그래프를 뜻한다. 마찬가지로, $\mathbb{E} \subseteq E(G)$에 대하여 $G - \mathbb{E}$란, $V(G - \mathbb{E}) = V(G)$이고, $G$의 선집합에서 $\mathbb{E}$에 속하는 모든 선을 제거한 집합을 선집합으로하는 그래프를 뜻한다. 즉, $G - \mathbb{E}$란, $V(G - \mathbb{E}) = V(G)$이고 $E(G - \mathbb{E}) = E(G) - \mathbb{E}$인 그래프로 정의된다.

(3) $G$와 $H$의 합그래프 :

$G$와 $H$를 그래프라 하면 그래프 $G \cup H$(union)를 다음과 같이 정의한다.

$$V(G \cup H) = V(G) \cup V(H), \ \ E(G \cup H) = E(G) \cup E(H)$$

(4) $G$와 $H$의 덧셈그래프 : $G$와 $H$를 그래프라 하면 그래프 $G + H$(join)를 다음과 같이 정의한다.

$$V(G + H) = V(G) \cup V(H),$$
$$E(G + H) = E(G) \cup E(H) \cup \{uv \mid u \in V(G), \ v \in V(H)\}$$

(5) 곱 그래프 : 두 그래프 $G$와 $H$의 그래프 $G \times H$(product)를 다음과 같이 정의한다.

$$V(G \times H) = \{(s, \ v) \mid s \in V(G), \ v \in V(H)\},$$
$$E(G \times H) = \{(s, \ v)(t, \ v) \mid st \in E(G)\} \cup \{(s, \ v)(s, \ w) \mid vw \in E(H)\}$$

**예 제 5.3.12**

그림 5.22에서는 위의 예제 5.3.11의 그림 5.21에서 주어진 그래프 $G$에 대하여 $G$의 여그래프 $\overline{G}$, 점제거그래프 $G-d$, $G-\{d,e,f\}$와 선제거그래프 $G-de$, $G-\{de,ef\}$을 다이어그램으로 보여주고 있다.

그림 5.22

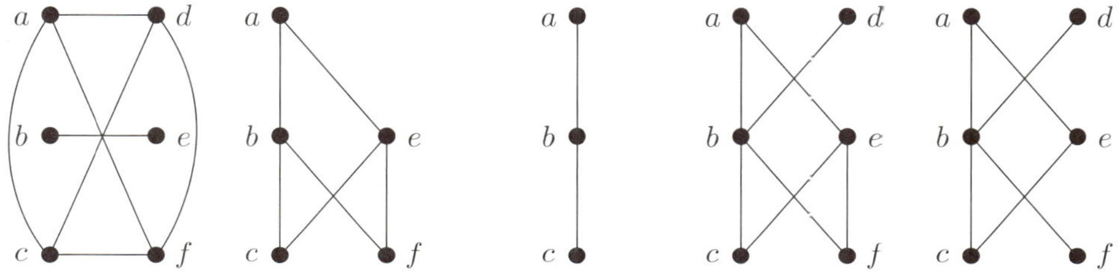


$\overline{G}$ $G-d$ $G-\{d,e,f\}$ $G-de$ $G-\{de,ef\}$

**예 제 5.3.13**

표 5.23의 다이어그램은 주어진 그래프 $G_1$과 $G_2$에 관하여 이들 그래프의 덧셈과 곱 그래프를 구성한 것을 보여준다.

표 5.23 **그래프들의 덧셈과 곱(product)그래프**

| $G_1$ | $G_2$ | $G_1+G_2$ | $G_1 \times G_2$ |
|---|---|---|---|
|  | 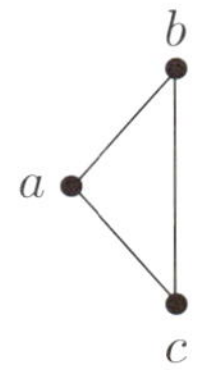 | 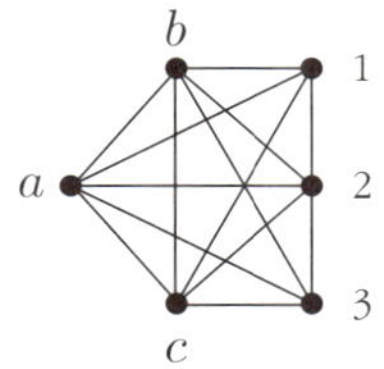 | 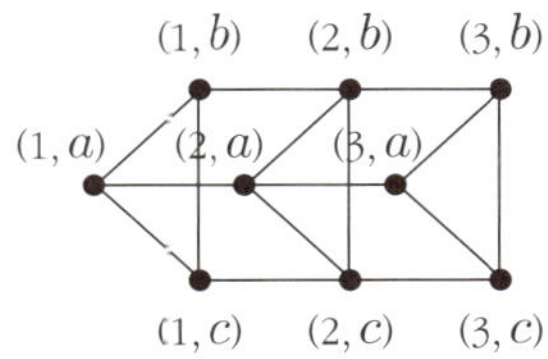 |
| 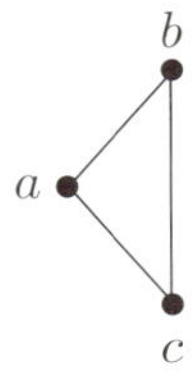 | 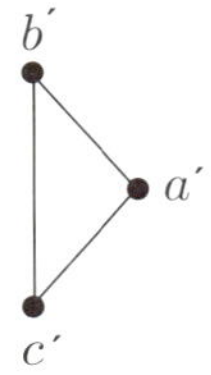 | 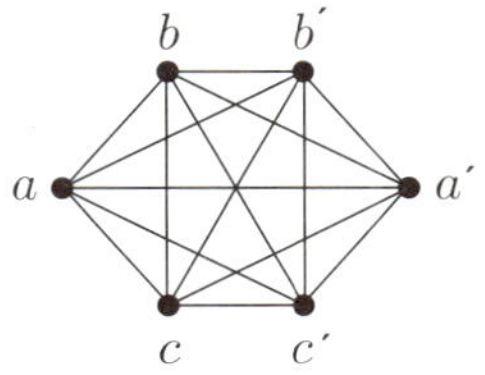 | 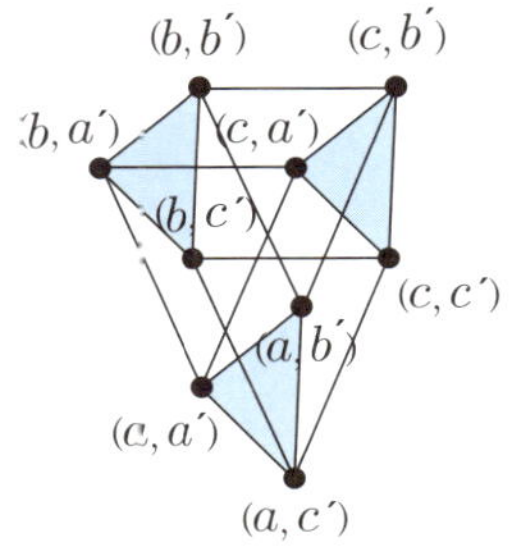 |

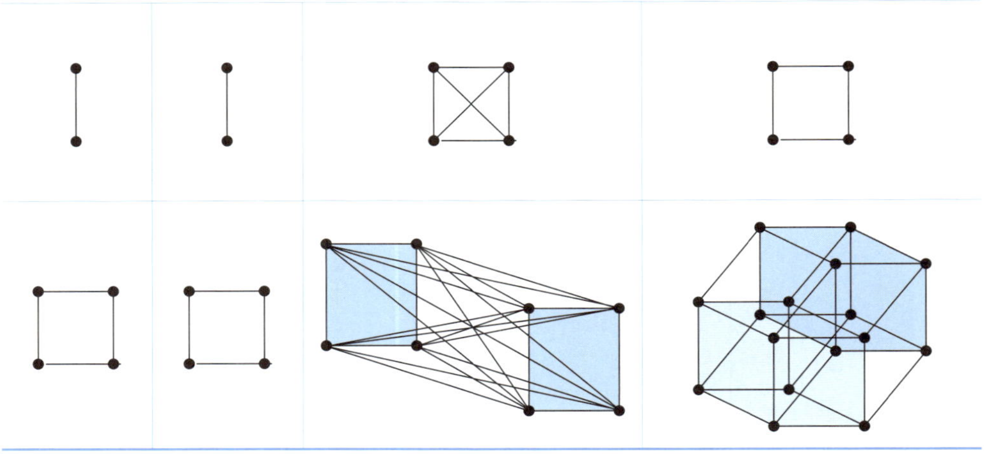

이제 다음 예제를 통하여 어떤 주어진 그래프를 생성부분그래프로 가지는 특수한 확장그래프를 찾아내는 문제에 관해서 살펴보도록 한다.(여기서, $k$-정규그래프란, 모든 점의 차수가 $k$로 일정한 그래프를 의미한다.)

**예 제 5.3.14**

아래 그림 5.24에서 $G_1$을 생성그래프로 갖는 확장그래프 $G_2$를 구한 후, $G_2$를 생성그래프로 하는 3-정규 확장그래프 $G_3$를 구현하고 있다. 결국 $G_1$을 생성그래프로 갖는 특수한 형태의 확장그래프인 3-정규 확장그래프 $G_3$를 구할 수 있음을 보여주고 있다.

그림 5.24 $G_1$을 **생성부분그래프로 갖는 3-정규 그래프** $G_3$

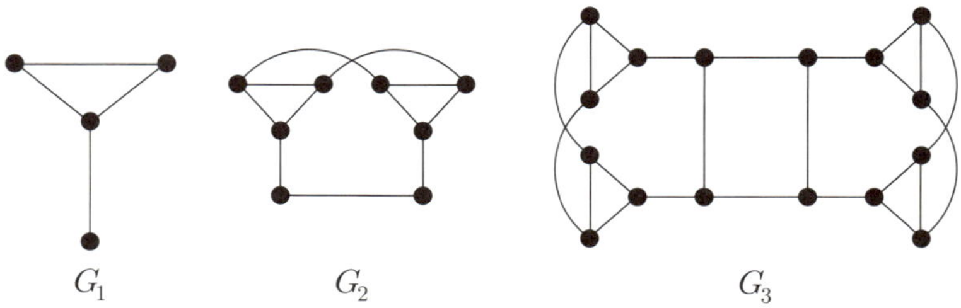


여기서, $G_1$을 부분그래프로 갖는 3-정규그래프는 위수 4인 완전그래프 $K_4$가 있을 수 있겠지만 위수가 같으므로 $G_1$이 $K_4$의 점생성부분그래프는 될 수 없음에 유의하도록 하자.

**예 제 5.3.15**

아래 그림과 같이 주어진 그래프 $G_1$과 $G_2$에 관하여 이들의 합그래프를 구하면 그림의 왼편의 결과와 같다.

그림 5.25

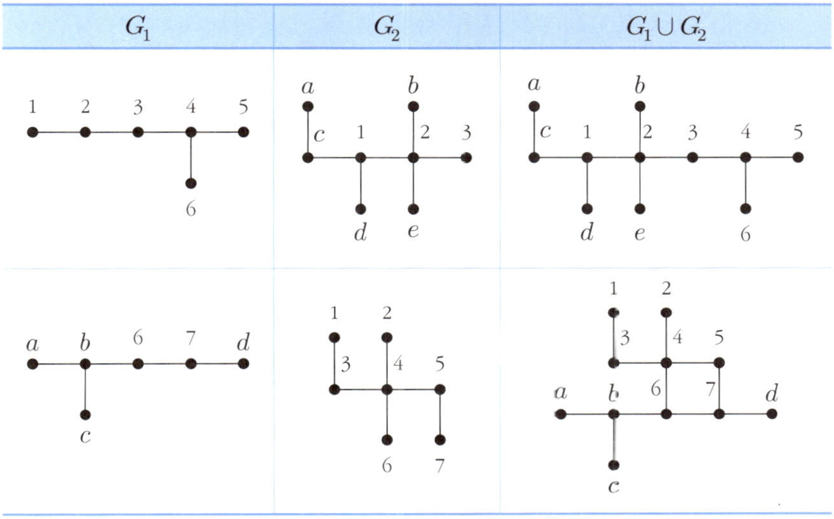

# 연 습 문 제 5.3

**1** 다음 그림이 나타내는 그래프 중에서 서로 동형인 그래프를 짝지어라.

(1)

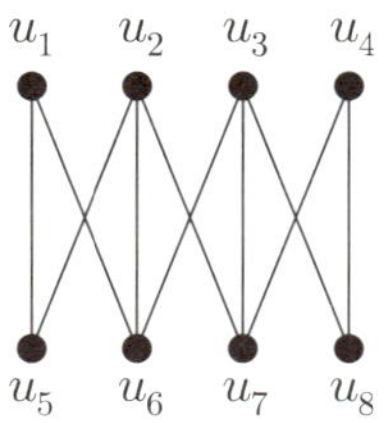


(2)

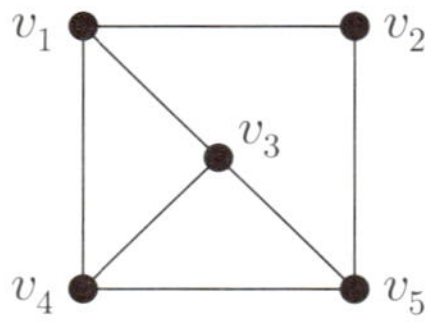


(3)

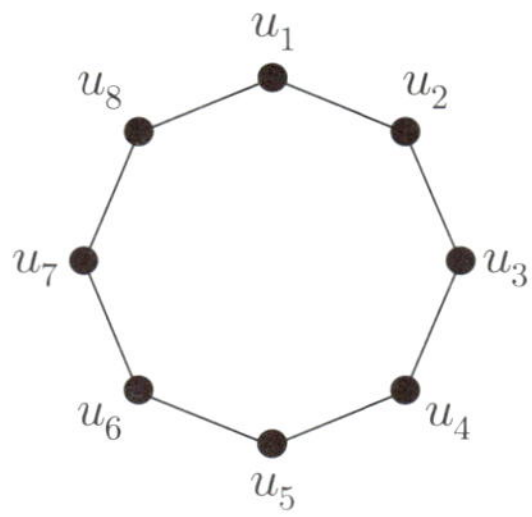


(4)

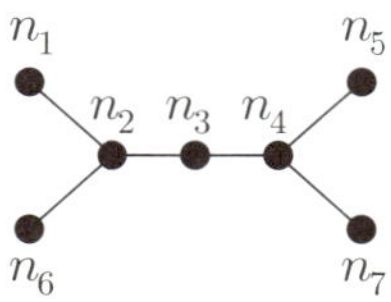


(5)

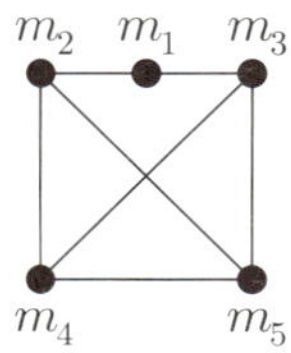


(6)

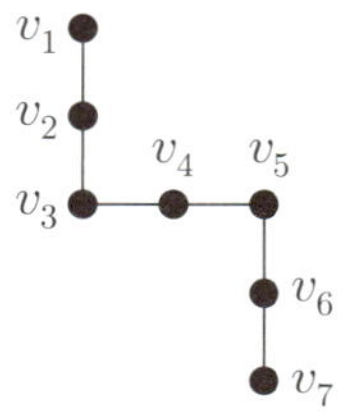


**2** 다음 두 그래프가 동형인지 아닌지를 판정하라.

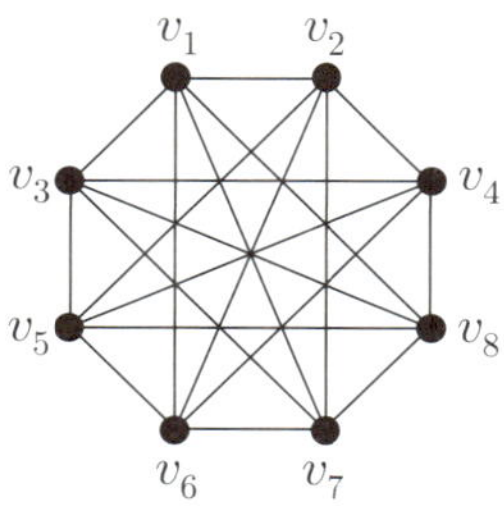


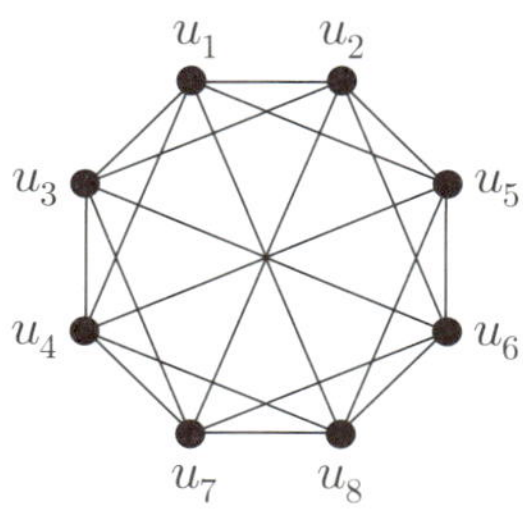

**3** 다음 중 그래프 $G$ 의 부분그래프가 아닌 것을 모두 골라라.

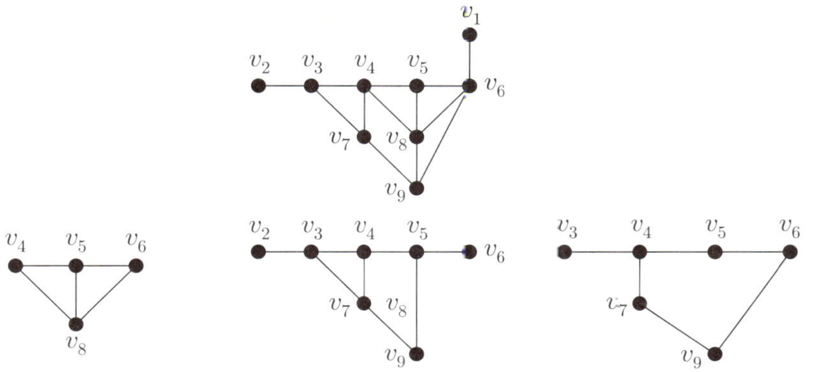


$G$ $H$ $J$

**4** 다음 두 그래프 $A$, $B$ 의 $A \cup B$, $A \times B$, $B \times B$, $A+B$, $\overline{A \cup B}$, $\overline{A \times B}$, $\overline{B \times B}$ 를 각각 그려라.

(1)

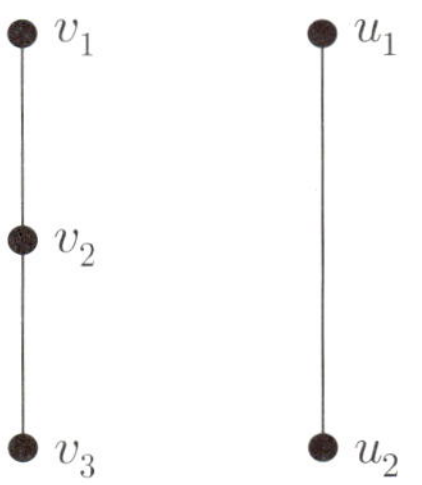


$A$ $B$

(2)

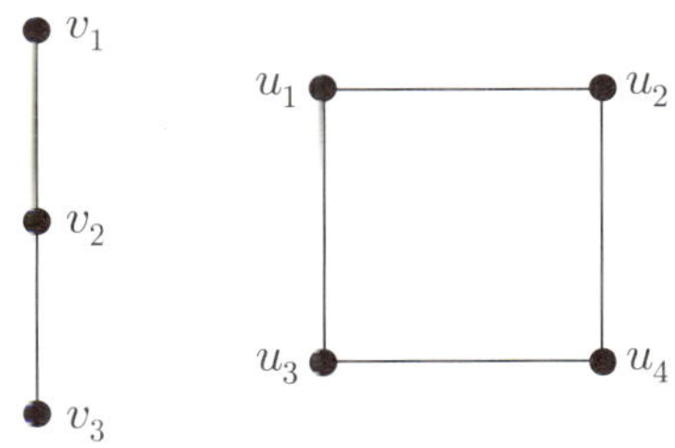


$A$ $B$

**5** 다음 그래프에 관하여 각 부분그래프를 제시하라.

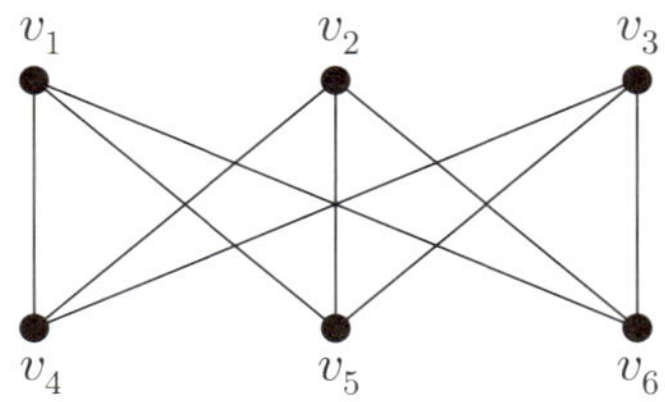

(1) 확장 부분그래프

(2) 점생성 부분그래프

(3) 선생성 부분그래프

**6** 5, 2, 1, 1, 1을 차수 수열로 가지는 그래프는 존재하지 않음을 보여라.

귀띔 5+2+1+1+1=10은 짝수다

**7** 다섯 개의 점을 가진 번호 없는 그래프는 총 34개라는 사실을 직접 34가지의 구별되는 그래프를 그려 봄으로써 증명하라.

**8** $G$를 $n$개의 점과 $l$개의 선으로 구성된 그래프라고 하자. $G$의 각점의 차수가 $k$ 또는 $k+1$이면, 그래프 $G$에서 차수가 $k$인 점의 개수는 $(k+1)n-2l$임을 보여라.

**9** 다음 주어진 두 그래프가 동형이면 동형함수를 찾고 동형이 아니면 아니라고 추정할 수 있는 이유를 제공하라.

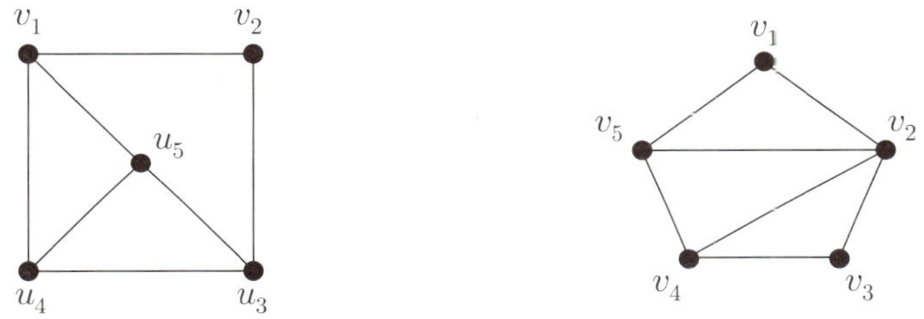


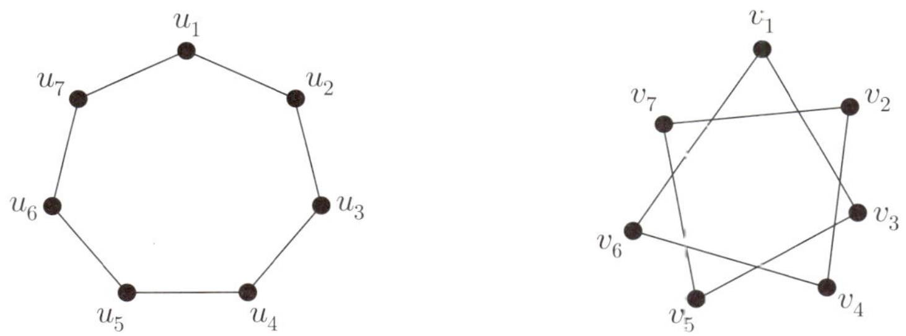

**10** 다음과 같이 행 마다 쌍으로 주어진 방향그래프들에 대한 동형성을 판별하라.

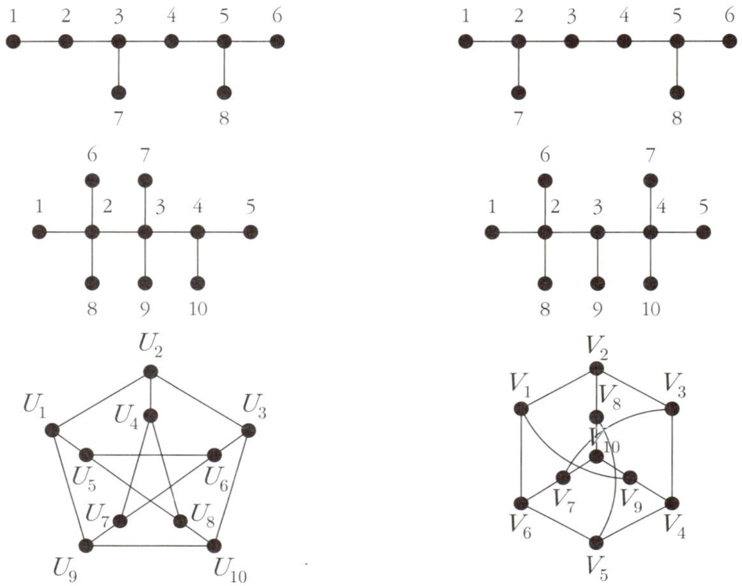

**11** 아래와 같이 주어진 그래프 $G_1$ 과 $G_2$ 에 관하여 이들의 합그래프 $G_1 \cup G_2$ 를 구하라.

| | $G_1$ | $G_2$ |
|---|---|---|
| (1) | 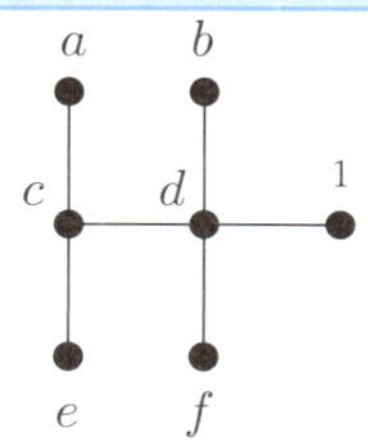 | 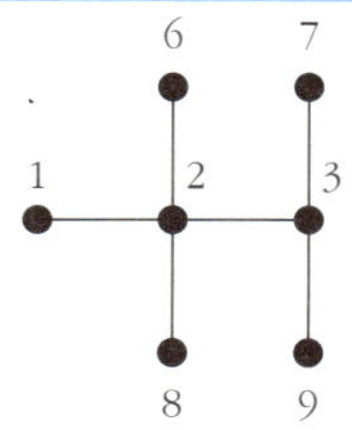 |
| (2) | 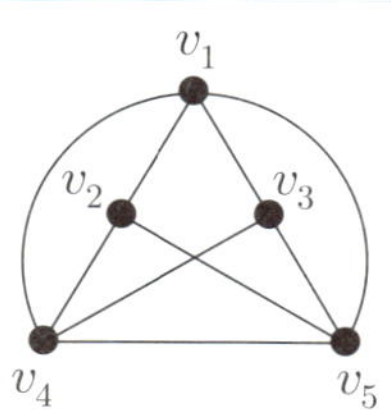 | 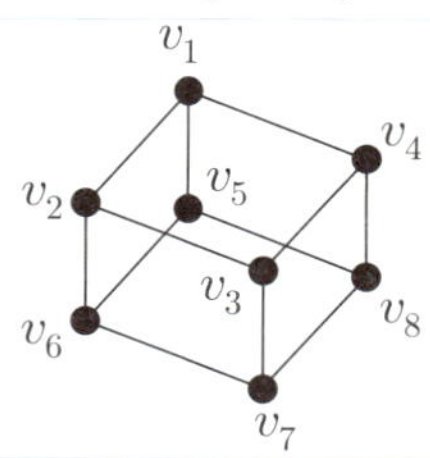 |

# 5.4 여러 가지 그래프

여러 가지 유형의 그래프와 함께, 주어진 그래프에 관한 여러 부분그래프를 다음과 같이 정의하도록 하자.

## ◆ 기본 유형의 그래프들

정의 5.16 (1) **[완전그래프] complete graph** $K_n$

완전 그래프 $K_n$은 $n$개의 점집합과 이 위에서 정의될 수 있는 모든 가능한 선을 선집합으로 갖는 그래프를 뜻한다. 반면, $n$개의 점집합과 공집합을 선집합으로 갖는 그래프를 여완전그래프(혹은 완전불연속그래프)(empty or trivial graph)라 부른다. 또한 이 두 그래프를 자명한 그래프라고 부른다.

(2) **[경로] path graph** $P_n$

$n$개의 점 위의 경로(path) $P_n$은 점집합 $V=\{v_1, v_2, \cdots, v_n\}$와 선집합 $E=\{v_1 v_2, v_2 v_3, \cdots, v_{n-1} v_n\}$을 갖는 그래프를 의미한다.

(3) **[원형그래프] cycle graph** $C_n$

점 $n$개 위에서 정의된 원형그래프(cycle) $C_n$이란, $V=\{v_1, \cdots, v_n\}$를 점집합으로 하고 $E=\{v_1 v_2, v_2 v_3, \cdots, v_{n-1} v_n, v_n v_1\}$을 선집합으로 하는 그래프를 뜻한다.

(4) **[바퀴그래프] wheel graph** $W_n$

$C_n$을 위수 $n$의 원형그래프라 하고 $P$를 한 점 그래프라고 할 때, 위수 $n$의 바퀴그래프 $W_n$은 다음과 같이 정의된다.

$$W_n = C_n + P$$

(5) **[정규그래프]** $r$ **-regular graph**

차수 $r$의 정규 그래프 $G$는 모든 점 $v$에 대하여 $\deg v = r$인 그래프로 정의하고 $r$ - 정규 그래프라 부른다. 특히 $r=3$인 그래프를 큐빅(cubic)그래프라 한다.

(6) **[$n$-큐브]** $n$ **-cube** $Q_n$

$Q_n = K_2 \times \cdots \times K_2$ ($n$번 곱)를 $n$ - 큐브(cube)라 한다.

**예 제 5.4.1**

다음 다이어그램은 위수 $n = 3, 4, 5, 6$ 에서의 완전그래프 $K_n$, 여완전그래프 $\overline{K_n}$, 원형그래프, 바퀴그래프를 각각 나타내고 있다.

그림 5.26

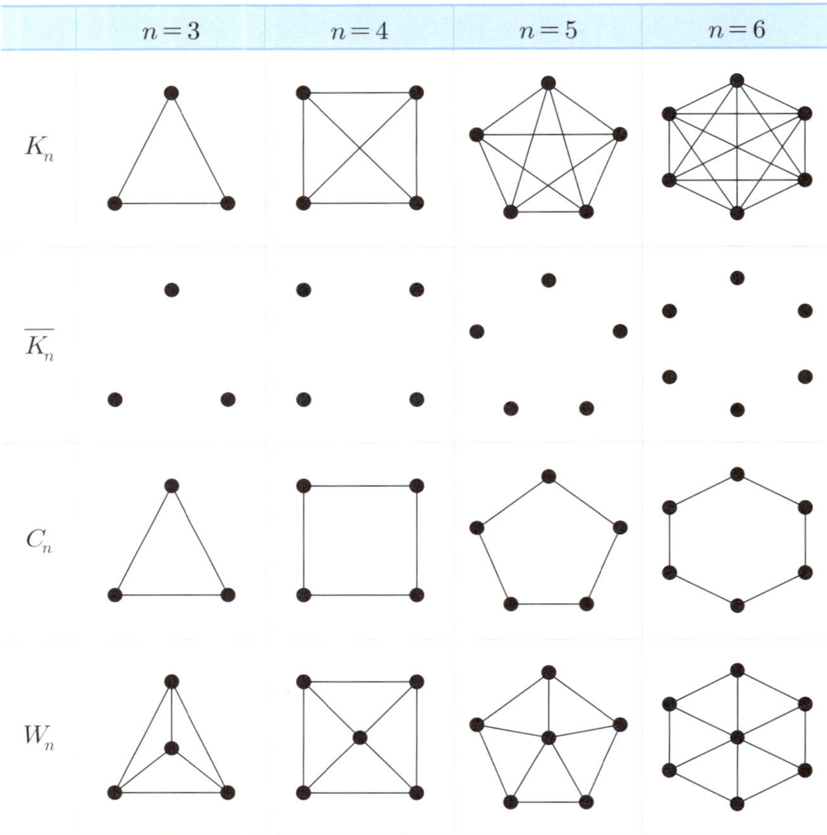


**예 제 5.4.2**

(1) **페테르센(Peterson) 그래프**로 알려진 $P$ (그림 5.27)는 위수가 10인 3-정규그래프이므로 **큐빅(cubic)**이다.

(2) 그림 5.28는 $n = 1, 2, 3, 4$ 일때의 $Q_n$, 즉 $n$**-큐브**를 다이어그램으로 나타낸 것이다. 특히 $n = 3$ 일 때, 즉 $Q_3$ 는 우리가 흔히 상상할 수 있는 큐브가 된다.

그림 5.27 **패테르센그래프**

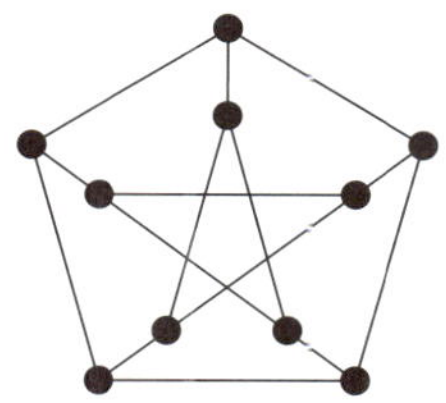

그림 5.28

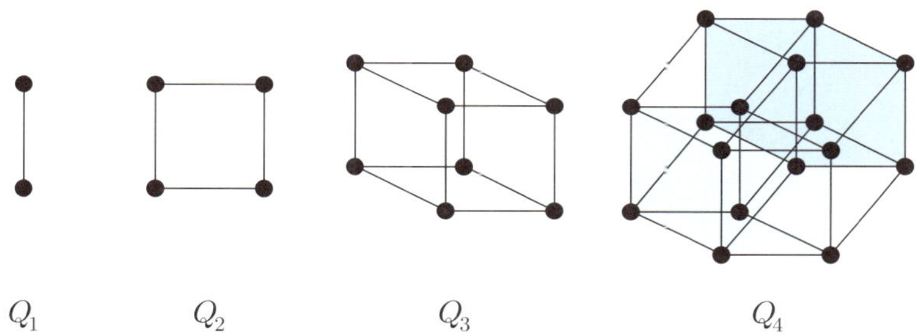

다음 정리는 임의로 주어진 그래프로부터 적당한 정규 그래프는 항상 생성될 수 있음을 보여주고 있다는 점에서 흥미롭다.

정리 5.17 모든 그래프 $G$와 모든 정수 $r \geq \Delta(G)$에 대하여 $G$를 생성 부분그래프로 갖는 $r$-정규 그래프 $H$가 존재한다.

| 증 명 | 만약 $G$가 $r$-정규 그래프일 때 우리가 구하는 $H$는 $G$로 택하면 되므로 위의 명제는 성립한다. $G$가 $r$-정규 그래프가 아니라고 가정하고 $G'$을 $G$의 복사본이라 하자. 이때 $G$와 $G'$의 차수가 $r$ 보다 작은 원본의 각 점 $x \in V(G)$에 대응하는 복사된 점을 $x' \in V(G')$이라 하고 이들 점 $x, x'$를 선으로 이어준다. 이 결과로 얻는 그래프를 $G_1$이라 하자. 만약 $G_1$이 $r$-정규이면 우리가 원하는 그래프 $H$를 $G_1$으로 취하면 명제는 성립한다. 그렇지 않다면 이 작업을 반복하여 $r$-정규 그래프 $G_k$가 얻어질 때까지 계속 반복 진행한다. 단, 여기서 $k = r - \delta(G)$이다.

## ◆ 다분그래프(partite graph)

정의 5.18 (1) 다음을 만족시키는 그래프 $G$를 $V_1, V_2$의 **이분 그래프(bipartite graph)**라 한다.

(i) 점집합 $V$가 두 집합 $V_1, V_2$로 **분할(partition)**되고,

$$(\text{즉 } V = V_1 \cup V_2 \text{이고 } V_1 \cap V_2 \neq \varnothing)$$

(ii) $e = uv \in E$이면 $u \in V_1, v \in V_2$ 또는 $v \in V_1, u \in V_2$

특히, $|V_1| = m, |V_2| = n$에 위에서 정의된 $V_1, V_2$의 이분 그래프가 $V_1$과 $V_2$ 사이의 가능한 모든 선을 선집합으로 가지면, 이를 완전 이분 그래프(complete bipartite graph)라 부르고 $B_{mn}$으로 표시한다.

(2) $V(G) = V_1 \cup \cdots \cup V_n$ ($i \neq j$이면 $V_i \cap V_j = \varnothing$)이고, 임의의 $i, j(i \neq j)$에 대하여 점집합 $V_i \cup V_j$으로 이루어진 점생성부분그래프가 이분그래프가 되면 이것을 $n$-다분할 그래프(n-partite graph)라 한다. 특히, 임의의 $i, j(i \neq j)$에 대하여 점집합 $V_i \cup V_j$으로 이루어진 점 생성 부분그래프가 완전 이분 그래프가 되면 이것을 $n$**-완전 다분할 그래프(complete n-partite graph)**라 한다.

**예제 5.4.3**

다음은 이분그래프와 다분그래프의 예이다.

그림 5.29 **이분그래프, 완전이분그래프, 3-완전다분할그래프**

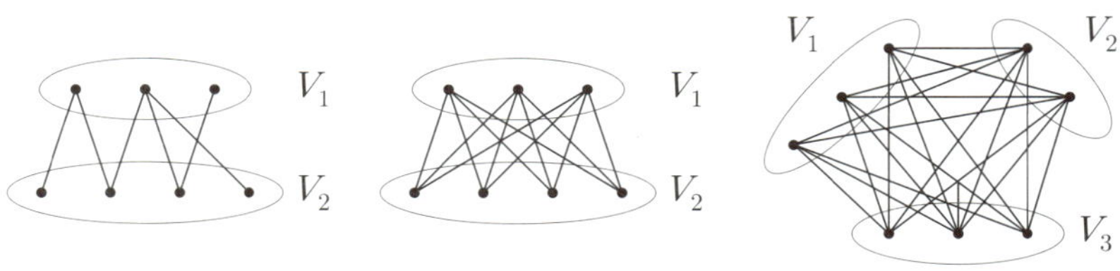


$|V_1| = 3, |V_2| = 4$ 이분그래프 | 완전 이분 그래프 $B(3,4)$ | 3-완전 다분할 그래프 $B(3,3,2)$

이분 그래프는 분할된 두 집합 간의 관계를 효과적으로 나타낼 수 있으므로, 이런 성질이 반영되는 각종 모델링에 유용하게 쓰이고 있다. 정리 5.20은 이분 그래프가 되기 위한 필요충

분조건으로 사이클의 길이가 홀수가 되어야함을 보여주고 있다.

이를 기술하기에 앞서 중요한 개념인 연결그래프를 경로그래프의 존재성을 빌어 아래와 같이 정의하도록 한다.

정의 5.19 그래프 $G$의 임의의 다른 두 꼭짓점 $u$와 $v$에 대하여 이 두 점을 끝점으로 하는 경로그래프 $P$가 $G$의 부분그래프로 반드시 존재하면, 그래프 $G$를 **연결그래프(connected graph)** 라고 한다.

다음 정리를 통하여 이분그래프와 짝수길이 사이클의 존재성에 대한 필요충분조건을 살펴보도록 하자.

정리 5.20 위수가 적어도 2인 그래프 $G$가 이분그래프일 필요충분조건은 이 그래프 $G$에 홀수 길이의 사이클이 존재하지 않는 것이다.

| 증 명 | ($\Rightarrow$) $G$를 $V(G)$가 $X, Y$로 분할된 이분그래프라 가정하고, $C$를 길이가 $k$인 사이클 $v_1, v_2, \cdots, v_k, v_1$라 하자. 편의상 $v_1 \in X$라 하면 이분 그래프의 정의에 따라 모든 홀수 $i$에 대하여 $v_i \in X$이고 모든 짝수 $j$에 대하여 $v_j \in Y$이다. 특히 이 사이클의 마지막 선이 $v_k v_1$이므로 $v_k \in Y$가 되며 이것은 $k$가 짝수임을 의미한다. 그러므로 $C$는 짝수 사이클이다.

($\Leftarrow$) $G$를 위수가 2이상이고 홀수 사이클을 포함하지 않는 그래프라 하자. 일반성을 잃지 않고 편의상 $G$를 정의 5.19에서 정의된 연결그래프라 하자. (그렇지 않다면 $G$의 성분 연결 그래프 각각에 관하여 나누어 증명 할 수 있을 것이다) 이제 임의의 점 $v \in V(G)$에 관하여 집합 $X$와 $Y$를 다음과 같이 정의하도록 하자.

$$X = \{x \in V(G) \mid d(x,\ v) = \text{짝수}\},\ Y = V(G) - X$$

(여기서, $d(x,\ y)$란 점 $x$에서 점 $y$ 사이의 최소 연결 경로의 거리를 뜻한다. 즉, $d(x,\ y)$는 $x$로부터 $y$까지의 최소 경로의 선의 개수가 된다)

이제 서로 다른 두 점 $x, x' \in X$에 관하여 $xx' \notin E(G)$임을 귀류법으로 증명하기로 하자. 모순을 끌어내기 위하여 $xx' \in E(G)$라 가정하자. 우선, 만약 $x = v$라 가정하면 $xx' \in E(G)$

이므로 $d(x', x)=1$ (홀수)가 되고, 이것은 $x' \in Y$임을 의미하므로 $x' \in X$ 라는 가정에 모순이 된다. 그러므로 $x \neq v$ 임을 알 수 있다. 또한 위와 마찬가지 이유에서 $x' \neq v$ 임도 알 수 있다.

이제 적당한 양의 정수 $s$ 와 $t$ 에 관해서, $P_1$을 $d(v, x)=2s$ 인 $v$ 에서 $x$ 로 가는 최소 경로 $v=v_0, v_1, \cdots, v_{2s}=x$ 라 하고, $P_2$ 를 $d(v, x')=2t$ 인 $v$ 에서 $x'$ 로 가는 최소 경로 $v=w_0, w_1, \cdots, w_{2t}=x'$ 라 하자. 그러면 $d(v, x)=2s$ (짝수), $d(v, x')=2t$ (짝수), $d(x', x)=1$ (홀수)이므로, 다음과 같은 사이클 $v=v_0, v_1, \ldots, v_{2s}, w_{2t}, w_{2t-1}, \cdots, w_0=v$ 는 길이가 홀수 사이클이 되고, 이것은 $G$가 홀수 사이클을 포함하지 않은 그래프라는 가정에 모순이다. 그러므로 $X$에 속한 어떤 두 점도 서로 연결되어 있지 않는다는 점이 증명되었다. 마찬가지 방법으로, $Y$에 속한 어떤 두 점도 서로 연결되어 있지 않음을 증명할 수 있다. 이로부터, 결과적으로, $G$가 짝수 길이의 사이클만을 갖는 그래프이면, $G$는 $X$와 $Y$로 분할된 이분 그래프가 됨을 알 수 있다.

## ◆ 방향그래프의 기초

이제, 정의 5.3에서 정의된 방향그래프의 용어에 대하여 다시 한 번 정리해보고 방향그래프에서의 점의 차수에 관한 등식을 유도해보기로 하자.

방향그래프(digraph, directed graph) $D=(V, A)$는 그래프의 정의를 일반화하여 점집합 $V$와, $V$에 속하는 두 원소의 순서쌍으로 이루어진 집합 $A$로 이루어진 순서쌍으로 정의된다. 그래프의 정의에서와는 달리 $A$의 원소는 호(arc)라 부르며, 또한 일반 그래프에서 선을 '$e=uv$'로 표시하는 대신 방향 그래프에서는 호를 '$e=\overrightarrow{uv}$'로 표시한다. 따라서 그래프의 선 집합에서는 두 선 $uv$와 $vu$은 동일한 선을 의미하지만, 방향 그래프의 호 집합에서는 호의 방향이 서로 다르므로 $\overrightarrow{vu} \neq \overrightarrow{uv}$ 이다.

방향 그래프 $D=(V, A)$에서 $e=\overrightarrow{uv} \in A$일 때 '점 $u$가 점 $v$로 이어져 있다'(혹은 이웃한다)고 말하며 '점 $v$가 점 $u$로부터 이어져있다'(이웃한다)고 한다. 또한 '호 $e$는 점 $u$를 점 $v$로 이어준다(연결한다)'혹은 '호 $e$는 점 $v$를 점 $u$로부터 이어준다(연결한다)'라고 부른다. 편의에 따라, 벡터의 명명법과 똑같이 '$e$는 시점을 $u$, 종점을 $v$로 하는 호'라고 부르기도 한다. 그래프에서 차수(degree)의 개념 또한 방향 그래프에서는 다음 두 가지로 구분해 정의하기로 한다.

정의 5.20 $D=(V, A)$를 위수 2 이상인 방향그래프라고 하고 $v \in V(D)$라 하자.

(1) $v$의 '안 차수'(indegree of $v$)을 $ideg(v)$로 표시하고, $D$의 호(arc) 중에서 $v$를 종점으로 하는 호의 개수로 정의한다. 즉,

$$ideg(v) = |\{\overrightarrow{xy} \in A : y = v\}|$$

(2) $v$의 '밖 차수'(outdegree of $v$)을 $odeg(v)$로 표시하고, $D$의 호(arc) 중에서 $v$를 시점으로 하는 호의 개수로 정의한다. 즉,

$$odeg(v) = |\{\overrightarrow{xy} \in A : x = v\}|$$

(3) $\deg(v) = ideg(v) + odeg(v)$로 정의하고, 이 때, $\deg(v)$를 $v$의 총차수라 한다.

(4) $D$의 모든 점 $v \in V$에 관하여, $i\deg(v) = o\deg(v) = r$이면 방향그래프 $D$를 $r$-정규 방향그래프라 한다.

정리 5.6 (4)의 차수와 모서리의 총 개수에 대한 공식은 다음 정리 5.22으로 쉽게 일반화하여 증명할 수 있다. 방향그래프 $D=(V, A)$의 방향성을 무시하면 이에 해당하는 단순그래프를 $G$를 생각할 수 있다. 여기서 단순그래프 $G$의 모든 점에서의 차수의 합은 방향그래프에의 안차수와 밖차수의 합으로 나타내어질 것이다. 이러한 점을 고려하면 다음 정리의 증명을 쉽게 할 수 있다.

정리 5.21 $|A| = m$인 방향 그래프 $D=(V, A)$는 다음 식을 만족시킨다.

$$\sum_{v \in V} i\deg(v) + \sum_{v \in V} o\deg(v) = m$$

주어진 그래프 $G$에 관하여 $E(G)$의 각 선에 방향을 부여하면 하나의 방향 그래프가 만들어 지는데, 이런 방향 그래프를 $G$의 **순환 그래프**(orientation of $G$)라고 한다. 그래프 $G$가 $m$개의 선을 가지고 있으면 각 선은 두 가지의 방향을 가지므로 그래프 $G$는 $2^m$개의 각기 다른 순환 그래프를 갖는다는 사실을 알 수 있다. 예제 5.1.5에서 라운드-로빈 토너먼트와 같은 맥락에서 보듯이, 완전 그래프 $K_n$의 순환 그래프는 $n$개의 팀에 의해서 진행되는 토너먼트 게임의 모든 결과를 표현할 수 있다. 따라서 일반상식을 반영하여 완전그래프 $K_n$의 순환그래프

각각을 **토너먼트**(tournament)라 부른다. 따라서 $n$개의 원소 위에서 정의된 각기 다른 토너먼트의 개수는 $K_n$의 순환 그래프의 개수와 같으므로, 총 $2^m = 2^{\frac{n(n-1)}{2}}$ 가지가 있다. 예제 5.1.5에서 제시한 방향그래프는 은 2-정규 방향 그래프를 나타낸 것으로서, 이는 5개 원소 위에 정의된 토너먼트다.

한편, 주어진 그래프가 관련 순환그래프를 생성하는 것과 마찬가지로, 주어진 방향그래프 $D$에서 $D$의 각 호의 방향을 제거함으로써 일반 그래프 $G$를 만들 수 있다. 이런 그래프 $G$를 $D$의 **바탕 그래프**(underlying graph)라고 부른다. 예를 들어, 그림 5.30에서 주어진 순환 그래프의 바탕 그래프는 $K_5$가 된다.

그림 5.30 **5-토너먼트, 2-정규방향 그래프**

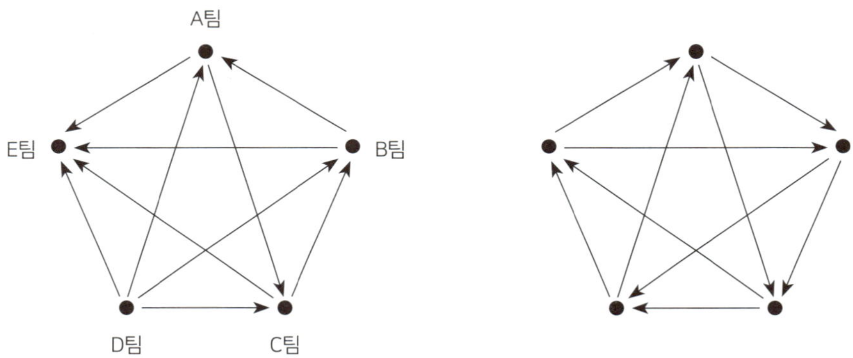

# 연 습 문 제 5.4

**1** 그래프 $G$에 대하여 $G \times G \times G$와 $G \times G \times G \times G \times G$가 정규 그래프임을 보여라.

(1) $G = K_2$　　　　(2) $G = C_4$

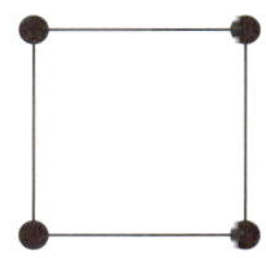

(3) $G =$

| | 1 | 2 | 3 | 4 | 5 |
|---|---|---|---|---|---|
| 1 | 0 | 1 | 0 | 0 | 1 |
| 2 | 1 | 0 | 1 | 0 | 0 |
| 3 | 0 | 1 | 0 | 1 | 0 |
| 4 | 0 | 0 | 1 | 0 | 1 |
| 5 | 1 | 0 | 0 | 1 | 0 |

**2** 다음 주어진 두 그래프가 다른 이유를 방향 그래프의 정의를 이용하여 설명하라.

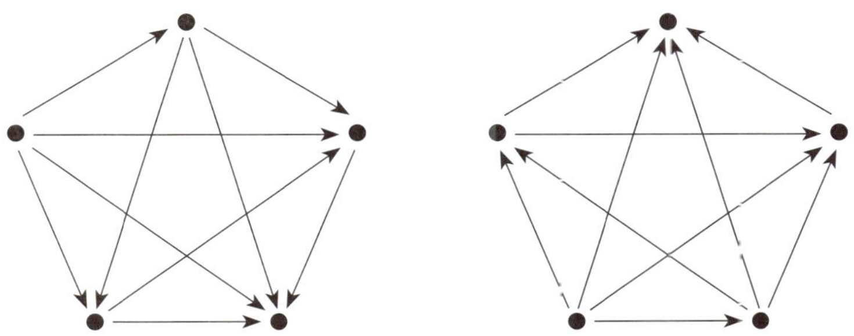

$A$　　　　$G$

**3** 다음 방향 그래프의 개수에 관한 물음에 답하라.

(1) $n$개의 점을 갖는 번호 있는 방향 그래프의 총 개수를 구하라.

(2) $n$개의 점과 $m$개의 호를 가진 방향 그래프의 개수를 구하라.

**4** 그래프 $G$에 대하여 다음 물음에 답하라.

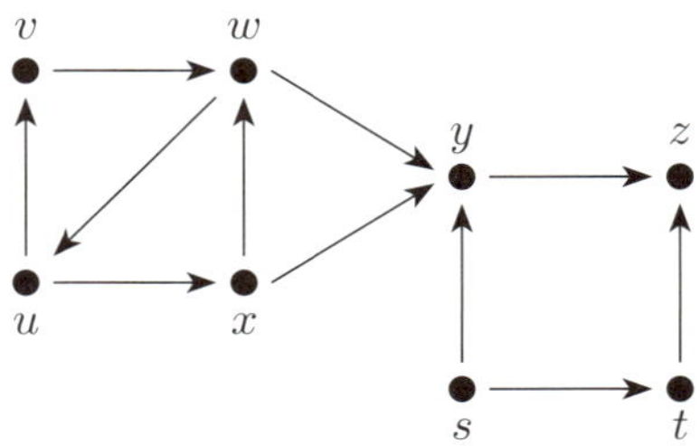


(1) 점 $u$에서 점 $z$로 가는 경로를 찾아라.

(2) 안차수와 바깥차수가 같은 점을 찾아라.

(3) 길이가 4인 경로를 찾아라.

(4) 홀수 길이의 사이클을 찾아라.

(5) 점 $x$를 포함하고 길이가 3인 사이클을 찾아라.

(6) 알고리즘 5.35가 성립한다는 것을 그래프 $G$에서 확인하라.

**5** 임의의 자연수 $m$과 $n$에 관하여 완전 이분 그래프 $B_{m,\ n}$과 $B_{n,\ m}$은 동형임을 밝혀라.

**6** 다음 그래프가 이분 그래프임을 밝혀라.

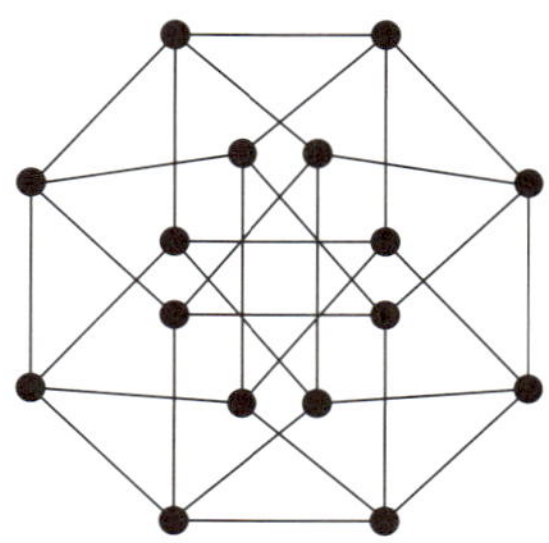

# 5.5 그래프의 연결성

그래프 $G=(V,\ E)$에서 점 사이 및 선 사이의 연결에 관한 용어를 먼저 정의하면 다음과 같다.

정의 5.23

(1) **[길(walk), 닫힌 길(closed walk)]**

주어진 그래프 $G$에 대하여 길이 $n$의 $u-v$ 길(walk) $W$란, 주어진 점 $u, v \in V$에 관하여 $v_0 = u, v_n = v$, 이고 $v_i v_{i+1} \in E$, (단, $i = 0,\ 1,\ \cdots,\ n$)을 만족시키는 $G$의 점 수열

$$W = \langle u = v_0,\ v_1,\ \cdots,\ v_n = v \rangle$$

로 정의한다. 이때, $W$의 길이는 $W$ 위의 선의 개수, 즉 $W$ 위의 (점의 개수 $-$ 1)을 뜻한다. 길 $W$이 시점과 종점이 같으면 (즉, $v_0 = v_n$) 이 길 $W$는 '닫혀 있다'라고 하며, 닫혀 있지 않은 길 $W$을 '열려 있다'라고 한다.

(참고: 길에서는 점과 선이 반복되어 나타낼 수 있다.)

(2) **[산책로(trail), 회로(circuit)]**

주어진 그래프 $G$에 대하여 선들이 반복되어 나타나지 않는 길 $W$를 산책로(trail)이라고 한다. 특히 닫혀있는 산책로를 회로(circuit)이라고 한다.

(3) **[경로(path), 사이클(cycle)]**

점들이 반복되어 나타나지 않는 산책로 $W$를 경로(path)라 한다. 특히 종점이 시점과 같은 것을 허용하는 닫혀있는 길이가 $k$인 경로를 사이클(cycle) 혹은 순환로라 하고 $W = C_k$으로 표시한다. 또한 길이가 홀수인 사이클을 홀수 사이클(odd cycle), 길이가 짝수인 사이클을 짝수 사이클(even cycle)이라 한다.

**예 제 5.5.1**

그래프 $K_6$에 관하여 위의 용어들을 확인해 보자.

그림 5.31 $K_6$

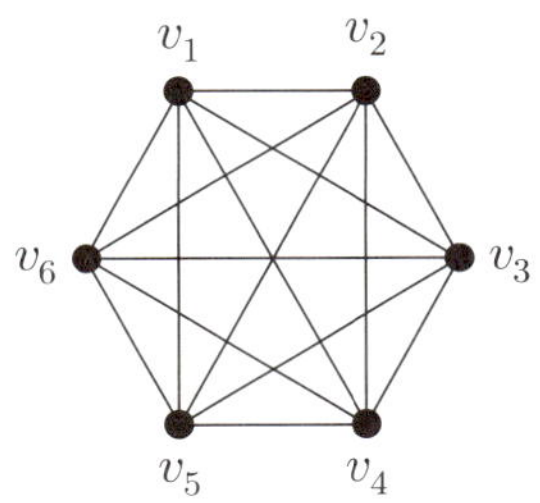


$$W_1 = \langle v_1,\ v_2,\ v_3,\ v_4,\ v_2,\ v_4,\ v_3,\ v_1 \rangle$$

$$W_2 = \langle v_1,\ v_2,\ v_3,\ v_4,\ v_2,\ v_3,\ v_1 \rangle$$

$$W_3 = \langle v_1,\ v_2,\ v_3,\ v_4,\ v_5,\ v_6 \rangle$$

$$W_4 = \langle v_1,\ v_2,\ v_3,\ v_4,\ v_5,\ v_1 \rangle$$

(1) 모두는 길이며 이 중 $W_1, W_2, W_4$는 닫혀 있고 $W_3$는 열린 $v_1 - v_6$ 길이다.

(2) $W_2$는 반복된 선이 없으므로 산책로이며 또한 닫혀있으므로 회로가 된다.

(3) $W_3$와 $W_4$는 점들이 반복되지 않으므로 경로가 되며 $W_4$는 닫혀있으므로 길이가 5인 사이클이 되므로 이것은 홀수 사이클이며 $C_5$로 표시할 수 있다.

(4) 만약 $W_5 : v_4$라고 정의하면 $W_5$는 길이가 0인 경로다.

**예 제 5.5.2**

그래프 $G$에서 경로와 사이클을 찾아보자.

그림 5.32 **그래프** $G$

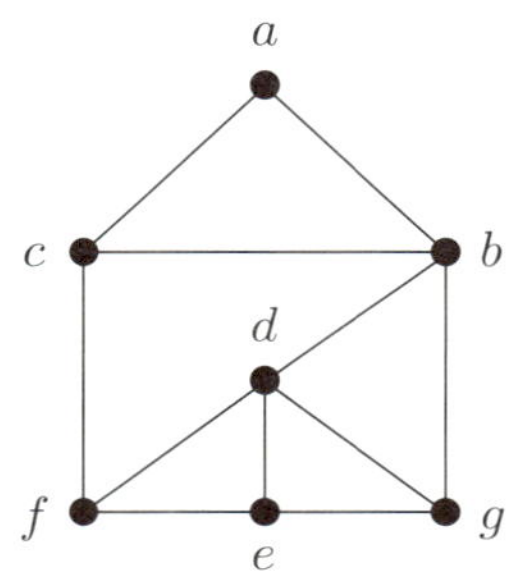


$\langle d \rangle$는 길이 0의 경로이고 $\langle b,\ g \rangle$는 길이 1인 경로, $\langle b,\ d,\ e,\ f,\ c \rangle$는 길이 4인 경로이다. 반면, $\langle c,\ b,\ d,\ g,\ b,\ a \rangle$는 경로가 아니다. $\langle a,\ b,\ c,\ a \rangle$는 길이 3의 사이클(홀수)이고 $\langle a,\ c,\ f,\ d,\ g,\ b,\ a \rangle$는 길이 6의 사이클이다. 정의에 의하여 주어진 그래프의 각각의 경로는 트레일이다. 왜냐하면 점이 반복되지 않는다는 점은 자연스럽게 선이 반복되지 않음을 의미하기 때문이다. 또한 모든 $u-v$ 산책로는 반복된 점과 선을 제외함으로서 $u-v$ 경로가 된다. 다시 말해서, 모든 $u-v$ 산책로는 $u-v$ 경로를 포함한다고 말할 수 있다.

정리 5.24 그래프 $G$의 모든 $u, v \in V(G)$에 대하여, $u-v$ 길(walk)은 $u-v$ 경로(path)를 포함한다.

| 증 명 | $w_i \in V(G)$에 대하여, $W = \langle (u=)w_0,\ w_1,\ \cdots,\ w_k(=v) \rangle$가 길이 $k$인 $u-v$ 길이라고 하자. 길이 $k$에 대한 수학적 귀납법을 적용하여 위의 명제가 참임을 증명한다.

먼저 $k=1$인 경우, 자명하게 $W$는 길이 1인 경로이다.

다음으로 길이가 $k$ 미만인 모든 $u-v$ 길은 $u-v$ 경로를 포함한다고 가정하자.(수학적 귀납법의 가정) 이제, $W$가 길이 $k$인 $u-v$ 길이라고 하자.

(i) $W$에 있는 모든 $w_i$가 서로 다른 경우: $W$는 그 자체로 경로이므로 명제는 성립한다.

(ii) $W$에 두 개 이상의 같은 점이 존재하는 경우: $j$를 $w_j = w_r$ $(r > j)$를 만족하는 가장 작은 정수라고 하자. 이 때,

$$W' = \langle (u=)w_0,\ w_1,\ \cdots,\ w_j, w_{r+1},\ \cdots,\ w_k(=v) \rangle$$

를 길이가 $k$보다 작은 길이라고 하면 수학적 귀납법의 가정에 의해 $W'$에 $u-v$ 경로 $P$가 존재한다. $W'$은 $W$의 부분수열이므로 $W$는 $u-v$ 경로 $P$를 포함한다.

이제 산책로의 정의를 이용하여 그래프 이론의 중요한 개념이 되는 그래프의 연결성과 함께, 연결 그래프의 각 점들 사이에 거리 개념을 다음과 같이 정의하자.

## ◆ 인접행렬과 그래프의 경로

그래프의 인접행렬은 그래프 내부의 인접성에 관한 많은 정보를 담고 있다. 다음 정리는 인접행렬로부터 차수와 길의 개수에 대한 계산법을 제시하고 있다. 증명은 연습문제로 대신하고, 간단한 예제를 통해 정리의 내용을 이해하기로 하자.

정리 5.25 위수가 $n$이고 $V(G) = \{v_1, \cdots, v_n\}$인 그래프 $G$에 대하여 $G$의 인접행렬을 $A(G) = [a_{ij}]_{n \times n}$라 할 때, 다음이 성립한다.

(1) $\deg v_i = \sum_{k=1}^{n} a_{ik} = \sum_{k=1}^{n} a_{kj}$

(2) 길이가 $m$인 서로 다른 $v_i - v_j$ 길의 개수는 $(A^m)_{ij}$이다.

(여기서 $A^m$은 행렬 $A$를 $m$번 곱한 행렬을 뜻하고, $(A^m)_{ij}$은 $A^m$의 $(i, j)$-성분을 뜻한다.)

**예 제 5.5.3**

다음 그래프 $G$의 인접행렬은 $A=A(G)$로 표현된다. 이 때 $A^2, A^3, A^6$은 각각 아래와 같다. 이제 예를 들어 선택된 $u, v \in V(G)$에 대하여 각각의 길이 2,3,6을 가지는 $u-v$ 길의 개수를 행렬 $A^2, A^3, A^6$을 통하여 각각 확인해보도록 하자.

그림 5.33 **그래프 $G$와 인접행렬**

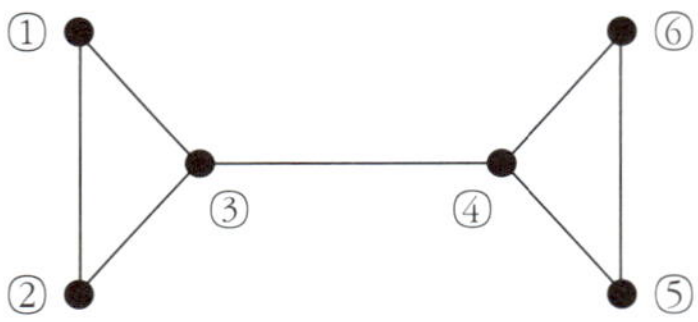


$G$

$A=$

| | ① | ② | ③ | ④ | ⑤ | ⑥ |
|---|---|---|---|---|---|---|
| ① | 0 | 1 | 1 | 0 | 0 | 0 |
| ② | 1 | 0 | 1 | 0 | 0 | 0 |
| ③ | 1 | 1 | 0 | 1 | 0 | 0 |
| ④ | 0 | 0 | 1 | 0 | 1 | 1 |
| ⑤ | 0 | 0 | 0 | 1 | 0 | 1 |
| ⑥ | 0 | 0 | 0 | 1 | 1 | 0 |

$A(G)$

$A^2=$

| | ① | ② | ③ | ④ | ⑤ | ⑥ |
|---|---|---|---|---|---|---|
| ① | 2 | 1 | 1 | 1 | 0 | 0 |
| ② | 1 | 2 | 1 | 1 | 0 | 0 |
| ③ | 1 | 1 | 3 | 0 | 1 | 1 |
| ④ | 1 | 1 | 0 | 3 | 1 | 1 |
| ⑤ | 0 | 0 | 1 | 1 | 2 | 1 |
| ⑥ | 0 | 0 | 1 | 1 | 1 | 2 |

$A^3=$

| | ① | ② | ③ | ④ | ⑤ | ⑥ |
|---|---|---|---|---|---|---|
| ① | 2 | 3 | 4 | 1 | 1 | 1 |
| ② | 3 | 2 | 4 | 1 | 1 | 1 |
| ③ | 4 | 4 | 2 | 5 | 1 | 1 |
| ④ | 1 | 1 | 5 | 2 | 4 | 4 |
| ⑤ | 1 | 1 | 1 | 4 | 2 | 3 |
| ⑥ | 1 | 1 | 1 | 4 | 3 | 2 |

⋯

$A^6=$

| | ① | ② | ③ | ④ | ⑤ | ⑥ |
|---|---|---|---|---|---|---|
| ① | 32 | 31 | 35 | 35 | 18 | 18 |
| ② | 31 | 32 | 35 | 35 | 18 | 18 |
| ③ | 35 | 35 | 63 | 36 | 35 | 35 |
| ④ | 35 | 35 | 36 | 63 | 35 | 35 |
| ⑤ | 18 | 18 | 35 | 35 | 32 | 31 |
| ⑥ | 18 | 18 | 35 | 35 | 31 | 32 |

| 길이가 2인 경우 | 길이가 3인 경우 | 길이가 6인 경우 |
|---|---|---|
| ② - ⑤길의 개수 : 0 | ② - ⑤길의 개수 : 1 | ② - ⑤길의 개수 : 18 |
| ④ - ②길의 개수 : 1 | ④ - ②길의 개수 : 1 | ④ - ②길의 개수 : 35 |
| ⑤ - ⑤길의 개수 : 2 | ⑤ - ⑤길의 개수 : 2 | ⑤ - ⑤길의 개수 : 32 |
| ③ - ③길의 개수 : 3 | ③ - ③길의 개수 : 2 | ③ - ③길의 개수 : 63 |

## ◆ 그래프의 연결성

정의 5.26 (1) **연결그래프**

주어진 그래프 $G$의 각각의 점 $u, v$에 대하여 $u-v$ 경로가 $G$안에 존재할 때, 이 그래프 $G$를 **연결그래프(connected graph)**라 한다. 역으로 $u-v$ 경로가 존재하지 않는 적당한 두 점 $u, v$가 $V(G)$에 있으면 이 그래프 $G$를 **단절그래프(disconnected graph)**라 한다.

**(2) 거리와 지오데식**

연결 그래프 $G=(V,\ E)$의 두 점 $u,\ v\in V$에 관하여 $u-v$ 경로의 길이 중 최솟값을 $u$와 $v$ 사이의 거리(distance)[3]라고 정의하고 이것은 $d(u,\ v)$라고 표기한다. 또한 길이가 $d(u,\ v)$인 $u-v$ 경로를 $u, v$의 지오데식(geodesic)이라 정의한다.

**(3) 성분**

그래프 **$G$의 성분(component of $G$)**는 $G$의 극대 연결 부분그래프(maximal connected subgraph)로 정의한다. 또한 $k(G)$를 그래프 $G$의 성분의 개수라 표기한다. 이때,

(i) $k(G-v)>k(G)$를 만족시키는 점 $v\in V$를 $G$의 단절점(cut-vertex)라 한다.

(ii) $k(G-e)>k(G)$를 만족시키는 선 $e\in E$를 $G$의 다리(bridge)라 한다.

(iii) 단절점을 갖지 않는 **연결 그래프를 블록(block)**이라 한다.

**(4) 단절점집합(cut set of $G$)**

그래프 $G$에 대하여 $V(G)$의 진부분집합 $S$에 대하여 $G-S$가 단절그래프이면 이 때 $S$를 단절점집합이라고 한다.

**(5) 연결성(connectivity of $G$)**

완전그래프가 아닌 그래프 $G$에 대하여 단절점집합의 최소크기를 연결성이라 하고, $\kappa(G)$로 표기한다.

**예제 5.5.4**

그림 5.34의 그래프 $G_1$과 $G_2$에 관하여 위의 정의를 확인해보자.

그림 5.34

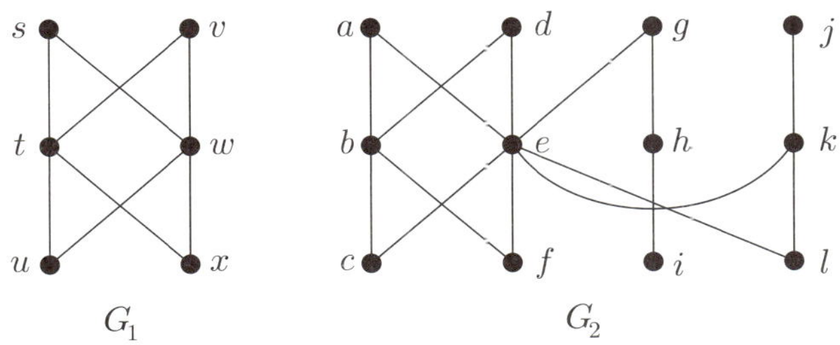


3) 집합 $X$에 대하여 다음과 같이 정의된 함수 $d: X\times X\rightarrow\mathbb{R}^+\cup\{0\}$를 $X$ 위에서의 거리(distance)라 정의한다.
(i) 모든 $x\in X$에 대하여 $d(x,x)=0$, (ii) 모든 $x,y\in X$에 대하여 $d(x,y)=d(y,x)$, (iii) 모든 $x,y,z\in X$에 대하여 $d(x,y)+d(y,z)\geq d(x,z)$
따라서 최소경로의 길이로 정의된 $d$는 (i), (ii), (iii) 조건을 모드 만족하므로 $V(G)$ 위에서 정의된 하나의 거리라 할 수 있다. 참고로 $V(G)$ 위에서 정의될 수 있는 거리함수는 위의 $d$ 이외에도 존재할 수 있다.(연습문제 참고)

(1) 그래프 $H = G_1 \cup G_2$는 2개의 성분 $G_1$과 $G_2$가 있으므로 단절그래프이며, 따라서 $k(H) = 2$이다.

(2) 그래프 $G_2$에서 경로 $c,\ e,\ g,\ h$는 점 $c,\ h$의 지오데식이므로 $d(c,\ h) = 3$이다.

(3) 그래프 $G_2$는 점 $e, h, k, g$를 단절점으로 갖는다.

(4) 그래프 $G_1$은 어떤 점 $v$를 삭제하여도 그래프 $G_1 - v$는 여전히 연결그래프이며, 어떤 선 $xy$를 삭제하더라도 그래프 $G_1 - xy$는 연결 그래프가 되므로 $G_1$은 블록이다.

(5) 그래프 $G_2$에서 점 $g$는 $G_2 - g$는 두 개의 성분으로 나누는 단절점이므로 $k(G_2 - g) = 2$이다. 하지만 $e$는 $G_2 - e$를 세 개의 성분으로 나뉘게하는 단절점이므로 $k(G_2 - e) = 3$이다.

(6) 그래프 $G_2$에서 선 $eg,\ hi,\ gh,\ jk$ 등을 삭제하고 남은 그래프의 성분의 개수는 2이상이 되므로 이들 선은 그래프 $G_2$의 다리가 된다.

(7) 그래프 $G_1$에서 모든 단절점집합은 다음과 같다.

$$
\begin{array}{llll}
S_1 = \{t,w\} & S_6 = \{t,w,s,x\} & S_{11} = \{t,w,s,u\} & S_{16} = \{t,w,s,v,x\} \\
S_2 = \{t,w,x\} & S_7 = \{t,w,s,v\} & S_{12} = \{t,w,v,u\} & S_{17} = \{t,w,v,u,x\} \\
S_3 = \{t,w,s\} & S_8 = \{t,w,v,x\} & S_{13} = \{t,s,v,u,x\} & S_{18} = \{w,s,v,u,x\} \\
S_4 = \{t,w,v\} & S_9 = \{t,w,u,x\} & S_{14} = \{t,w,s,u,x\} & \\
S_5 = \{t,w,u\} & S_{10} = \{s,v,u,x\} & S_{15} = \{t,w,s,v,w\} &
\end{array}
$$

여기서 그래프 $G_1$의 연결성 $\kappa(G_1) = \min\{|S_i| \ :\ 1 \le i \le 18\} = |S_1| = 2$임을 알 수 있다.

다음 정리는 위의 연결성에 관한 정의로부터 간단히 도출되는 기본성질들을 제시한 것이다. 이들에 대한 증명은 연습문제로 남긴다.

**예 제 5.5.5**

그래프 $G$에서 경로와 사이클을 찾아보자.

그림 5.35 **그래프** $G$

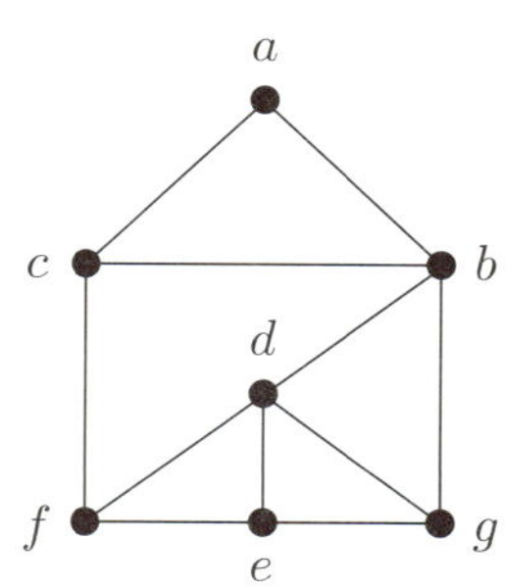

$\langle d \rangle$는 길이 0의 경로이고 $\langle b,\ g \rangle$는 길이 1인 경로, $\langle b,\ d,\ e,\ f,\ c \rangle$는 길이 4인 경로이다. 반면, $\langle c,\ b,\ d,\ g,\ b,\ a \rangle$는 경로가 아니다. $\langle a,\ b,\ c,\ a \rangle$는 길이 3의 사이클(홀수)이고 $\langle a,\ c,\ f,\ d,\ g,\ b,\ a \rangle$는 길이 6의 사이클이다. 정의에 의하여 주어진 그래프의 각각의 경로는 산책로이다. 왜냐하면 점이 반복되지 않는다는 것은 자연스럽게 선이 반복되지 않음을 의미하기 때문이다. 또한 모든 $u-v$ 산책로는 반복된 점과 선을 제외함으로서 $u-v$ 경로가 된다. 다시 말해서, 모든 $u-v$ 산책로는 $u-v$ 경로를 포함한다고 말할 수 있다.

정리 5.27 (1) 모든 자연수 $n$에 대하여 완전그래프 $K_n$은 단절점집합을 갖지 않는다.

(2) 위수가 $n$인 그래프 $G$가 완전그래프가 아니고 연결그래프이면 $1 \le \kappa(G) \le n-2$이다.

(3) 단절그래프 $G$에 대하여 $\kappa(G)=0$이다.

(4) 위수가 $n$인 완전그래프 $G$에 대하여 $\kappa(G)=n-1$이다.

(5) 그래프 $G$에 대하여 $\kappa(G) \ge 2$인 필요충분조건은 $G$는 단절점을 갖지 않는 연결그래프이다.

(6) 모든 그래프 $G$에 대하여 $\kappa(G) \le \delta(G)$이다.
(여기서 $\delta(G)=\min\{\deg(v) \mid v \in V(G)\}$이다.)

위와 마찬가지로 연결된 방향 그래프에서도 그 연결성을 선의 방향을 반영하여 다음과 같이 정의할 수 있다.

정의 5.28 $D$를 방향 그래프라 하자.

(1) $D$의 임의의 점 $u, v$에 대하여 $u-v$ 경로와 $v-u$ 경로가 모두 $D$ 안에 존재할 때, $D$를 **강하게 일방향 그래프(digraph)**라 한다.

(2) $D$의 임의의 점 $u, v$에 대하여 $u-v$ 경로 또는 $v-u$ 경로 중 하나가 $D$ 안에 존재할 때 $D$를 일방향으로 **연결된(unilaterally connected) 방향 그래프(digraph)**라 한다.

(3) $D$의 임의의 점 $u, v$에 대하여 방향을 무시한 $u-v$ 경로가 $D$ 안에 존재할 때 $D$를 약하게 연결된(weakly connected) 방향 그래프(digraph)라 한다.

예제 5.5.6

5.9절의 그림 5.56에서 제시된 드브르인 그래프는 강하게 연결된 방향그래프의 예이다.

# 연 습 문 제 5.5

**1** 어떤 그래프 $G$에서 아래와 같은 길 $W_i$가 정의되어 있다고 하자. 각 길(walk)들의 열림과 닫힘을 결정하고, 산책로(trail), 경로(pass), 사이클(cycle)로 구분하라.

$$W_1 = \langle U_1, U_2, U_3, U_6, U_4, U_2, U_1 \rangle$$
$$W_2 = \langle U_1, U_2, U_3, U_{10}, U_9, U_7 \rangle$$
$$W_3 = \langle U_4, U_8, U_5, U_7, U_6, U_3, U_2 \rangle$$
$$W_4 = \langle U_3, U_2, U_4, U_8, U_{10}, U_3, U_6, U_7, U_9, U_{10} \rangle$$

**2** 아래의 그래프가 연결 그래프인지 아닌지를 판별하라.

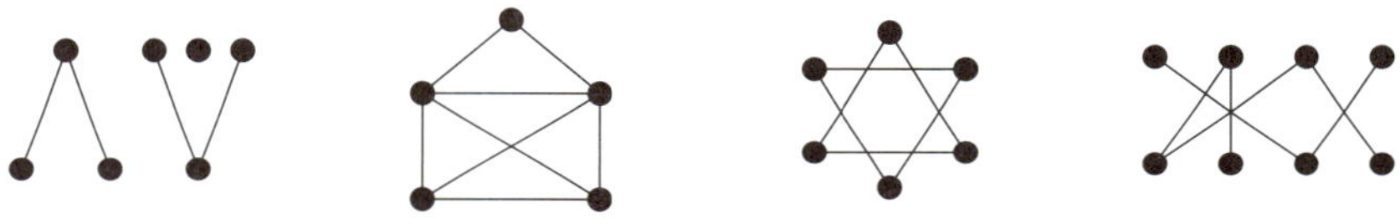

(1) (2) (3) (4)

**3** 다음 그래프가 강하게 연결된 방향 그래프인지 아니면 약하게 연결된 방향 그래프인지를 판정하라.

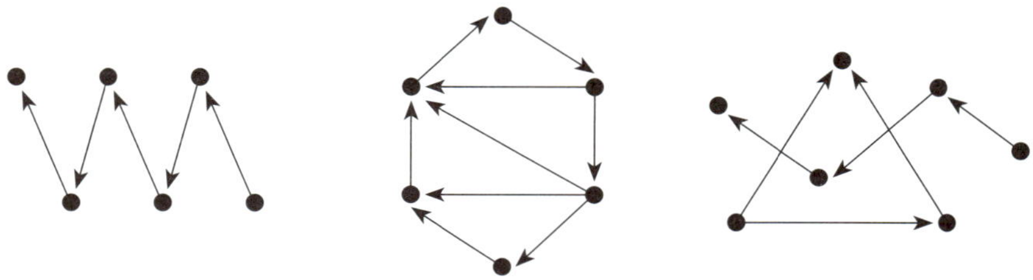

(1) (2) (3)

**4** 그래프 $G$에 대하여 다음 물음에 답하라.

**그래프 $G$**

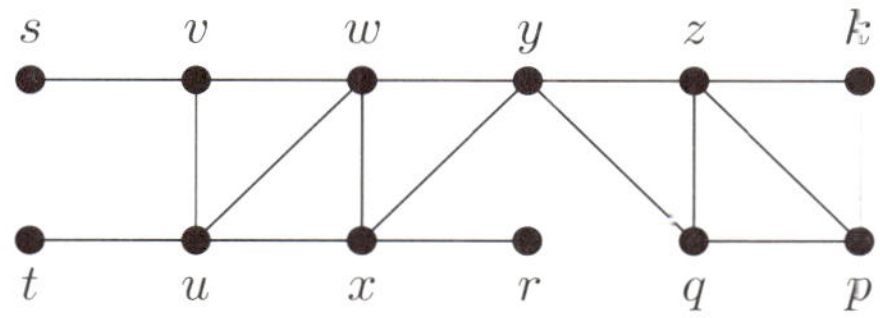


(1) 제일 긴 회로를 찾아라.

(2) 회로가 되지 않는 산책로을 찾아라.

(3) 길이가 6인 회로를 모두 찾아라.

(4) $d(s,\ r)$을 구하고 점 $s$와 $r$의 지오데식을 구하라.

(5) 이 그래프의 다리를 모두 찾아라.

(6) 점 $t$와 점 $p$사이의 경로를 모두 구하라.

(7) 선 $wy$를 지나는 회로를 모두 구하라.

**5** 다음 그래프 $G$에 대하여 $\kappa(G)$를 구하라.

**그래프 $G$**

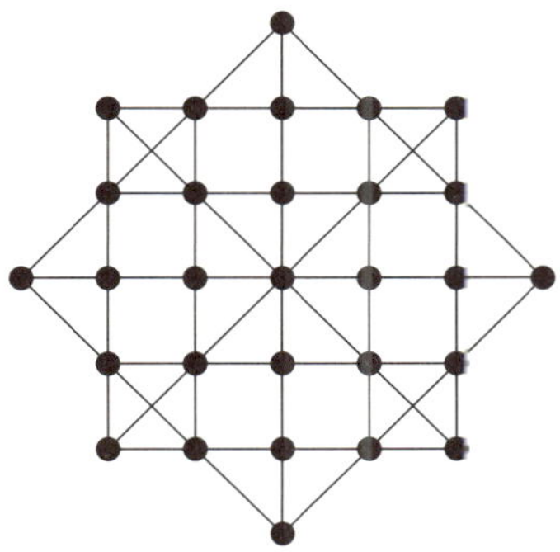

6 인접행렬과 차수 및 길의 개수에 관한 정리 5.25를 증명하라.

7 주어진 그래프 $G$ 위에서 정의될 수 있는 거리함수를 찾아보라.

8 정리 5.27의 (1) ~ (6)을 증명하라.

# 5.6 수형도와 그 응용

일상생활에서 유용하게 쓰이고 있는 그래프의 유형 중 대표적인 그래프인 수형도에 관하여 정의하고 이 그래프의 성질과 응용에 관하여 알아보도록 하자. 수형도란 나무의 형태를 가지는 그래프로서, 가지를 선으로 보고 가지가 나뉘는 부분을 점으로 모델링하여 만든 그래프다. 이런 그래프는 연결 그래프이며 사이클을 포함하지 않는다는 성질이 있음을 알 수 있다. 수학자 케일리(Arthur Cayley)는 이런 두 성질을 만족시키는 유형의 그래프를 수형도라고 정의하였다. 또한 여러 그루의 나무가 숲을 이룬다는 점을 그래프 이론에 적용하여 숲그래프를 모든 성분이 수형도가 되는 그래프라고 정의하고 있다. 이러한 그래프의 엄밀한 정의는 다음과 같다.

정리 5.29 사이클을 부분그래프로 포함 하지 않는 연결 그래프를 **수형도(tree, 트리, 나무 그래프)**라 정의한다. 어떤 그래프가 각각의 성분을 수형도로 가지면 이 그래프를 **숲 그래프(forest)**라고 정의한다. 또한 숲 그래프는 사이클을 포함하지 않는다는 영어단어를 빌어 비순환 그래프(acyclic graph)라고 부르기도 한다.

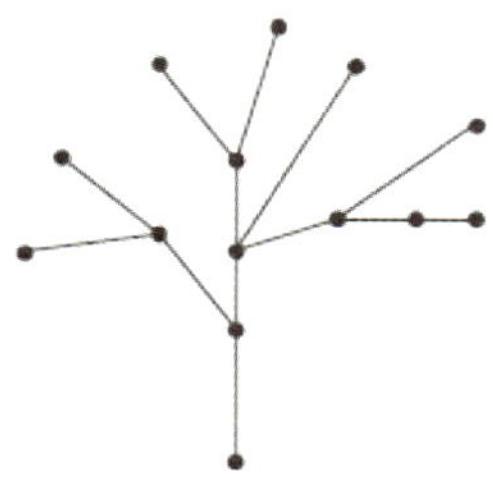

그림 5.36 **수형도**

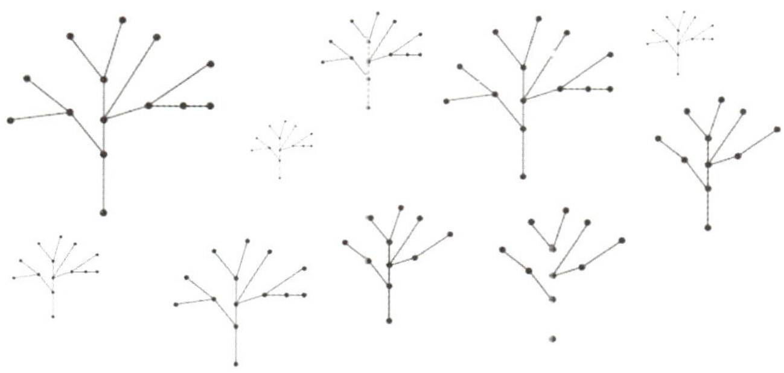

그림 5.37 **숲 그래프**

그림 5.36 나무모양의 그래프가 수형도이다. 그림 5.37 나무가 모여 숲이 된다.

어떠한 사이클도 부분그래프로 가지지 않는다는 트리의 정의에 의하여 트리에는 어떠한 방향선(directed edge)과 루프(loop)도 존재하지 않는다. 이제 트리의 성질에 관하여 자세히 알아보기로 하자.

정리 5.30 수형도 $T$의 위수가 $n$이고 크기(선의 개수)가 $m$이면 $n=m+1$이다.

| 증 명 | 수형도 $T$의 점의 개수를 $n$, 선의 개수를 $m$이라 하고, $n$에 관하여 수학적 귀납법을 적용한다. 먼저, $n=1$이면 당연히 $m=0$이므로 (좌) $=n=1=0+1=m+1=$ (우)가 성립한다. 이제, $n>1$이라 가정하자. 이때, $v$를 $T$의 한 끝점에 관하여 $T'=T-v$라 가정하고 $T'$의 점의 개수를 $n'$, 선의 개수를 $m'$이라 하자. 수학적 귀납법의 가정에 의해 $n'=m'+1$이므로 다음이 성립한다.

$$n=n'+1=m'+1+1=m+1$$

다음은 수형도의 성질을 잘 알 수 있는 동치 조건이다.

정리 5.31 위수가 $n$이고 크기(선의 개수)가 $m$인 그래프 $T$에 대하여 다음 명제는 서로 동치이다.

(1) $T$는 연결그래프이고 사이클을 포함하지 않는다.

(2) 서로 다른 두 점 $u,\ v\in V(T)$에 대해 오직 한 개의 $u-v$ 경로가 존재한다.

(3) $T$는 연결그래프이고 $n=m+1$이다.

(4) $T$는 $n=m+1$을 만족시키고 사이클을 포함하지 않는다.

| 증 명 | (1)⇒(2) $T$가 연결 그래프이고 사이클을 갖지 않는다고 가정하면 $T$는 서로 다른 두 점 $u,\ v\in V$에 관하여 적어도 하나의 경로를 갖는다. 또한 $T$가 두 개 이상의 다른 경로를 갖는다면 이들 경로를 연결하면 사이클이 되므로 가정에 모순이 된다.

(2)⇒(3) 가정으로부터 $T$는 연결 그래프이다. 이제 $n=m+1$임을 귀납법으로 증명하자. $n=1$이면 $T=K_1$이고 따라서 $1=0+1$이 성립한다. $n>1$이면 $T$는 모든 두 점의 쌍에 관하여 유일한 경로가 있으므로 $e\in E$에 관하여 $T-e$는 두 개의 구성 부분그래프 $T'$, $T''$를 갖게 된다. 이때, $n'$, $n''$와 $m'$, $m''$을 각각 $T'$, $T''$의 위수와 선의 개수라 하면, 귀납법의 가정에 의하여, 이들은 $n'=m'+1$, $n''=m''+1$을 만족시키게 된다. 그러므로 다음이 성립한다.

$$n=(n'+n'')=m'+m''+2=m+1$$

(3)⇒(4) 모순을 유도하기 위하여 $T$가 사이클을 부분그래프 $C$로 갖는다고 가정하자. 그러면, $v\in V(T)-V(C)$에 대하여, $e_v$를 $v$로부터 가장 가까운 $C$ 위의 한 점에 이르는 지오데식

위에 있는 첫 번째 선이라 하자. 이제 $V(T)-V(C)$로부터 $E(T)-E(C)$로 가는 함수 $\phi$를 $\phi(v)=e_v$라 정의하면, $\phi$는 $1-1$ 함수가 되므로 $|V(T)-V(C)|\le|E(T)-E(C)|$이 성립한다. 또한 사이클 $C$는 동일한 개수의 점의 개수와 선의 개수를 갖게 되므로 결과적으로 $n\le m$이 되어 모순이 생긴다.

(4)⇒(1) $T$가 사이클을 갖지 않으므로 $T$는 숲이 된다. 한편 정리5.30에서 (1)이면 (3)이 성립함을 보였으므로 $T$의 각 성분의 위수는 각 성분의 선의 개수보다 1 크다. 따라서 $T$ 전체에 관해서는 $n=m+k(T)$이 성립한다. 가정에 의해 $k(T)=1$이므로 $T$는 연결그래프이다.(단, $k(T)$는 $T$의 성분의 개수를 의미한다)

수형도$T$의 이웃하지 않은 임의의 두 점을 이어서 만든 새 그래프를$T'$이라 하면$T'$는 더 이상 수형도가 아님을 쉽게 알 수 있다. 왜냐하면$|V(T)|=|V(T')|$이고$|E(T)|+1=|E(T')|$이므로 정리 5.31 (3)의 조건을 만족시키지 않기 때문이다. 즉,$|V(T')|\neq|E(T')|+1$이기 때문이다.

다음은 수형도의 카운팅 문제에 관한 명제들을 소개한 것이다. 정리 5.32은 케일리에 의하여 귀납법으로 증명된다.

정리 5.32 **(Cayley**[1857])
위수 $n$의 번호있는(labelled) 수형도의 총 개수는 $n^{n-2}$이다.

주어진 위수에 대한 번호없는 그래프의 개수를 구하는 문제가 미해결문제로 남아있는 것과 마찬가지로 주어진 위수에 대한 번호없는 수형도의 개수를  구하는 문제는 여전히 미해결문제로 남아있다. 그럼에도 불구하고 낮은 위수에 대한 동형이 아닌 번호없는 수형도는 직관적 혹은 컴퓨터 알고리즘을 통하여 추정할 수 있다. 이때 우리가 추정한 번호없는 수형도 각각에 대한 동치류의 크기를 산정 한 후 이를 모두 합한 값이 케일리가 증명한 $n^{n-2}$와 일치한다면 이는 우리가 추정한 번호없는 수형도의 개수가 옳았다는 것을 말해주고 있다.

다음은 위수 $n=4$와 5에 관한 번호없는 수형도를 추정하고 이들이 전부임을 확인하는 과정을 보여주고 있다. 각 유형에 대한 동치류의 개수에 대한 산출은 연습문제로 남기기로 하자.

**예 제 5.6.1**

위수 4인 번호없는 수형도는 다음의 2가지로 추정된다. 이 두 유형의 번호없는 수형도로부터 각각 12가지와 4가지의 번호있는 수형도가 존재함을 계산할 수 있다.(연습문제)
이 결과는 $12+4=16=4^{4-2}$이 되어 정리 5.32에 의해 위수 4인 번호없는 수형도가 두 가지 뿐임을 확인할 수 있다.

| | | | |
|---|---|---|---|
| unlabelled |  | 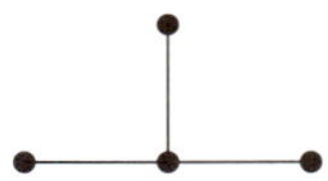 | 2가지 |
| labelled | 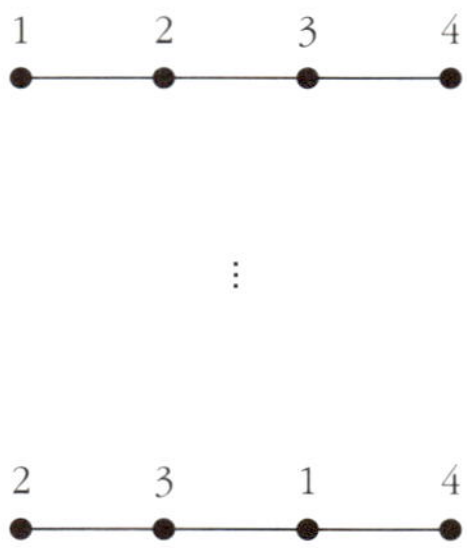 | 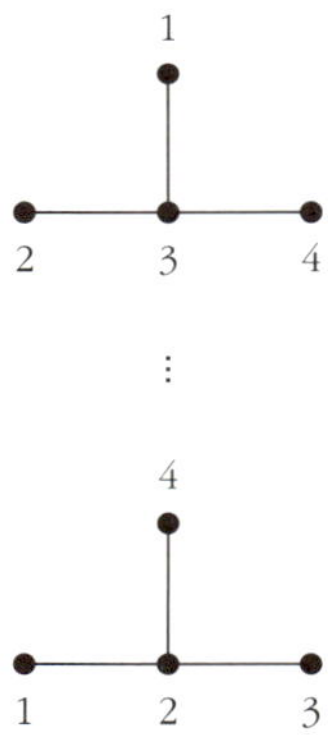 | |
| | 12가지 + | 4가지 = | 총 16가지 $=4^{4-2}$ |

**예 제 5.6.2**

위수 5인 번호없는 수형도는 다음의 3가지로 추정된다. 이 두 유형의 번호없는 수형도로부터 각각 60, 60, 5가지의 번호있는 수형도가 존재함을 계산할 수 있다.(연습문제)
이 결과는 $60+60+5=125=5^{5-2}$이 되어 정리 5.32에 의해 위수 5인 번호없는 수형도가 세 가지 임을 확인할 수 있다.

| | | | | | | |
|---|---|---|---|---|---|---|
| unlabelled |  | | 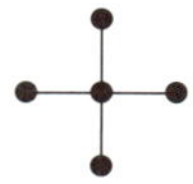 | | 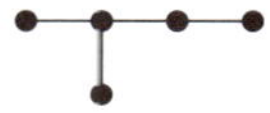 | 3가지 |
| labelled |  | |  | |  | |
| | (5!/2=)<br>60 | + | (5=)<br>5 | + | (5×4!/2=)<br>60 | 총 125가지<br>$=5^{5-2}$ |

## ◆ 확장 수형도(spanning tree)

주어진 그래프의 확장 부분그래프(spanning subgraph) 중에서 수형도를 이루는 확장 부분그래프를 확장 수형도(spanning tree)라 한다. 그래프의 확장 수형도의 존재성은 그래프의 연결성과 다음과 같은 관계가 있다.

**정리 5.33** 그래프 $G$가 연결그래프이기 위한 필요충분조건은 이 그래프가 확장 수형도를 포함하는 것이다.

**| 증 명 |** $G=(V,E)$를 단순그래프라고 하자. 먼저 $G$에 사이클이 존재하지 않으면, $G$은 수형도이므로 $G$는 자기자신을 확장 수형도로 갖는다.
다음으로, $G$에 사이클이 존재한다고 가정하고

$$v_1, v_2, \cdots v_k, v_1$$

을 $G$의 한 사이클이라고 하자. 이 때, $e = v_1v_2$이라 하고 $E_1 = E - e$이라고 하면, 그래프 $G$에서 꼭지점은 그대로 둔 채 모서리 $e$만을 제거하여 얻은 부분그래프 $G_1 = (V, E_1)$는 연결그래프이고 또 사이클 $v_1, v_2, \cdots, v_k, v_1$을 포함하지 않는다.
이와 같이 $G$에서 꼭지점은 모두 그대로 둔 채 사이클을 모두 제거하여 얻은 부분그래프 $G' = (V, E')$는 수형도이고, $V(G') = V(G)$이므로, $G'$은 $G$의 확장 수형도이다.

위에서 보다시피 정리 5.33는 연결그래프이기위한 필요충분조건으로 확장수형도의 존재성을 제시하고 있다. 하지만 정리 5.33의 증명을 보면, 확장 수형도의 존재는 대상으로 하고 있는 연결그래프가 단순그래프가 아닌 다중그래프에서도 성립함을 쉽게 알 수 있다. 왜냐하면 주어진 다중그래프에서 루프와 다중선을 제거하여 정리 5.33의 대전제가 되는 단순그래프를 얻을 수 있기 때문이다.

**예 제 5.6.3** 주어진 그래프의 확장 수형의 예로서, 5×5바둑판 모양의 그래프(5×5 '격자'(grid)라 부른다)의 확장 수형도는 다음과 같은 굵은 선으로 제시된다.

그림 5.40 **5×5격자의 확장수형도**

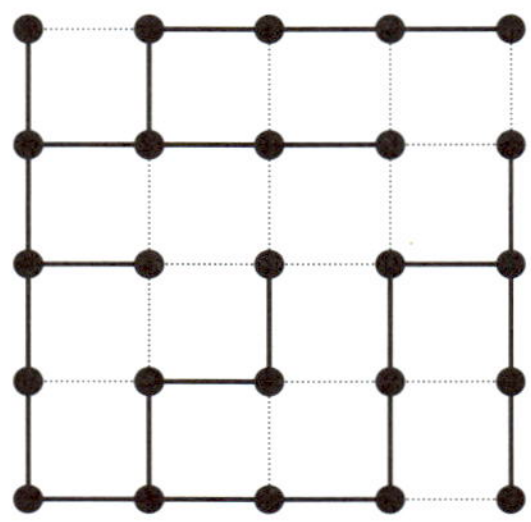

이제 그래프의 각 선에 가중치라고 불리는 일종의 길이 계념을 부여한 다음과 같은 그래프를 정의하자.

정의 5.34 (1) 그래프 $G$가 주어졌을 때 $G$의 각 선에 양의 정수를 대응시키는 함수 $w : E(G) \rightarrow \mathbb{Z}^+$를 **가중치 함수(weight function)**라 한다. 또한 가중치 함수가 주어진 그래프 $G$를 **가중치 그래프(weighted graph)**라 한다.

(2) **연결 가중치 그래프(connected weighted graph)** $G$가 주어졌을 때 $G$의 확장 수형도(spanning tree) 중에서 각 선의 가중치를 모두 더한 값이 제일 작은 확장 수형도(spanning tree)를 **최소 가중치 확장 수형도(minimum weight spanning tree)**라 한다.

주어진 그래프의 최소 가중치 확장 수형도를 구하는 문제는 매우 실용적이다. 이 문제는 최소 연결 문제(Minimum connector)라고 부르고 그 선의 가중치의 총합을 '최소 연결 길이'라 한다. 다음은 주어진 연결가중치그래프에서 최소 연결 문제를 푸는 비교적 단순한 알고리즘인 크루스칼 알고리즘을 소개한다.

알고리즘 5.35

**(크루스칼(Kruskal) 알고리즘)**

주어진 연결 가중치 그래프 $G(V,\ E)$에 대하여 다음 절차에 따라 최소 가중치 확장 수형도(minimum weight spanning tree)를 찾는다.

**단계 (1)** $Temp \leftarrow E$ 라고 하자.

**단계 (2)** $Temp$에서 가장 작은 가중치를 갖는 선 $e$을 택하고 $Temp \leftarrow Temp - \{e\}$라고 하자.

**단계 (3)** $Temp$의 선 중에서 가장 가중치가 가장 낮고 이미 택하여진 선과 어떤 사이클도 만들지 않는 선 $e$를 택하고
$Temp \leftarrow Temp - \{e\}$라고 하자.

**단계 (4)** 이미 선택된 선들을 연결하여 $G$의 확장수형도가 되면 멈춘다. 그렇지 않으면 단계 (3)를 반복한다.

다음은 지역 근거리 정보 통신망(LAN)을 경제적으로 구축하는 사업에 최소 연결 문제를 적용한 예를 든 것이다.

**예 제 5.6.4**

우리나라 서해에 있는 대연평도, 주문도, 자월도, 대이작도, 덕적도, 백야도, 이렇게 6개의 섬(그림 5.41)을 연결하는 해저 광케이블 공사를 하려고 한다. 해저게 광케이블을 설치하는 공사는 바다에서 진행되는 작업이기 때문에 공사 거리에 따라 비용의 차이가 엄청나다. 따라서 가능하

면 가장 짧은 거리가 되도록 해저 광케이블을 설치하는 것이 경제적으로 이롭다. 이제 6개의 섬을 연결하는 최단 거리의 그래프를 크루스칼 알고리즘을 이용하여 구해보자.

| 풀 이 | 해저 광케이블 공사 지역의 지도는 다음과 같다.

그림 5.41 **광케이블을 연결할 섬들**

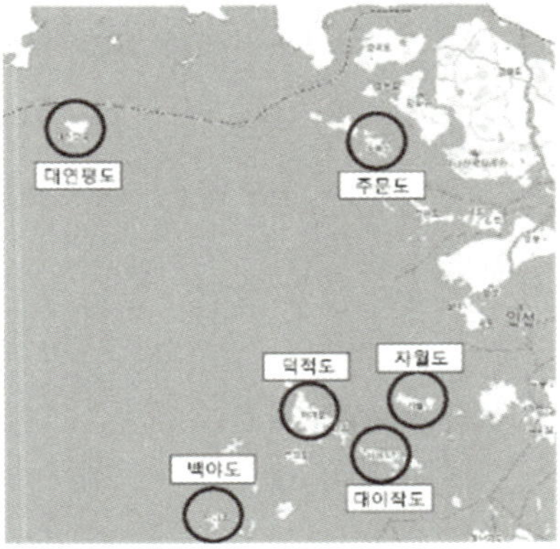


각 섬 간의 거리는 아래 표와 같다.

표 5.42 **각 섬 간의 거리 테이블**

| 단위 km | 대연평도 | 주문도 | 덕적도 | 백야도 | 자월도 | 대이작도 |
|---|---|---|---|---|---|---|
| 대연평도 | 0 | 46 | 60 | 69 | 71 | 72 |
| 주문도 | 46 | 0 | 49 | 67 | 45 | 51 |
| 덕적도 | 60 | 49 | 0 | 23 | 18 | 14 |
| 백야도 | 69 | 67 | 23 | 0 | 38 | 29 |
| 자월도 | 71 | 45 | 18 | 38 | 0 | 10 |
| 대이작도 | 72 | 51 | 14 | 29 | 10 | 0 |

크루스칼 알고리즘(Kruskal's algorithm)를 다음 순서대로 적용한다.

**단계 1** 거리가 가장 가까운 두 섬을

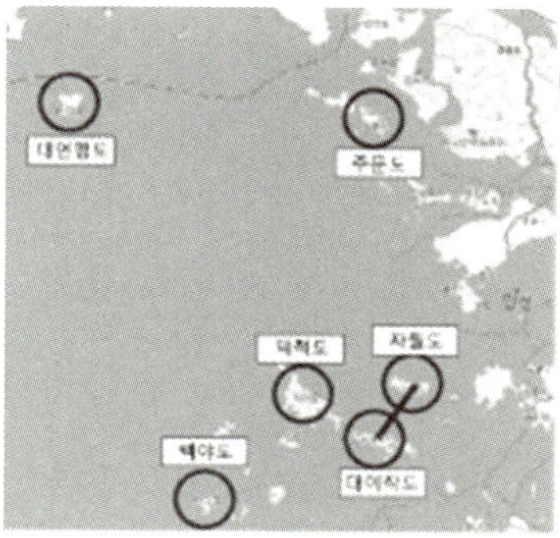


선택 : 대이작도-자월도(10km)

**단계 1-1** 다음 단계 진행

그림 5.42-1 **초기선택**

**단계 2** 이미 선택된 섬들을 제오 하고, 남은 섬들 중

거리가 가장 가까운 두 섬을 선택

대이작도-덕적도(14km)

**단계 2-1** 선택된 섬들이 사이클을 만드는지 확인

⇒ 사이클이 없다

⇒ 선택한다

**단계 2-2** 모든 섬이 선택되었는지 확인

⇒ 아직 아니다

⇒ 다음 단계 진행

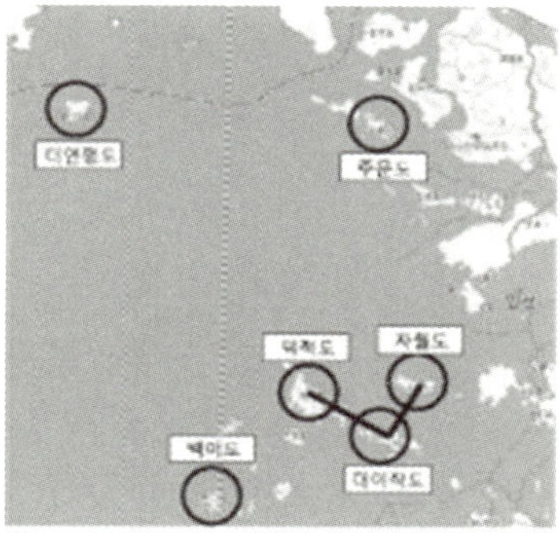


그림 5.42-2

**단계 3** 이미 선택된 섬들을 제외하고, 남은 섬들 중

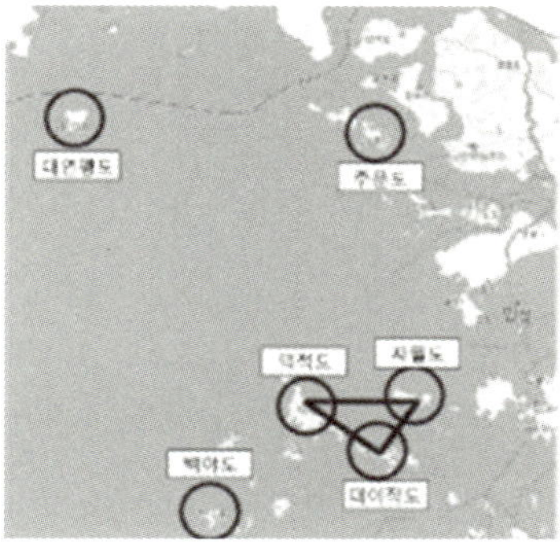


거리가 가장 가까운 두 섬을 선택

자월도-덕적도(13km)

**단계 3-1** 선택된 섬들이 사이클을 만드는지 확인

⇒ 사이클이 있다:

자월도-덕적도-대이작도-자월도

⇒ 최근 선택을 버린다.

그림 5.42-3

**단계 3-2** 이미 선택된 섬들을 제외하고, 남은 섬들 중 거리가 가장 가까운 두 섬을 선택
백야도-덕적도 (23km)

**단계 3-3** 선택된 섬들이 사이클을 만드는지 확인
⇒ 사이클이 없다.

**단계 3-4** 모든 섬이 선택되었는지 확인
⇒ 아직 아니다. ⇒ 다음 단계 진행

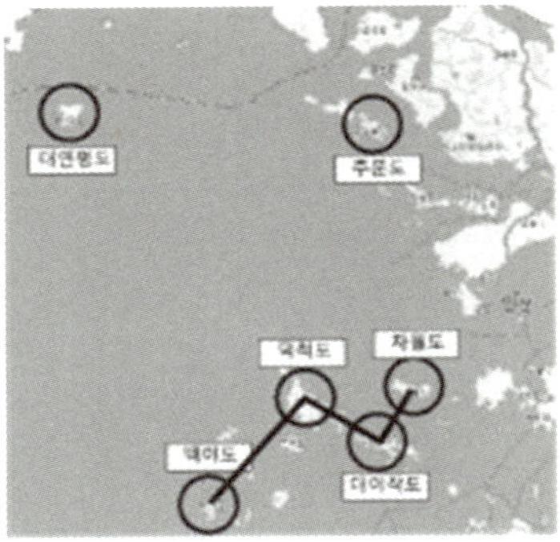

그림 5.42-4

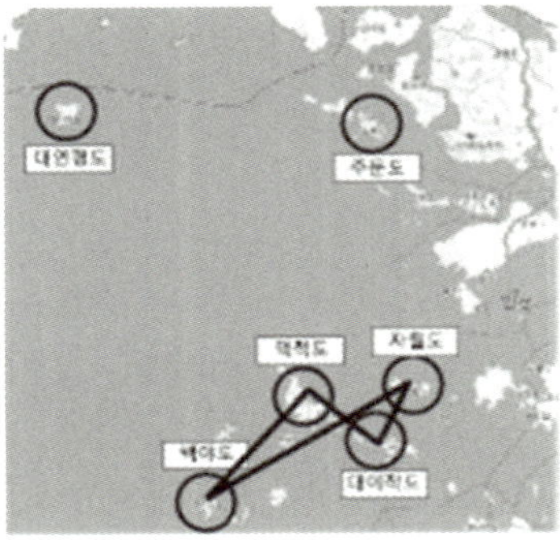

그림 5.42-5 **사이클 생성**

**단계 4** 이미 선택된 섬들을 제외하고, 남은 섬들 중 거리가 가장 가까운 두 섬을 선택 : 백야도-자월도 (38km)

**단계 4-1** 선택된 섬들이 사이클을 만드는지 확인
⇒ 사이클이 있다.
자월도-덕적도-대이작도-자월도-백야도
⇒ 최근 선택을 버린다.

**단계 3-2** 이미 선택된 섬들을 제외하고, 남은 섬들 중 거리가 가장 가까운 두 섬을 선택 : 자월도-주문도 (23km)

**단계 4-3** 선택된 섬들이 사이클을 만드는지 확인
⇒ 사이클이 없다.

**단계 4-4** 모든 섬이 선택되었는지 확인
⇒ 아직 아니다. ⇒ 다음 단계 진행

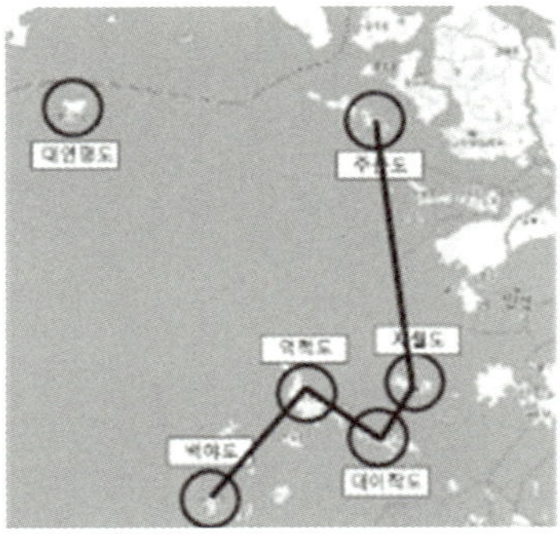

그림 5.42-6 **단계 4의 결과**

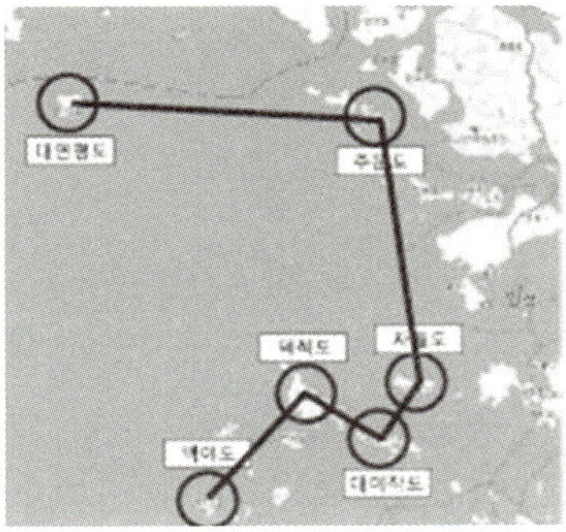

5.42-7 **단계 5의 결과**

**단계 5** 이미 선택된 섬들을 제외하고, 남은 섬들 중 거리가 가장 가까운 두 섬을 선택 : 주문도-대연평도 (46km)

**단계 5-1** 선택된 섬들이 사이클을 만드는지 확인
⇒ 사이클이 없다.

**단계 5-2** 모든 섬이 선택되었는지 확인
⇒ 모든 섬이 선택되었다. : 대연평도-주문도-자월도-대이작도-덕적도-백야도 (총 138km)

대체 6알고리즘을 마친다.

위의 과정을 통해 구해진 그래프 (그림 5.42-7)은 6개의 섬을 연결하는 최단 거리의 그래프이고, 이때 최소 연결 길이는 그래프의 각 선의 가중치의 총합인 138km이다.

# 5.7 수형도의 검색과 배열

수형도의 대표적인 응용으로 **검색**(searching)과 **배열**(sorting)을 들 수 있다. 이들을 설명하기 위하여 필요한 정의에 관하여 살펴보기로 하자.

주어진 수형도에 대하여 근(根)수형도란, 한 점을 선택하여 그 점을 잡아 올린다고 상상했을 때 생기는 형태의 수형도를 뜻한다. 특히 이때 선택된 점을 근수형도의 근점(根點) 혹은 뿌리점이라고 한다. 근수형도는 집안의 족보를 연상하여 생각할 수 있다. 근수형도의 한 점 $u$로부터 뻗어 나온 점들을 그 점의 **아들점**(son)이라 하고 $u$를 **부모점**(parents)이라 한다. 그리고 $u$로부터 나온 모든 점들을 $u$의 **자손**(descendant)점이라 하자. 또한 한 점 $u$의 뿌리점 방향으로 있는 모든 점을 $u$의 **조상**(ancestor)점이라 한다. 부모가 같은 점들을 서로 **형제점**(sibling)이라 한다.

주어진 근수형도에 관하여 뿌리로부터 수형도의 끝점까지의 선의 개수의 최댓값을 그 **수형도의 높이**(height)라 하고, 근수형도의 한 점의 뿌리로부터의 거리를 그 점의 **계급**(level)이라고 한다.

다음 예제를 통하여 위에서 정의한 수형도에 관한 여러 가지 용어에 관하여 숙달해 보기로 하자.

**예제 5.7.1**

그림 5.44은 왼편의 수형도 $T$의 근수형도를 나타낸 것이다. 위의 정의된 용어를 $T$에 적용하면 다음과 같다.

(1) 오른편 그림으로 주어진 $T$의 근수형도의 뿌리점은 $k$이다.
(2) 점 $g$의 아들점은 $a$, $b$, $c$, 부모점은 $k$이다.
(3) 점 $d$의 조상점은 $h$, $k$이며 형제점은 $e$이다.
(4) 근수형도의 높이는 2이고, 점 $g$와 $h$의 계급은 1이다.

그림 5.43 **수형도 $T$**

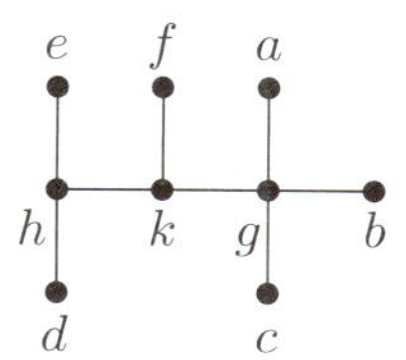


그림 5.44 **뿌리점이 $k$인 $T$의 근수형도**

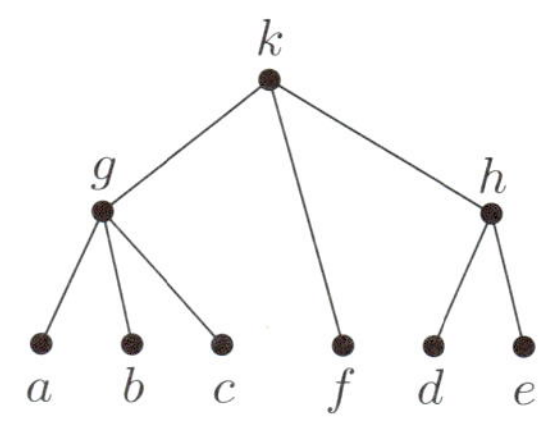

가장 간단한 구조의 근수형도(뿌리수형도)로 이진 수형도(binary tree)를 들 수 있다. 이진 수형도는 각 점의 아들점이 2개 이하인 근수형도를 뜻한다. 임의의 점의 아들점이 0개이거나 2개인 이진 수형도를 **완전 이진 수형도**(complete binary tree)라 한다.

이제 이진 수형도의 여러 가지 성질에 관하여 살펴보도록 하자.

정리 5.36 완전 이진 수형도 $T$가 끝점이 아닌 $k$개의 내부점을 가지면 $T$는 $k+1$개의 끝점을 가진다. 결과적으로, $T$는 $2k+1$개의 점을 가진다는 사실을 의미한다.

| 증 명 | $T$의 각 점은 어떤 부모의 아들점들의 집합과 누구의 아들도 아닌 점들의 집합으로 분할된다. 한편, 끝점이 아닌 $k$개의 내부점은 $2k$개의 아들점이 존재함을 뜻하고 아들점이 아닌 점은 뿌리점이 유일하다. 따라서 $T$의 점의 개수는 $2k$개의 아들점과 한 개의 뿌리점의 합이다. 즉, $2k+1$개다. 또한 $T$는 $k$개의 내부점을 가지므로 $(2k+1)-k=k+1$개의 끝점을 갖는다.

위의 정리에 의해 완전 이진 수형도 $T$가 $t$개의 끝점을 가진다면 $T$는 $2t-1$개의 점을가진다. 이런 사실을 높이가 $h$인 일반 이진수형도에 적용하면 다음과 같은 결과를 쉽게 얻을 수 있다.

정리 5.37 높이가 $h$인 이진수형도 $T$에 관하여 다음이 성립한다.
(1) $T$가 $t$개의 끝점을 가지면 $\log_2 t \le h$이다.
(2) $T$의 위수가 $n$이면 $n \le 2^{h+1}-1$이다.
(3) $T$는 많아야 2개의 끝점을 갖는다.

| 증 명 | (2)의 경우, $n \le 2^0+2^1+\cdots+2^h = \dfrac{2^{h+1}-1}{2-1}$이므로 당연하다.

위의 정리에서 $n \le \dfrac{2^{h+1}-1}{2-1}$을 $h$에 관해 정리하면 다음 따름 정리를 얻는다.

따름정리 5.38 위수 $n$ 의 이진수형도의 최소 높이는 $\lfloor \log_2(n+1) \rfloor - 1$ 이다.

이제 검색과 배열에 관하여 알아보고 그 응용에 관하여 살펴보자.

## 검색(searching)

이진 수형도(Binary tree)의 점들에 번호를 매길 때 부모점보다 작은 번호를 왼쪽 아들점에게, 부모점보다 높은 번호는 오른 쪽 아들점에게 부여하는 수형도를 이진 검색 수형도(Binary search tree)라고 한다. 자료를 저장할 때 저장된 자료의 구조가 이진검색수형도를 이루면, 저장된 자료에서 필요한 자료를 검색할 때 효과적으로 검색할 수 있다. 이렇게 이진검색수형도의 형태로 자료를 저장하는 알고리즘은 다음과 같다.

알고리즘 5.39 **(이진검색(Binary search)**을 위한 자료 저장 알고리즘)

$T$ : 이진 수형도

$x_i$ : 자료($i = 1,\ 2,\ \cdots,\ n$)

$v$ : 임시 저장 공간

**단계 (1)** $T$ 의 뿌리점에 $x_1$을 지정하자 그리고, $v \leftarrow x_1$ 이라고 하자.

**단계 (2)** $i = 2$이라 하고, $i \leq n$이라면 다음을 반복하고 $i > n$이면 작업을 종료한다.

**단계 (2-1)** $v \leq x_i$이면

만약 $v$의 오른쪽 아들점이 있으면 다음과 같다고 하자.

$v \leftarrow$ [$v$의 오른쪽 아들점]

그렇지 않으면 다음과 같다고 하자.

[$v$의 오른쪽 아들점] $\leftarrow v$

$v > x_i$이면,

만약 $v$의 왼쪽 아들점이 있으면 다음과 같다고 하자.

$v \leftarrow$ [$v$의 왼쪽 아들점]

그렇지 않으면 다음과 같다고 하자.

[$v$의 왼쪽 아들점] $\leftarrow x_i$

**단계 (2-2)** $v$가 끝점이면 $i \leftarrow i+1$이라 하고 단계 [2]를 다시 수행하고, 그렇지 않으면 **단계 (2-1)**을 다시 수행한다.

**예 제 5.7.2**

이진검색을 위한 자료 저장 알고리즘에 의해 다음 순서에 따라 저장되는 검색 수형도는 그림 5.45와 같다.

정수론 → 집합론 → 수리논리 → 알고리즘
→ 수열 → 점화식 → 셈 → 그래프

그림 5.45 **이진 검색 수형도**

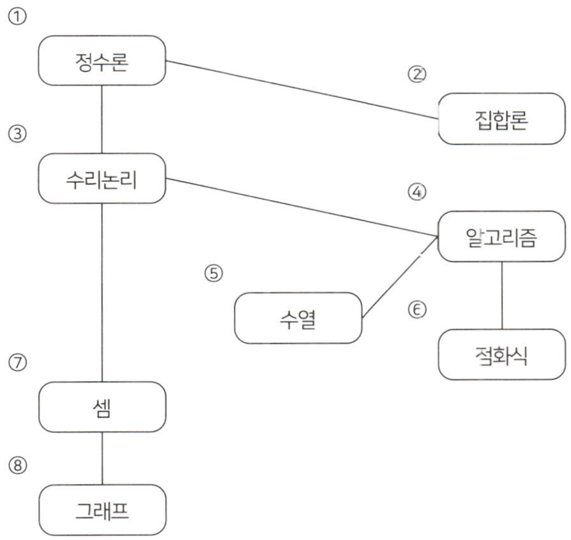


임의의 실수 $a$에 관하여 $\lceil a \rceil$를 $a$와 같거나 큰 최소 정수를 나타내기로 하고, $\lfloor a \rfloor$를 $a$와 같거나 작은 최대 정수로 표시하면 다음과 같이 이항 탐색 수형도를 이용한 검색 알고리즘의 계산 복잡도를 구할 수 있다.

따름정리 5.40 이항 탐색 수형도를 이용한 검색(searching) 프로그램 알고리듬의 **계산 복잡도는 (computational complexity)**는 $\lfloor \log_2(n+1) \rfloor$이다.

## ◆ 배열(sorting)

이진수형도에 순서 분류 규칙을 적용한 수형도를 선택 수형도 또는 결정 수형도(decision tree)라고 한다. 결정 수형도의 각 점들은 판별하는 질문이 되고, "예"이면 왼쪽 아들점으로, "아니오"이면 오른 쪽 아들점으로 간다.

결정 수형도는 어떠한 질문에 대한 모든 가능한 질문을 이진 수형도 형태로 배열하여 질문에 대한 답을 구할 때 사용한다. 그림 5.46은 $a, b, c$ 세 수의 크기를 묻는 질문에 대한 답을 구하는 알고리즘을 나타낸 것이다.

이때, $n$개의 대상을 정렬하는 방법에는 $n!$개의 정렬 순서가 있으므로 적어도 $n$개의 대상을 정렬하는 결정 수형도는 $n!$개의 끝점을 갖는다. 그래서 그림 5.46의 결정수형도는 $\{a,\ b,\ c\}$의 원소의 크기순서가 될 수 있는 경우가 모두 $3! = 6$ 가지이므로 6개의 끝점을 가지고 있다.

그림 5.46

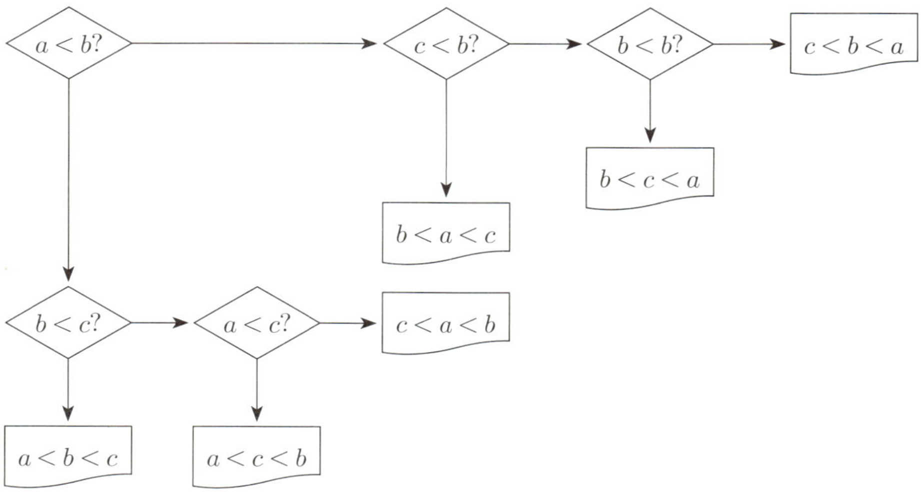

다음 정리는 위 배열 알고리즘의 수행 횟수에 관하여 설명하고 있다.

정리 5.41 $p \geq 4$개의 대상을 두 개씩 비교하는 어떠한 알고리듬도 최악의 경우에 적어도 $cp \log_2 p$번의 비교를 수행한다. 여기서 $c$는 양의 상수이다.

| 증 명 | 적어도 $p!$개의 끝점이 있으므로 수형도의 높이 $h$는 적어도 $\log_2 p!$이다.

$$p! \geq p(p-!)(p-2)\cdots\left(\left|\frac{p}{2}\right|\right) \geq \left(\frac{p}{2}\right)^{p/2}$$

또한, $p \geq 4$에 대하여 $\log_2 p \geq 2$이므로 다음이 성립한다.

$$\frac{\log_2\left(\frac{p}{2}\right)}{2} \geq \frac{\log_2 p}{4}$$

따라서 다음과 같은 결과를 얻는다.

$$\log_2 p! \geq \frac{p}{2}\log_2\left(\frac{p}{2}\right) \geq \frac{p}{4}\log_2 p = \frac{1}{4}p\log_2 p$$

일반적으로 소팅(sorting)이라 알려진 배열은 주어진 데이터를 순서(대소 관계)에 따라 일렬로 정리하는 작업을 뜻한다. 이에 관한 대표적인 알고리즘을 소개하면 다음과 같다. 이때, 버블 알고리즘의 시간 복잡도는 $\frac{p(p-1)}{2}$이다.

알고리즘 5.42 **<알고리즘 : Bubble Sort>**

입력 : $p$개의 원소를 갖는 리스트 $a_1, a_2, \cdots, a_r$.

출력 : 크기 순서로 나열된 리스트(작은 것 먼저.)

**단계 (1)** $m \leftarrow p-1$이라 놓는다.

**단계 (2)** $i = 1, 2, \cdots, m$에 대해서 $a_i > a_{i+1}$이면 $a_i$와 $a_{i+1}$의 순서를 바꾼다.

**단계 (3)** $m \leftarrow m-1$이라 놓고 $m = 0$이면 재배열된 $a_i$들은 모두 크기 순서대로 배열되었으므로 멈춘다. 그렇지 않으면 단계 [2]로 돌아간다.

# 5.8 그래프 이론의 중요 문제들

## ◆ 오일러 그래프

오일러는 당시 쾨니히스베르크에 있었던 7개의 다리를 한 번 씩 모두 건널 수 있는 경로가 있겠는가에 관해서 문제를 제시했고 이것이 그래프 이론의 창시가 되었다. 이제 오일러의 문제에 조금 더 조건을 부여하여 모든 다리를 한 번씩 건너서 다시 제자리로 돌아오는 경로에 관하여 다음과 같이 정의하자.

정의 5.43 **(오일러 산책로와 회로(circuit))**
(1) 그래프 $G$의 모든 선을 지나는 산책로(trail)을 오일러 산책로라 한다.
(2) 그래프 $G$의 모든 선을 지나는 순환산책로를 오일러 회로라 한다.
(3) 그래프가 오일러 회로를 포함하면 그 그래프를 오일러 그래프라 한다.

원래 제시되었던 **쾨니히스베르크의 다리** 문제는 오일러 산책로을 찾는 문제에 해당한다. 이제 오일러에 의해 알려졌고 1873년 **하이어홀저**(Hierholzer)에 의해 증명된 어떤 그래프가 오일러 그래프이기 위한 필요충분조건에 관하여 알아보자.

정리 5.44 그래프 $G$가 오일러 그래프이기 위한 필요충분조건은 $G$는 각 점의 차수가 짝수인 연결 그래프다.

| 증 명 | 먼저 $G$가 오일러 회로를 가지면 이는 모든 선를 통과해야 하므로 $G$는 연결 그래프여야 한다. 또한 각 산책로의 위의 점은 경로의 시점과 종점이 동시에 되어야 하므로 그 차수는 짝수여야 한다. (즉 어떤 한 점에 관하여서도 경로는 들어와야 하며 동시에 빠져나가야 한다.)반대로 그래프 $G$가 연결되었으며 모든 점에서 차수가 짝수라 가정하자. 이제 그래프의 한 점 $x$에서 시작하여 더 이상 경로를 그릴 수 없을 때까지 경로를 진행시킨다. 이 그래프의 각점에서의 차수는 짝수이므로 이런 경로의 끝점은 반드시 $x$가 될 것이다. 즉 하나의 회로가 된다. 이 회로가 지나지 않은 선이 있다면 그 위의 점 $y$에서 시작하여 위와 같은 과정에 의하여 경로를 만들면 결국은 $y$를 끝점으로 하는 또 하나의 회로가 생겨나게 된다.
이 동작을 반복하면 우리는 유한개의 회로를 갖게 된다. 마지막으로 이 그래프는 연결 그래프이므로 서로 다른 회로를 연결시키는 경로가 존재할 것이며 또한 그래프 $G$는 모든 점에서 차수가

짝수이므로 이런 경로는 갔다가 올 수 있는 또 하나의 회로가 된다. 따라서 주어진 두 회로와 연결회로 등 세 회로를 합하는 또 하나의 큰 회로를 얻을 수 있다. 귀납적으로 이런 방법을 반복하면 그래프 $G$는 오일러 회로를 가지게 된다.

위의 정리의 증명으로부터 다음 결과가 자연스럽게 유도될 수 있다.

정리 5.45 $G$를 연결 그래프라 하자. $G$가 오일러 그래프이기 위한 필요 충분 조건은
(1) $E(G) = E_1 \cup E_2 \cup \cdots \cup E_k,\ E_i \cap E_j = \varnothing,\ 1 \le i,\ j \le k$이고
(2) 모든 $i$에 대하여 $\langle E_i \rangle$는 사이클이다.

위수에 대한 연결오일러그래프의 개수에 대한 일반항이나 점화식은 알려지지 않고 있다. $n \le 60$의 위수를 가진 오일러그래프의 개수는 다음 참고문헌을 참조하기 바란다.

**예제 5.8.1** 작은 위수에 대한 연결오일러그래프의 리스트는 다음과 같다.(여기서 $e_n$은 위수 $n$인 연결오일러그래프의 개수를 의미한다.)

표 5.47 **위수 $n = 3, 4, 5, 6$에 따른 연결오일러그래프**

| $n=3$ | $n=4$ | $n=5$ | $n=6$ | $\cdots$ |
|---|---|---|---|---|

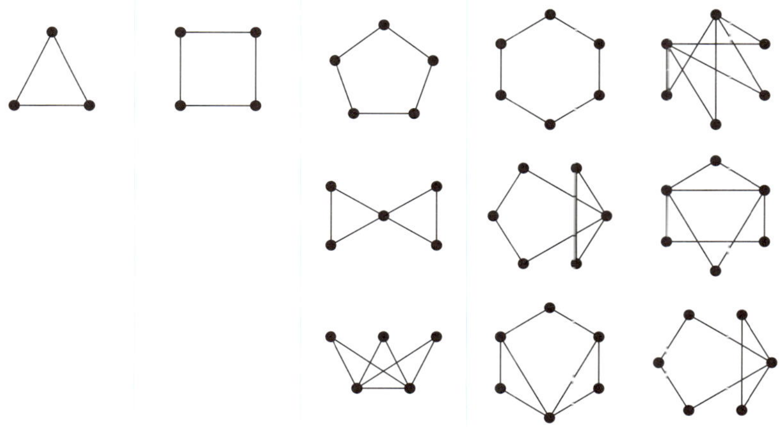

$\cdots$

| | | | |
|---|---|---|---|
| | | 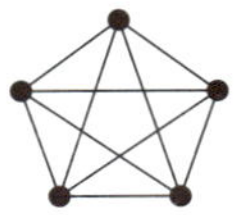 | 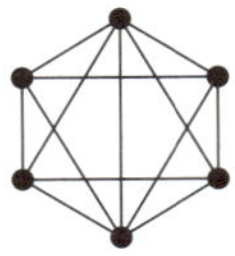 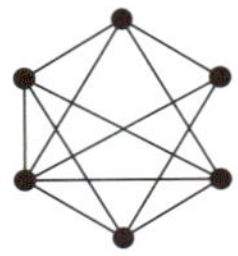 |
| $e_3 = 1$ | $e_4 = 1$ | $e_5 = 4$ | $e_6 = 8$ |

(참고문헌 [6] 참조)

## ◆ 해밀턴그래프와 TSP

1857년 해밀턴은 다음과 같은 질문을 하였다. '한 점을 출발하여 모든 점들을 한번 씩 통과하여 다시 출발점으로 돌아올 수 있는가?'이 문제는 1855년 토마스 커크만(Thomas Kirkman)이 먼저 제시하였으나 일반적으로 해밀턴의 이름으로 명명되었다.

구체적으로 정의하면, $G$의 모든 점들을 포함하는 사이클을 해밀턴 사이클이라 하며, 해밀턴 사이클을 가지고 있는 그래프 $G$를 해밀턴 그래프라 부른다. 해밀턴 사이클은 모든 선들을 포함할 필요가 없음에 유의하도록 하자.

정의 5.46 **(해밀턴사이클과 해밀턴그래프(Hamiltonian cycles/graphs)**

(1) 그래프 $G$의 모든 점을 지나는 경로(path)를 **해밀턴경로**라 한다.

(2) 그래프 $G$의 모든 점을 지나는 사이클을 해밀턴사이클이라 한다.

(3) 그래프가 해밀턴사이클을 포함하면 이를 해밀턴그래프라 한다.

**예 제 5.8.2**

작은 위수에 대한 해밀턴그래프의 리스트는 다음과 같다.(여기서 $h_n$은 위수 $n$인 해밀턴그래프의 개수를 의미한다.)

표 5.48 **위수 $n = 3, 4, 5$에 따른 해밀턴그래프**

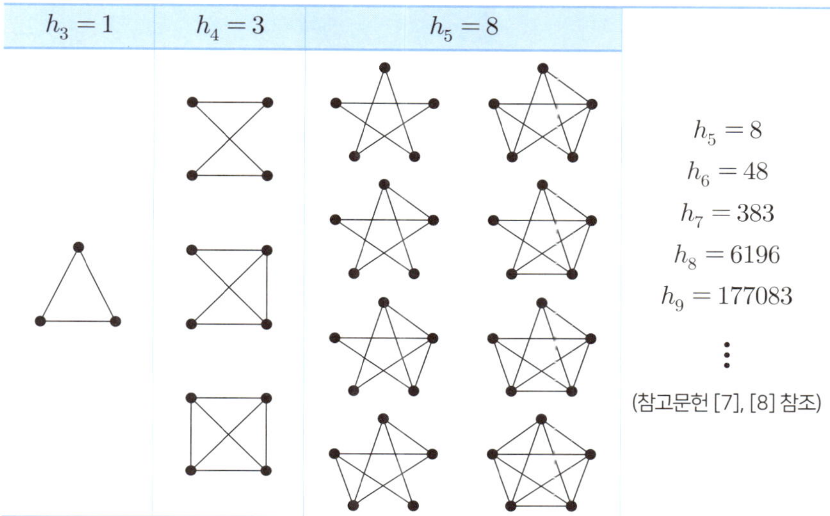


가중치 완전 그래프 $K_n$에서 가중치의 총합이 최소인 해밀턴 사이클을 찾는 문제를 TSP(세일즈맨의 여행 문제, traveling salesman problem)라고 한다. 5.6절의 보기 1에는 서해안 여섯 섬에 관한 거리 정보가 제시되어있다. TSP를 이 경우에 적용하면, 이들 섬을 운항하는 우편 운송선을 생각할 수 있다. 정기적으로 여섯 군데 섬을 모두 한 번씩 방문하여 우편물을 배달하고 수령하는 우편 수송선의 경우, 연료를 가장 적게 소모하면서도 임무를 수행할 수 있는 경제적인 닫힌 항로를 개발해야만 할 것이다. 이 예와 같은 실제적인 효율성 덕분에 TSP는 경제와 사회 각 분야에서 그 해법을 요구하고 있다. 하지만 최소 연결 문제와는 달리 TSP는 그 문제의 복잡도가 NP-Complete 계열에 속하는 매우 어려운 문제로 알려져 있다.

**예 제 5.8.3**

(1) 그림과 같이 가로 5 세로 5의 단위길이가 1인 격자 위에 25개의 점이 있다. TSP에 따라 모든 점을 한 번씩 지나 제자리로 돌아오는 해밀턴사이클의 유클리드 길이의 최소값은 오른편의 사이클의 길이인 $24+\sqrt{2}$ 이다.

(2) 이 문제를 일반화하여 단위길이가 1인 $m \times n$ 격자위에 놓여있는 $mn$개의 점을 모두 한 번씩 지나 제자리로 돌아오는 해밀턴사이클의 유클리드 길이의 최소값을 구하라. (연습문제)

그림 5.49

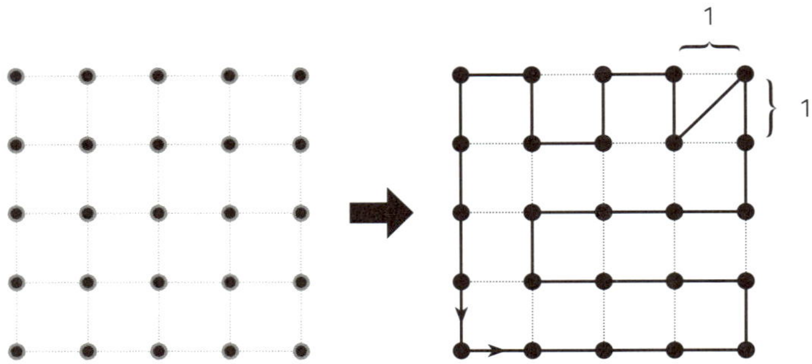


## ◆ 평면 그래프

선들이 서로 겹치지 않게 평면 위에 그릴 수 있는 그래프를 평면적 그래프(planar graph)라 한다. 또한 그래프가 평면에 그려져 있을 때 그 그래프를 평면 그래프(plane graph)라 한다. 이 책에서는 혼돈의 여지가 없는 한 위의 두 그래프를 평면 그래프라 부르도록 한다. 평면 그래프에서 면(face)을 선으로 둘러 싸여진 부분이라고 정의하면 다음의 오일러 공식을 얻을 수 있다.

정리 5.47 (오일러의 공식, Euler's Formula)
$G$가 연결 평면 그래프이고 $n$개의 점과 $m$개의 선과 $f$개의 면을 갖는다면 이들 변수 사이에 다음과 같은 등식이 성립한다.

$$n-m+f=2$$

위의 오일러의 공식을 이용하여 주어진 그래프가 평면 그래프인지에 관하여 판정할 수도 있다.

**예 제 5.8.4**

3×3 완전 이분 그래프는 평면 그래프가 아니다. 왜냐 하면 $B_{3,\ 3}$가 평면 그래프라 가정하면, 각 면(face)은 4개의 선으로 이루어져 있으므로 전체 개수는 $4f$이고 이는 전체 선의 개수보다 클 수 없으므로 $4f\ \leq 2m$이다. 오일러의 공식에 의하여 주어진 그래프의 변수는 $n-m+f=2$을 만족시키므로 다음이 성립한다.

$$4f = 4(m-n+2) \leq 2m$$

하지만 $m=9$이고 $n=6$이므로 $2m \geq 4(9-6-2)=20$이다. 그러므로 $m \geq 10$이다. 하지만 $m=9$이라는 가정에 모순이다.

주어진 그래프 $G$에서 $v \in V(G)$라 하자. 이때, $\deg v = 2$이고 $w_1v,\ vw_2 \in E(G)$라 가정하면, 다음과 같이 정의되는 그래프 $G'$을 $G$로부터 $v$를 축소(reduction)한 그래프라 한다.

$$V(G') = V(G) - \{v\},\ E(G') = E(G) - \{w_1v,\ w_2v\} \cup \{w_1w_2\}$$

또한, 그래프 축소와 반대 개념으로 주어진 그래프의 확장(expansion)을 들 수 있다. 즉, 그래프 $G$의 선 $e=uv$대신에 차수가 2인 새로운 점 $w$와 이에 연결된 2개의 선 $uw$와 $wv$를 $E(G)$에 추가하여 만들어진 그래프 $G'$을 $G$로부터 $v$를 확장(expansion)한 그래프라 한다. 이런 추가와 확장은 주어진 그래프에 관한 연산으로 생각할 수 있으며, 이런 의미에서 각각 축소연산 또는 확장연산으로 불린다.

한 그래프의 **기본 분할**(elementary subdivision)이란, 확장연산을 한번 실행하여 얻어진 그래프를 말한다. **분할**(subdivision)이란 연속적인 확장 연산으로 얻어진 그래프를 말한다. 특히, 확장연산이 한 번도 행해지지 않은 그래프 또한 주어진 그래프의 분할이라 한다. 다음은 평면 그래프와 분할 사이의 관계에 관하여 설명하고 있다.

정리 5.48 그래프가 평면 그래프일 필요 충분 조건은 이 그래프가 $K_5$나 $K_{3,3}$의 분할 그래프를 부분그래프로 갖지 않는 것이다.

현대 정보화 산업시대에 필수적인 그래프 이론에는 위에서 개요가 설명된 문제들 이외에도 컬러링, 램지이론, 네트워킹과 같은 첨단의 문제들이 산재해 있고, 그들 이론이나 문제의 해법은 날로 발전해 가고 있다. 또한 그래프 이론은 디자인이론, 유한기하학, 암호학, 순서론(Tjeory of Partially Ordered Sets), 부호론 등의 이산 수학과 순수 수학의 각 분야와 깊은 상호 관계를 이루고 있다. 이런 이유에서 그래프 이론은 이산 수학의 중심적인 위치에서 다양한 분야의 모델링과 최적화 문제에 적용될 수 있는 유용한 도구로 현대 디지털 정보화 사회에서 각광받고 있다.

## ◆ 램지그래프

영국의 천재 수학자 램지가(Frank Plumpton Ramsey, 1903~1930) 남긴 논문이 시초가 되어 에어디쉬(Paul Erdos, 1913~1996)에 의하여 발전된 램지이론에 관하여 살펴보기로 한다. 본 5장의 서문에 남긴 일화를 참조하여 문제의 역사성과 그 개념을 이해하기로 하고, 여기에서는 수학적 정의로 시작하여 낮은 변수에 관한 램지수의 도출에 관한 증명을 하기로 한다.

정의 5.49 **(램지수/Ramsey numbers)**

자연수 $s$와 $t$에 대하여, 램지수 $R(s,t)=r$이란, 위수가 $n$인 임의의 그래프 $G$가 완전그래프 $K_s$ 또는 여완전그래프 $\overline{K}_t$를 반드시 부분 그래프로 갖게 되는 최소 정수 $r$임을 뜻한다. 이를 집합의 용어를 빌어 간단하게 정의하면 다음과 같다.

$\mathbb{G}_n$을 위수가 $n$인 모든 (번호없는)그래프의 집합이라고 할 때,

$$R(s,t)=\min\left\{n\in\mathbb{N} : \forall\, G\in\mathbb{G}_n\ [(K_s\le G)\vee(\overline{K_t}\le G)]\right\}$$

정의에 의하면 가장 간단한 변수 $s=t=2$에 대하여 $R(2,2)=2$임을 쉽게 알 수 있다. 이제, 램지가 16세에 해결했다고 알려진 $R(3,3)=6$임을 증명해보자.

정리 5.50 $R(3,3)=6.$

| 증 명 |

(1) $R(3,3)>5$를 증명하자.

그래프 $C_5$(위수가 5인 사이클그래프)는 $K_3$과 $\overline{K_3}$ 모두를 부분그래프로 포함하지 않으므로 $R(3,3)>5$이다.

(2) $R(3,3)\le 6$을 증명하자.

그래프 $G$를 위수가 6인 그래프라고 하고, $x\in V(G)$라 하자. $|V(G)-\{x\}|=5$이므로 비둘기집의 원리(정리 1.29)에 의하여 $|N(x)|\ge 3$ 혹은 $|\overline{N(x)}|\ge 3$이 성립한다. 일반성을 잃지 않고, $|N(x)|\ge 3$라고 가정하고, 서로 다른 $y,z,w$가 $N(x)$의 원소라고 하자. 그래프 $G$가 $\overline{K_3}$를 포함하지 않는다고 가정하면, $G_{\{y,z,w\}}$는 $\overline{K_3}$가 아니므로 $G_{\{y,z,w\}}$는 적어도 하나의 선을 갖는다. 일반성을 잃지 않고, 그 선을 $yz$이라고 하자. 그러면 $y,z\in N(x)$이므로

$\{yz, xy, xz\} \subset E(G)$이다. 따라서 $G_{\{x,y,z\}}$는 $K_3$를 이루므로 그래프 $G$는 $K_3$를 포함한다.

정리 5.50에서 증명한 $R(3,3)=6$임을 이용하여 $R(3,4)=9$임을 증명하자. 일반적으로 $R(s,t)=r$임을 증명하는 방법은 정리 5.50의 증명에서 보았듯이 다음과 같은 절차에 따른다.

> **(i) 램지그래프의 구현:**
> $K_s$를 포함하거나 $\overline{K_t}$를 포함하는 위수가 $r-1$인 그래프 $G$를 제시함으로서 $R(s,t) > r-1$임을 증명한다. 이 때, 이 그래프 $G$를 $(s,t)$-**램지그래프**라고 부른다.
>
> (ii) $R(s,t) \le r$의 연역적 증명:
> 위수 $r$인 모든 그래프가 $K_s$ 또는 $\overline{K_t}$를 포함함을 연역적으로 증명한다. 위수 $r$인 모든 그래프가 $K_s$ 또는 $\overline{K_t}$를 포함하면 위수가 $r$이상인 모든 그래프도 $K_s$ 또는 $\overline{K_t}$를 포함하기 때문에 이 증명은 $R(s,t) \le r$를 보이기에 충분하다.

이제 위의 단계에 따라 $R(3,4)=9$임을 증명하도록 하자.

정리 5.51 $R(3,4)=9.$

| 증 명 | (1) 아래 방법에 따라 위수 8인 (3,4)-램지그래프를 구현함으로서 $R(3,4) > 8$임을 증명하자. (이 그래프를 **서큘런트 그래프(circulant graph)**라고 한다.)

그림 5.50 **(3,4)-램지그래프**

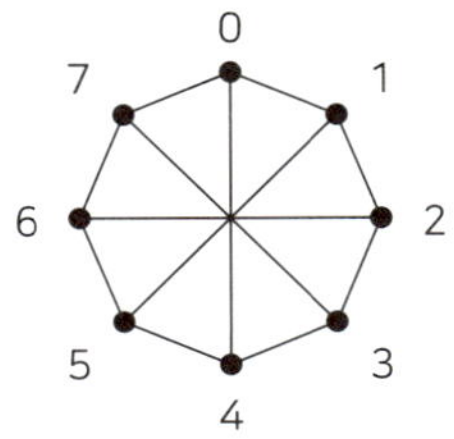


다음 방법에 따라 위수 8인 그래프 $G$를 구현하자.

(i) $V(G)=\{0,1,2,3,4,5,6,7\}$

(ii) $E(G)=\{ij\ :\ |i-j|\equiv 1 \text{ or } 4(\text{mod } 8)\ where\ i,j\in V(G)\}$

이 그래프 $G$의 모서리의 정의에 따라 $G$는 $K_3$와 $\overline{K_4}$를 모두 포함하지 않음을 쉽게 알 수 있다. (연습문제 7) 따라서 $R(3,4)\ \ge\ 9$이다.

그래프 $C_5$(위수가 5인 사이클그래프)는 $K_3$과 $\overline{K_3}$ 모두를 부분그래프로 포함하지 않으므로 $R(3,3)>5$이다.

(2) $R(3,4)\ \le\ 9$임을 증명하자.

그래프 $G$를 위수가 9인 그래프라고 하면 다음의 세 가지 경우 중 하나를 만족시킨다.

(i) $|N(x)|\ \le\ 2$을 만족하는 적당한 $x\in V(G)$가 존재하는 경우.

(ii) $|N(x)|\ \ge\ 4$을 만족하는 적당한 $x\in V(G)$가 존재하는 경우.

(iii) 모든 $x\in V(G)$에 대하여 $|N(x)|=3$인 경우.

각 경우에 대하여 명제가 참임을 증명하자.

(i) $|N(x)|\ \le\ 2$이면 $|\overline{N}(x)|\ \ge\ 6$이다. 이때 $G_{\overline{N}(x)}$는 위수가 6이상인 그래프이고 $R(3,3)=6$ 이므로 그래프 $G_{\overline{N}(x)}$는 $K_3$또는 $\overline{K_3}$를 부분그래프로 포함한다. 그래프 $G_{\overline{N}(x)}$가 $K_3$를 포함하면 그래프 $G$또한 $K_3$를 포함한다. 한편 그래프 $G_{\overline{N}(x)}$가 $\overline{K_3}$를 포함하면 $G_{\overline{N}(x)\cup\{x\}}$는 $\overline{K_4}$를 포함하므로 그래프 $G$ 또한 $\overline{K_4}$를 포함한다. 그러므로 명제는 참이다.

(ii) $|N(x)|\ \ge\ 4$이면 $G_{N(x)}$는 $K_2$를 포함하거나 $\overline{K_4}$를 포함한다. 이 사실은 그래프 $G_{N(x)\cup\{x\}}$가 $K_3$를 포함하거나 $\overline{K_4}$를 포함하는 것을 의미한다. 따라서 그래프 $G$는 $K_3$를 포함하거나 $\overline{K_4}$를 포함한다.

(iii) 모든 $x\in V(G)$에 대하여 $|N(x)|=3$라고 가정하자. 오일러의 그래프 차수에 관한 공식(정리5.6(4))에 따라 $\sum_{v\in V(G)}\deg(v)=2|E(G)|$이므로 $\sum_{v\in V(G)}\deg(v)=\sum_{v\in V(G)}|N(v)|$은 짝수인 반면 이 경우 $\sum_{v\in V(G)}\deg(v)=3\times 7=21$이 되므로 모순이다.

(i), (ii)과 (iii)에 의하여 $R(3,4)\ \le\ 9$이다. 따라서 (1)과 (2)에 의하여 $R(3,4)=9$이다.

정리 5.52 $R(4,4) = 18$.

| 증 명 | (1) 아래 방법에 따라 위수 17인 (4,4)-램지그래프를 구현함으로서 $R(4,4) \geq 18$ 임을 증명하자.

다음 방법에 따라 위수 8인 그래프 $G$를 구현하자.

(i) $V(G) = \{0,1,2,3,4,5,6,7,8,9,10,11,12.13,14,15,16\}$

(ii) $E(G) = \{ij : |i-j| \equiv 2^k (\text{mod } 17),\ \forall k \in \mathbb{N}\ where\ i.j \in V(G)\}$

그림 5.51 (4,4)-램지그래프

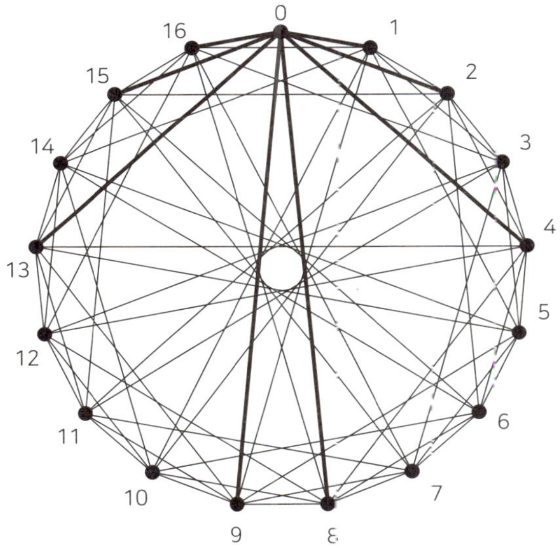


이 그래프 $G$의 모서리의 정의에 따라 $G$는 $K_4$와 $\overline{K_4}$를 모두 포함하지 않는다.(연습문제 8) 따라서 $R(4,4) \geq 18$이다.

(2) $R(4,4) \leq 18$을 증명하자.

그래프 $G$를 위수가 18인 그래프라고 하고, $x \in V(G)$라 하자. $|V(G) - \{x\}| = 17$이므로 비둘기집의 원리(정리 1.29)에 의하여 $|N(x)| \geq 9$ 혹은 $|\overline{N(x)}| \geq 9$가 성립한다. 일반성을 잃지 않고, $|N(x)| \geq 9$라고 가정하면 $R(3,4) = 9$이므로 $G_{N(x)}$는 $K_3$을 부분그래프로 포함하거나 $\overline{K_4}$를 부분그래프로 포함한다. $G_{N(x)}$가 $K_3$을 부분그래프로 포함한다고 가정하고 그 $K_3$를 이루는 점을 $y, z, w \in V(G_{N(x)})$라고 하면 $G_{\{x,y,z,w\}}$는 $K_4$를 이룬다. 그러므로 그래프 $G$는 $K_4$를 부분그래프로 포함한다. $G_{N(x)}$가 $\overline{K_4}$를 부분그래프로 포함하는 경우 그래프 $G$는 $\overline{K_4}$를 부분그래프로 포함한다.

(1)과 (2)에 의하여 $R(4,4)=18$이다.

위의 증명을 살펴보면 램지수의 하한을 구하기 위해서 램지그래프를 구현해야만 한다. 하지만 이를 위한 체계적이고도 대수적인 방법은 아직 밝혀지지 않고 있다. 따라서 컴퓨터의 보다 효율적인 알고리즘을 개발하여 주어진 위수에 대한 모든 그래프가 램지그래프인지 개별적으로 확인하는 수밖에 없다. 예를 들어 위수가 5인 경우 직관에 의하여 간단히 (3,3)-램지그래프를 $C_5$로 구현할 수 있었으나 컴퓨터만을 이용한다고 하면 위수 5의 32,768개의 그래프 각각에 대하여 $K_3$와 $\overline{K_3}$를 포함하는지를 확인하여 (3,3)-램지그래프를 제시해야한다. 정리 5.52에 제시된 (4,4)-램지그래프의 경우에도 정리에서 주어진 대수적 구현방법이 없었다면

$$2^{\binom{17}{2}}=2^{136}=87112285931760246646623899502532662132736$$

가지의 위수 17의 모든 그래프에서 $K_4$와 $\overline{K_4}$를 가지고 있는지를 확인하여 (4,4)-램지그래프를 추출해야 할 것이다. 실제로 $R(4,5)=25$의 경우 해당 램지그래프에 대한 대수적 구현방법은 밝혀지지 않고 있으며 실제로 컴퓨터를 이용하여 (4,5)-램지그래프를 추출하였다. 이에 대한 자세한 알고리즘은 참고문헌 Brendan D. McKay, Stanislaw P. Radziszowski(1995) [12]를 참조한다.

아래 표는 현재까지 알려진 램지수와 그 범위에 대하여 요약하고 있다.(표에서 (t,s)-성분은 $R(s,t)$를 의미한다. 또한 표의 대각선 위의 성분을 공란으로 비워둔 이유는 $R(s,t)=R(t,s)$ 연습문제 10 (1)이기 때문이다.

표 5.52 알려진 램지수(출처 : http:₩en:wikipedia:org=wiki=Ramsey0s :heorem)

| $t$ \ $s$ | 1 | 2 | 3 | 4 | 5 | 6 | 7 | 8 | 9 | 10 |
|---|---|---|---|---|---|---|---|---|---|---|
| **1** | 1 | | | | | | | | | |
| **2** | 1 | 2 | | | | | | | | |
| **3** | 1 | 3 | 6 | | | | | | | |
| **4** | 1 | 4 | 9 | 18 | | | | | | |
| **5** | 1 | 5 | 14 | 25 | 43 ~49 | | | | | |
| **6** | 1 | 6 | 18 | 36 ~41 | 58 ~87 | 102 ~165 | | | | |
| **7** | 1 | 7 | 23 | 49 ~61 | 80 ~143 | 113 ~298 | 205 ~540 | | | |
| **8** | 1 | 8 | 28 | 58 ~84 | 101 ~216 | 132 ~495 | 217 ~1031 | 282 ~1870 | | |
| **9** | 1 | 9 | 36 | 73 ~115 | 126 ~316 | 169 ~780 | 241 ~1713 | 317 ~3583 | 565 ~6588 | |
| **10** | 1 | 10 | 40 ~42 | 92 ~149 | 144 ~442 | 179 ~1171 | 289 ~2826 | 331 ~6090 | 581 ~12677 | 798 ~23556 |

(출처 : http:₩en:wikipedia:org=wiki=Ramsey0s theorem)

# 연 습 문 제 5.8

1 **TSP-travelling salesman's problem** 문제란, $n$개의 도시를 방문하여 수금해야하는 세일즈맨이 전 도시를 한 번씩 방문하면서도 가장 짧은 여행거리를 가지는 여행 루트를 알아내는 문제이다. 한편, 예제 5.6.4에서 그림 5.41로 주어진 가중치그래프에 관한 최소 연결 길이를 구하는 문제를 서해상의 6개의 섬을 잇는 광케이블 공사 상황에 적용시켜 풀었다. 만약 이러한 서해 6섬에 관한 가중치 그래프에 관하여 TSP를 적용시키려 한다면 어떠한 현실적인 상황을 가정할 수 있을까? 상황을 설정하고 예제 5.6.4에 대한 TSP의 답을 구하라. 또한 TSP와 최소연결확장 그래프 문제를 비교하고 특히 어려운 정도에 관하여 고찰해 보자.

2 완전 그래프 $K_5$는 평면 그래프가 아님을 보여라. 또한 $K_5$에서 한 점을 제거한 그래프는 평면 그래프가 됨을 보여라.

3 완전 이분 그래프 $B_{3,\ 3}$에서 한 점을 제거하면 평면 그래프가 됨을 보여라.

4 다음 사실이 참임을 보여라.

(1) 평면그래프의 모든 부분그래프는 평면 그래프이다.

**5**

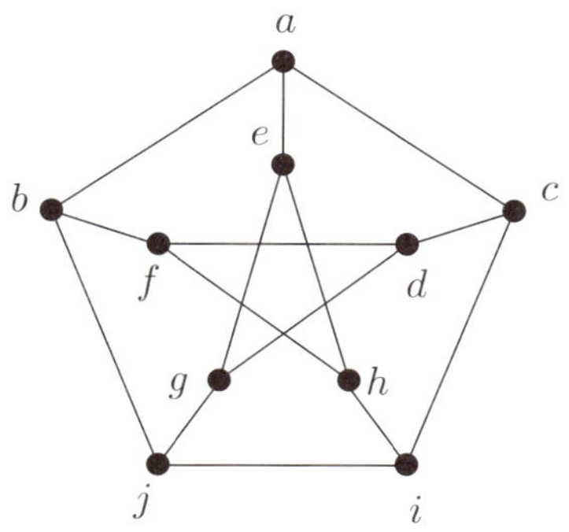


$G_1$

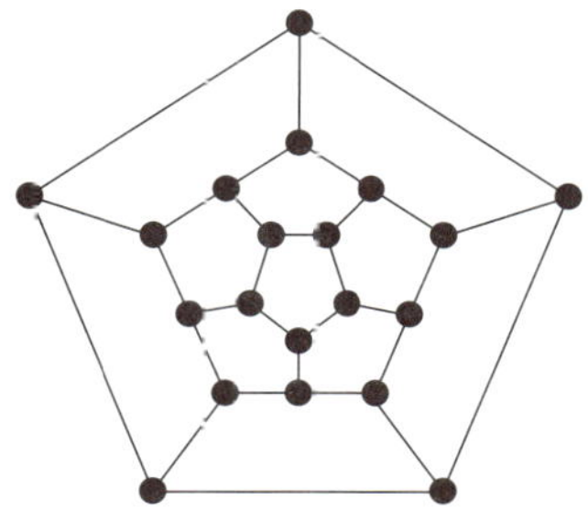

$G_2$

(1) 그래프 $G_1$은 오일러 그래프가 아님을 설명하라. 이 그래프에서 한 점을 제거한 그래프는 오일러 그래프가 될 수 있겠는가?

(2) 그래프 $G_2$ 위에 해밀턴사이클을 찾아 그려라.

**6** 단위길이가 1인 $m \times n$ 격자위에 놓여있는 $mn$개의 점을 모두 한 번씩 지나 제자리로 돌아오는 해밀턴사이클의 유클리드 길이의 최소값을 구하라.(예제 5.8.2 참조)

귀띔 $m$과 $n$이 각각 홀수와 짝수인 경우를 나누어 생각하라.

**7** 다음과 같이 정의된 그래프 $G$는 부분그래프로 $K_3$와 $\overline{K_4}$를 포함하지 않음을 증명하라.

(즉, 그래프 $G$는 (3,4)-램지그래프임을 증명하라.)

(i) $V(G) = \{0,1,2,3,4,5,6,7\}$

(ii) $E(G) = \{ij \ : \ |i-j| \equiv 1 \text{ or } \ 4 (\text{mod } 8) \ where \ i,j \in V(G)\}$

**8** 다음과 같이 정의된 그래프 $G$는 부분그래프로 $K_4$와 $\overline{K_4}$를 포함하지 않음을 증명하라.

(즉 그래프 $G$는 (4,4)-램지그래프임을 증명하라.)

(i) $V(G)=\{0,1,2,3,4,5,6,7,8,9,10,11,12,13,14,15,16\}$
(ii) $E(G)=\{ij\ :\ |i-j|\equiv 2^k(\text{mod } 17),\ \forall k\in\mathbb{N}\ \textit{where}\ i,j\in V(G)\}$

**9** $R(4,5)=25$임을 이용하여 $R(5,5)\le 50$임을 증명하라.

귀뜸 비둘기집의 원리를 이용한다.

**10** 램지수에 관한 다음 명제를 증명하라.

(1) $R(t,s)=R(s,t)$
(2) $R(s,t)\le R(s-1,\ t)+R(s,\ t-1)$

**11** [심화연구문제] $n$개의 선을 갖는 근수형도의 개수가 $n$-카탈란 수 $C_n$이 됨을 증명하라.

# 5.9 오일러 회로와 드브르인 수열의 구현

이 절에서는 **윈도우 성질**(window property)이라 부르는 특수한 성질을 만족시키는 유한 수열을 오일러 그래프를 이용하여 구현하고자 한다.

드브르인 수열(De Bruijin sequence)이라 부르는 이 수열은 네덜란드의 수학자 드브르인이 1948년 제시한 이후, 60년간 리즈(Rees) 등에 의하여 모든 변수에 관한 드브르인 수열의 존재성 및 다양한 구현방법이 개발되어 왔다. 이런 드브르인 수열은 암호학의 한 분야인 스트림 사이퍼(stream cypher)의 근간을 이루고 있고, 또한 부호론(coding theory)의 순환부호(cyclic codes)의 구성에 쓰이고 있다. 또한 이 수열의 이 차원으로 확장된 배열인 PM(periodic perfect map)은 과거 양방 송수신 위치확인시스템(GPS)의 부호로 활용되었다. (참고문헌 [25] 참조)

## ◆ 드브르인 수열의 정의

드브르인 수열의 구체적인 구현을 위하여, 이 절에서는 무한수열, 유한수열, 주기수열, $c$개의 문자를 성분으로 하는 수열 등, 각 종류의 수열을 구별하여 다음과 같이 엄밀하게 표현한다.

수열 $a_n$의 표현은 무한한 성분을 가진 벡터 표현(혹은 행렬표현)을 빌어 $A=(a_n)=(a_0,\ a_1,\ \cdots)$으로 표시하기로 한다. 일반적으로 수열은 이와 같이 무한수열을 의미하는 반면에, 유한개의 항으로 된 수열은 따로 구별하여 유한수열이라고 부른다. 특히, 길이가 $m$인 유한수열은 $(a_0,\ a_1,\ \cdots,\ a_{m-1})$으로 나타낸다. 수열 $(a_n)$의 첫째 항은 $a_0$로부터 시작하는 것이 관례다.

이제 주기 수열에 관해서 알아보도록 하자. 모든 $n=0,\ 1,\ \cdots$ 에 관하여 $a_n=a_{n+T}$를 만족하는 자연수 $T$가 존재하는 수열 $(a_n)$을 **주기수열**(periodic sequence)이라하고, 이 때, $a_n=a_{n+T}$을 만족하는 최소 자연수 $T$를 $(a_n)$의 **주기**(period)라 한다. 또한 주기가 $T$인 주기수열 $(a_n)$은 $\langle a_0,\ a_1,\ \cdots,\ a_{T-1}\rangle$로 표시하도록 하며, 길이가 $T$인 유한수열 $(a_0,\ a_2,\ \cdots,\ a_{T-1})$과 구별해서 쓰도록 한다.

수열 $(a_n)$이 $c$**진-수열**이라 함은, 모든 $n=0,\ 1,\ \cdots$ 에 관하여 $(a_n)$의 각 항이 $\{0,\ 1,\ \cdots,\ c-1\}$의 한 원소로 되어 있음을 의미한다. 여기서 기호의 간결성을 위하여 자연수 $c\geq 2$에 대하여 $\{0,\ 1,\ \cdots,\ c-1\}=N_c$으로 표시하기로 하자.

수열 $(a_n)$에 속하는 길이가 $v$인 $(a_n)$의 연속된 유한부분수열을 각각 $(a_n)$의 $v$-**윈도우**

(window)라 한다. 특히 윈도우는 주기 수열에서 그 의미가 크다.

**예 제 5.9.1**

주기를 5로 가지는 주기수열 $\langle a_n \rangle = \langle 0,\ 2,\ 4,\ 1,\ 3 \rangle$에서

$$(0,\ 2,\ 4),\ (2,\ 4,\ 1),\ (4,\ 1,\ 3),\ (1,\ 3,\ 0),\ (3,\ 0,\ 2)$$

는 각각 3-윈도우이며 $\langle a_n \rangle$은 총 5개의 각기 다른 3-윈도우를 가진다.

정의 5.53 다음 조건을 만족시키는 $c$-진 주기수열 $B = \langle b_n \rangle$을 $c$-진 $v$-드브르인 수열이라 한다. $c$-진 주기수열 $B$의 한 주기 안에, 길이가 $v$인 $c$-진 수열 모두가 $B$의 $v$-윈도우로서 단 한번씩 존재한다.

**예 제 5.9.2**

가장 간단한 드브르인 수열은 다음과 같은 2-진 2-드브르인 수열이다.

$$\langle 0,\ 1,\ 1,\ 0 \rangle$$

주기수열 $\langle 0,\ 1,\ 1,\ 0 \rangle$에서 발견할 수 있는 2-윈도우를 차례로 나열하면 $(0,\ 1)$, $(1,\ 1)$, $(1,\ 0)$, $(0,\ 0)$이고 이들은 위의 $N_2 = \{0,\ 1\}$의 원소로 만들 수 있는 길이가 2인 수열의 목록 $(0,\ 0)$, $(1,\ 0)$, $(0,\ 1)$, $(1,\ 1)$과 일치한다. 그러므로 위의 수열은 2-진 2-드브르인 수열이다.

이 절에서는, 주어진 변수 $v$에 대한 $c$-진 **드브르인 수열을 구현**(construction)하여 보도록 하자.

## ◆ 드브르인 수열의 구현오일러 회로

실제로 드브르인 수열의 구현 방법은 다양하게 제시되었지만 여기서는 오일러의 회로에 관한 그래프 이론을 이용하여 드브르인 수열을 구현해 본다. 우선 2-진 4-드브르인 수열의 예

를 살펴보기로 하자.

**예제 5.9.3**

$$B = \langle 0,\ 0,\ 0,\ 0,\ 1,\ 1,\ 1,\ 1,\ 0,\ 0,\ 1,\ 0,\ 1,\ 1,\ 0,\ 1 \rangle$$

위의 $B$은 순환주기가 16인 순환수열이다. 이 순환수열에는 서로 다른 4-윈도우가 16개 존재함을 직접 확인할 수 있다. 또한 길이가 4이고 $\{0,\ 1\}$의 원소로 표현할 수 있는 서로 다른 유한수열의 개수도 16개임을 쉽게 알 수 있다. 그러므로 $B$는 2-진 4-드브르인 수열을 이룬다. 드브르인 수열은 순환수열이므로 왼쪽 그림과 같이 회전하는 드럼을 연상할 수 있다.

그림 5.53

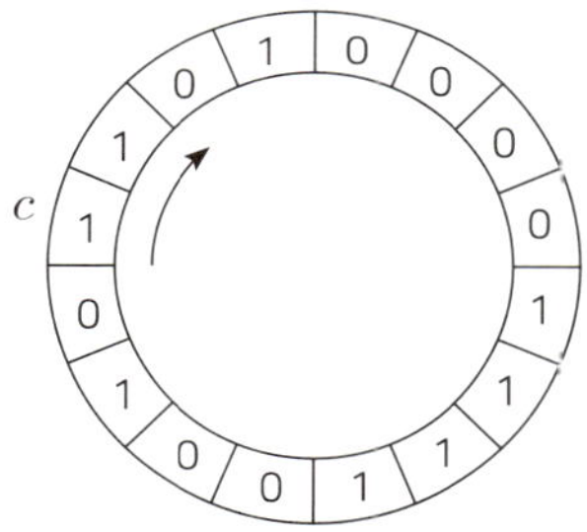


이제 위의 예제 5.9.3에 제시된 유형의 드브르인 수열을 구현하는 방법에 관하여 알아보기로 하자.

이제 2-진 드브르인 수열은 다음과 같이 [1]~[4]의 절차를 거쳐 구현하도록 하자.

구현 5.54 (드브르인 그래프 $G_n = (V,\ E)$)

아래와 같이 정의되는 방향그래프 $G_n$를 드브르인 그래프라 한다.

(여기서 기호의 단순화를 위하여 방향선 표시 $\overrightarrow{uv}$ 대신 $uv$로 쓰기도 한다.)

(1) $G_n$의 점집합 $V$: $n$개의 $N_2 = \{0,\ 1\}$성분으로 된 위치벡터 모두를 $G_n$의 점집합 $V$로 정의한다. 즉,

$$V = \{(x_1,\ \cdots,\ x_n) \mid x_i \in N_2,\ i = 1,\ \cdots,\ n\}$$

(2) $G_n$의 방향선 집합 $E$ : $G$의 두 점

$$X=(x_1,\ \cdots,\ x_n),\ X'=(x_1{}',\ \cdots,\ x_n{}')\in V$$

에 관하여 $X$를 시점으로 하고 $X'$을 종점으로 하는 방향선 $XX'$가 $G_n$의 방향선 집합 $E$의 원소가 되기 위한 필요충분조건은 다음과 같다.

$$x_{i+1}=x_i{}'(i=1,\ 2,\ \cdots,\ n-1)$$

다시 말해서,

$$E=\{XX'\,|\,X=(x_1,\ \cdots,\ x_n),\ X'=(x_1{}',\ \cdots,\ x_n{}')\in V,\\ x_{i+1}=x_i{}'\ \text{ for }\ i=1,\ \cdots,\ n-1\}$$

(3) $G_n$의 방향선 $XX'=(x_1,\ \cdots,\ x_n)(x_1{}',\ \cdots,\ x_n{}')$은

$$x_{i+1}=x_i{}'\ \ (i=1,\ 2,\ \cdots,\ n-1)$$

이므로, 용어 사용의 편의를 위하여

$$XX'=(x_1,\ \cdots,\ x_n)(x_1{}',\ \cdots,\ x_n{}')$$

를 다음과 같은 $n+1$개의 성분을 가진 위치벡터로 나타내기로 하자.

$$XX'=(x_1,\ \cdots,\ x_n,\ x_n{}')$$

여기서, $X=(x_1,\ \cdots,\ x_n)$를 시점으로 하는 방향선$(x_1,\ \cdots,\ x_n,\ x_n{}')$은 두 가지 뿐이다. 왜냐하면 $x_n{}'=0$ 또는 1이기 때문이다. 같은 이유로 $x_1=0$ 또는 1이기 때문에, $X$를 종점으로 하는 방향선 또한 두 가지가 존재한다. 그러므로 이 그래프는 각 점에서 안차수(in-degree)와 밖차수(out-degree)가 각각 2인 차수(degree) 4의 정규 그래프임을 알 수 있다. 다시 말해서 그래프 $G$의 각각의 점은 짝수 차수(degree)를 가지므로, 구현 5.54의 결과에 의해 드브르인 그래프 $G_n$은 오일러 그래프이며 따라서 오일러 회로(circuit)가 반드시 존재한다.

정리 5.55 **(2진 $n$-드브르인 수열 $B$의 구현)**

정수 $k=1, \cdots, \alpha$에 관하여 위와 같이 정의된 드브르인 그래프 $G$의 점 $X_k$를 $X_k=(x_{k1}, \cdots, x_{kn})$라 나타내고, $X_1X_2X_3 \cdots X_\alpha$를 점 $X_1$을 시점으로 하는 $G$의 오일러 회로다. 즉, 정의 5.53로부터 다음과 같은 2진 $n$-드브르인 수열 $B$를 구현할 수 있다.

$$B=\langle x_{11}, x_{12}, \cdots, x_{1n}, x_{2n}, x_{3n}, \cdots, x_{\alpha n}\rangle$$

위에서 구한 수열 $B$가 드브르인 수열이 된다는 것은 증경 없이 인정하기로 하자. 하지만 위의 $B$가 2-진 $n$-드브르인 수열은 주기가 $n+\alpha-1=2^n$이라는 사실은 자명하다. 위의 구현법에 의해 다음과 같이 드브르인 수열을 만들어 보자.

**예 제 5.9.4**

위의 구현법을 그대로 적용하여 드브르인 수열을 구현해 보자.

(1) 4-진 2-드브르인 수열

그림 5.54 **4-진 2-드브르인 그래프**

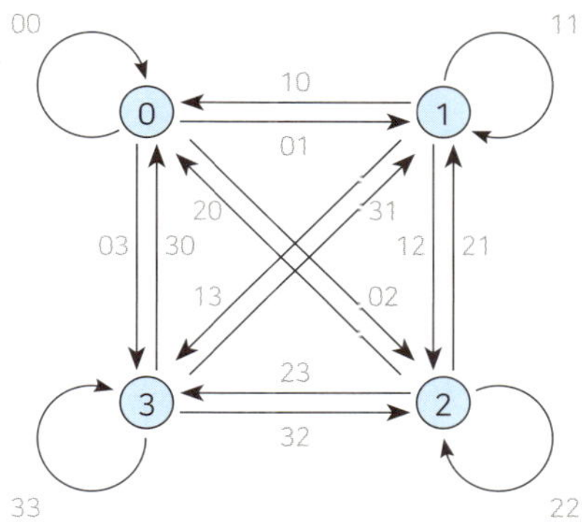


위의 그림 5.54는 4개의 점으로 이루어진 드브르인 그래프를 그린 것이다. 구현 5.54에 따라 0을 시점으로 오일러 회로를 만들면 다음과 같다.

$$(0)\to(0)\to(1)\to(1)\to(0)\to(2)\to(2)\to(0)\to(3)$$
$$\to(3)\to(1)\to(3)\to(2)\to(1)\to(2)\to(3)\to(0)$$

이로부터 구현된 4-진 2-드브르인 수열은 다음과 같다.

$$\langle 0011022033132123 \rangle$$

(2) 2-진 3-드브르인 수열

그림 5.55 **2-진 3-드르브인 그래프**

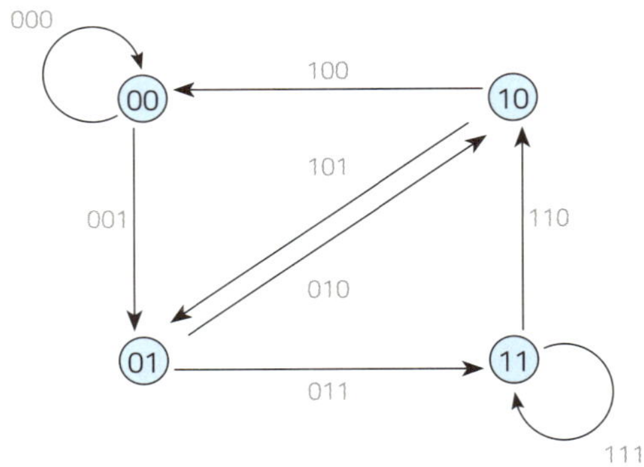


위의 그림 5.55는 4개의 점으로 이루어진 드브르인 그래프를 그린 것이다. 구현 5.54에 따라 0을 시점으로 오일러 회로를 만들면 다음과 같다.

$$(0\,0) \to (0\,0) \to (0\,1) \to (1\,1) \to (1\,1) \to (1\,0) \to (0\,1) \to (0\,0)$$

이로부터 구현된 2-진 3-드브르인 수열은 다음과 같다.

$$\langle 00111010 \rangle$$

(3) 2-진 4-드브르인 수열

그림 5.56 **2-진 4-드브르인 그래프**

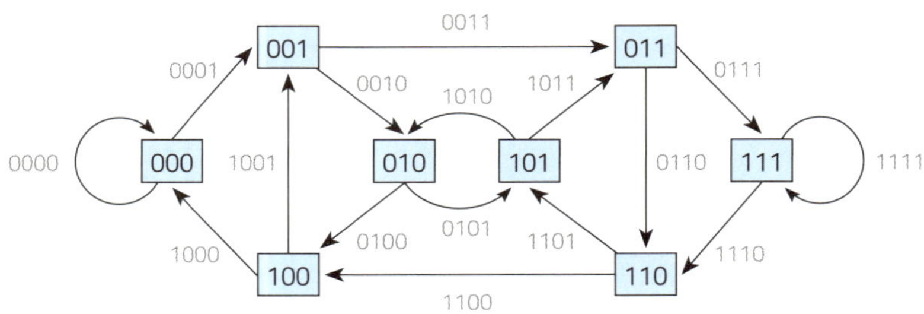

위의 그림 5.56은 8개의 점으로 이루어진 드브르인 그래프를 그린 것이다. 구현 5.54에 따라 0을 시점으로 오일러 회로를 만들면 다음과 같다.

$(000)\to(000)\to(001)\to(011)\to(111)\to(111)\to(110)\to(100)\to(001)$
$\to(010)\to(101)\to(011)\to(110)\to(101)\to(010)\to(100)\to(000)$

이로부터 구현된 2-진 4-드브르인 수열은 다음과 같다.

$$\langle 0000111100101101 \rangle$$

위의 2-진 드브르인 수열의 구현법에 관하여 다음과 같은 사실이 널리 알려져 있다. (참고문헌 [26] 참조)

정리 5.56 위와 같이 정의된 오일러 방향그래프 $G_n$에는 $2^{2^n - n - 1}$개의 오일러 회로가 존재한다.

위에서 정의된 오일러 그래프에 있는 서로 다른 오일러 회로는 서로 다른 드브르인 수열을 생성하게 된다. 다음의 작은 사이즈의 $n$에 관하여 정리 5.56을 확인해 보도록 하자.

**예제 5.9.5**

(1) $n=1$이면 $2^{2^1-1-1}=1$개의 유일한 드브르인 수열이 존재한다. 즉 예제 5.9.2에서 예시한 $\langle 0\ 1\ 1\ 0 \rangle$은 유일한 2진 2-드브르인 수열이다.

(2) $n=2$이면 $2^{2^2-2-1}=2$개의 서로 다른 2-진 3-드브르인 수열이 존재한다. 실제로 꼭지점 $V=\{(00),\ (01),\ (10),\ (11)\}$인 드브르인 그래프에서 다음과 같은 서로 다른 오일러 회로가 존재하고 이는 서로 다른 두 종류의 드브르인 수열이 존재함을 말해준다. 즉,

$(00)\to(00)\to(01)\to(11)\to(11)\to(10)\to(01)\to(10)\to(00)\Rightarrow\langle 00011101 \rangle$
$(00)\to(00)\to(01)\to(10)\to(01)\to(11)\to(11)\to(10)\to(00)\Rightarrow\langle 00010111 \rangle$

(3) $n=3$이면 $2^{2^3-3-1}=16$개의 서로 다른 2-진 4-드브르인 수열이 존재한다.이런 16개의 드브르인 수열은 위의 예제 5.9.4 (3)에서 논한 것과 같은 방법으로 구해질 수 있으며 이 중 몇 개를 나열하면 다음과 같다.

$\langle 0000111100101101 \rangle,\ \langle 0001010011011110 \rangle,\ \langle 0001111011001010 \rangle,\ \cdots$

위와 같은 2-진 드브르인 수열의 구현은 예제 5.9.4 (1)에서 4-진 2-드브르인 수열을 구현한 것과 같이 $c$-진 드브르인 수열의 구현으로 일반화 될 수 있다. 가장 간단한 경우인 $q$-진 2-드브르인 수열의 구현법은 연습문제로 남긴다.

| 참 고 | 이진 드브르인 수열은 암호론의 한 분야인 **LFSR(Linear Feed-back shift Resister)**에 있어서 근간을 이룬다. 드브르인 수열은 그 알파벳의 분포가 균일하기 때문에 (이진의 경우 0과 1의 비율이 반반) 그 주기가 알려지지 않은 상태에서는 알파벳이 무작위적으로 선택되는 것처럼 보인다. 이런 성질을 가진 수열을 총칭하여 **'좋은 수열'(Good sequence)**라 하며 드브르인 수열은 대표적인 좋은 수열로 알려져 있다. 자세한 내용은 참고문헌 [1]'Handbook of applied cryptography, 1996, CRC Press'에서 찾아 볼 수 있다.

# 연 습 문 제 5.9

**1** 이 절에서 소개한 드브르인 그래프의 구현방법을 일반화 하여 다음 변수를 가진 드브르인 수열을 구하라.

(1) 주기가 $2^3 = 8$인 2-진 3-드브르인 수열

(2) 주기가 $27 = 33$인 3-진 3-드브르인 수열

(3) 주기가 $64 = 26$인 2-진 6-드브르인 수열

**2** 보기 5.9.4의 (3)에 소개된 2-진 4-드브르인 수열을 모두 구하여 나열하라.

**3** 예제 5.9.4 (1)을 참고하여 일반적인 자연수 $q$-진 2-드브르인 수열의 구현법을 도출하라.

참고: 이 장에서는 그래프 이론과 응용에 관한 기초적인 내용을 살펴보았다.

(i) 그래프 이론에 대한 참고서적으로 [9] John M.Harris, Jeffry L.Hirst, Michael J.Mossinghoff, Combinatorics and Graph Theory(Springer, 2008)과 [10] D. West, Graph Theory(Prentice Hall, 2001)을 참고한다.

(ii) 최소 연결 문제나 영업사원의 여행 문제(TSP-travelling salesman's problem)에 관해서는 [2] Cameron 교수 (Queen Mary, Univ. of London)의 'Complexity' 에 대한 학부강의록 (http://www.maths.qmul.ac.uk/~pjc/)을 추천한다.

# REFERENCE

[1] J Katz, AJ Menezes, PC Van Oorschot, Handbook of applied cryptography (CRC Press, 1996) 'Handbook of applied cryptography, 1996, CRC Press'

[2] P. Cameron, Lecture note on Complexity, Queen Mary, Univ. of London(http://www.maths.qmul.ac.uk/~pjc/)

[3] The solution to the problem with the geometry of position, Commentartt Petersburg Imperial Academy of Sciences 8, pp. 128-140 (1741)

[4] http://mathworld.wolfram.com/EulerianGraph.html

[5] OEIS A003049; Robinson 1969; Liskovec 1972; Harary and Palmer 1973, p. 117

[6] P. J. Cameron, Sequences realized by oligomorphic permutation groups, J. Integ. Seqs. Vol. 3 (2000), #00.1.5.

[7] https://oeis.org/A003216

[8] Peter Steinbach, Field Guide to Simple Graphs, Volume 1, Part 17 (For Volumes 1, 2, 3, 4 of this book see A000088, A008406, A000055, A000664, respectively.)

[9] John M.Harris, Jeffry L.Hirst, Michael J.Mossinghoff, Combinatorics and Graph Theory(Springer, 2008)

[10] D. West, Graph Theory(Prentice Hall, 2001)

[11] 박승안, 이산수학, 제3판(경문사, 2012)

[12] Brendan D. McKay, Stanislaw P. Radziszowski, R(4,5) = 25, Journal of Graph Theory, 19 (3) pp. 309-322(1995) "R(4,5) = 25" (PDF).

[13] http://oeis.org/A000088/list

[14] 정민석, 암호수학(경문사, 2017)

[15] Kenneth P.Bogart, Introductory Combinatorics(A Harcourt Science and Technology Company, 2000)

[16] K.Rosen, Discrete mathmatics and its applications(McGraw Hill, 2007)

[17] R.A.Brualdi, Introductory Combinatorics(Prentice Hall, 1999)

[18] D.B.West, Introduction to Graph Theory(Prentice Hall, 2001)

[19] 박승안, 이산수학, 제9판(경문사, 2019)

[20] 김상목 외 9인, 공학수학(교우사, 2010)

[21] 김상목, 김영희, 정보수학개론(들샘, 2007)

[22] D.R.Stinson, Cryptography(CRC, 1995)

[23] M.Bona, Combinatorics of permutations(Chapman&Hall/CRC,2004)

[24] F.Buckley, F.Harary, Distance in Graphs(Addison wesley, 1990)

[25] S.-M. Kim, On the existence of aperiodic perfect maps for 2x2 windows, Ars Combinatoria(2002), vol. 65, 111-120.

[26] J. H. van Lint, R. M. Wilson, A course in Combinatorics, Cambridge, 2nd edition(2001).

# 국문 색인

ㄱ



ㄴ



ㄷ

## ㅇ



## ㅈ

# 영문 색인

## A



## B



## C

# 저자소개

## 김 상 목

(현) 광운대학교 자연과학대학 수학과 교수

서강대학교 수학과 졸업 (이학사)

(미) 오래건대학교(University of Oregon) 대학원 수학과, 이학석사(MS, 1989)

(영) 런던대학교(Royal Holloway, University of London) 대학원 수학과, 이학박사(PhD, 2001)

**이산수학 Discrete Mathematics**

저자 김상목

1판 1쇄 발행 2020년 2월 13일
1판 2쇄 수정 2021년 3월 2일
1판 3쇄 수정 2022년 2월 25일

편집인 권 진 영

펴낸이 안 기 열

발행처 드림미디어

13524 경기도 성남시 분당구 판교역로 192번길
14-2 골드타워 9층 914-w19
전화 031)705-3812
메일 dream356@empas.com

등록번호 제 6-0465호
ISBN 978-89-91051-59-1
정가 22,000원

*저자와의 협의하에 인지는 생략합니다.



"이 저서는 2018년도 광운대학교 교내 학술연구비 지원에 의해 연구되었음"